广州学研究丛书

广东省教育厅广州学协同创新发展中心
广州市教育局广州学协同创新重大项目　　研究成果
广东省普通高校人文社科重点研究基地

# 广州古园林志

冯沛祖／著

## 图书在版编目（CIP）数据

广州古园林志/冯沛祖著. 北京：
中央编译出版社，2017.10

ISBN 978-7-5117-3334-4

Ⅰ.①广… Ⅱ.①冯… Ⅲ.①园林-概况-广州
Ⅳ.①TU986.626.53

中国版本图书馆 CIP 数据核字（2017）第 108502 号

## 广州古园林志

出 版 人：葛海彦
出版统筹：贾宇琰
责任编辑：王丽芳
责任印制：尹 珺
出版发行：中央编译出版社
地　　址：北京西城区车公庄大街乙 5 号鸿儒大厦 B 座（100044）
电　　话：（010）52612345（总编室）　　（010）52612349（编辑室）
　　　　　（010）52612316（发行部）　　（010）52612317（网络销售）
　　　　　（010）52612346（馆配部）　　（010）55626985（读者服务部）
传　　真：（010）66515838
经　　销：全国新华书店
印　　刷：北京佳信达欣艺术印刷有限公司
开　　本：787 毫米×1092 毫米　1/16
字　　数：312 千字
印　　张：22.5
版　　次：2017 年 10 月第 1 版
印　　次：2017 年 10 月第 1 次印刷
定　　价：68.00 元

网　　址：www.cctphome.com　　邮　　箱：cctp@cctphome.com
新浪微博：@中央编译出版社　　　微　　信：中央编译出版社（ID：cctphome）
淘宝店铺：中央编译出版社直销店（http：//shop108367160.taobao.com）　（010）55626985

本社常年法律顾问：北京市吴栾赵阎律师事务所律师　闫军　梁勤
凡有印装质量问题，本社负责调换。电话：（010）55626985

# 学术委员会

(按音序排列)

卞　利（安徽大学）
陈剑晖（华南师范大学）
陈泽泓（广州市地方志办公室）
丁旭光（中共广州市委党校）
冯崇义（澳大利亚悉尼科技大学）
郝立新（中国人民大学）
纪德君（广州大学）
李　翔（广州市政府文史馆）
罗交晚（广州大学）
欧阳知（广州市广州学与广州大典研究会）
屈哨兵（广州大学）
沈　奎（广州市人大常委会）
涂成林（广州大学）
徐吉军（浙江省社会科学院）
涂文学（江汉大学）
谭苑芳（广州大学）
衣俊卿（中共中央编译局）
张宝秀（北京联合大学）
张兴杰（华南农业大学）

陈桂炳（福建泉州师范学院）
陈金龙（华南师范大学）
曹建文（光明日报社）
丁艳华（广州大学）
顾涧清（广州日报社）
何一民（四川大学）
鉴传今（中国社会科学院）
林少川（福建泉州学研究所）
马智慧（杭州国际城市学研究中心）
邱　捷（中山大学）
饶　涛（北京师范大学）
孙　麾（中国社会科学院）
徐滇庆（加拿大西安大略大学）
徐俊忠（广州大学）
谢博能（广州市政府研究室）
叶曙明（广东教育出版社）
尹　涛（广州市社会科学院）
张其学（广州大学）
周凌霄（广州大学）

# 目　录

概　述 …………………………………………………………………… 1

## 第一章　皇家园林 ……………………………………………………… 3
第一节　南越国宫苑 …………………………………………………… 4
第二节　越王台 ………………………………………………………… 8
第三节　南汉皇家园林 ………………………………………………… 10

## 第二章　寺观园林 ……………………………………………………… 21
第一节　佛寺园林 ……………………………………………………… 22
第二节　道观园林 ……………………………………………………… 92

## 第三章　私家园林 ……………………………………………………… 151
第一节　河北地区 ……………………………………………………… 154
第二节　河南地区 ……………………………………………………… 210
第三节　芳村地区 ……………………………………………………… 237
第四节　其他私园别业 ………………………………………………… 256

## 第四章　官署园林 ……………………………………………………… 261
第一节　明清两代的药洲 ……………………………………………… 261
第二节　西园与东园 …………………………………………………… 266
第三节　贡　院 ………………………………………………………… 272

第四节　万竹园与壶园 …………………………………………… 274
　　第五节　广雅书局 ………………………………………………… 276

**第五章　学院园林** …………………………………………………… 279
　　第一节　广府学宫 ………………………………………………… 279
　　第二节　南海与番禺县学 ………………………………………… 285
　　第三节　明代书院 ………………………………………………… 295
　　第四节　清代书院 ………………………………………………… 301

**第六章　自然园林** …………………………………………………… 319
　　第一节　老城区园林 ……………………………………………… 319
　　第二节　小谷围八景 ……………………………………………… 324
　　第三节　瑶溪二十四景 …………………………………………… 339

**跋** ……………………………………………………………………… 353

# 概　述

　　今天广东有清代四大名园：顺德之清晖园、东莞之可园、佛山之梁园、番禺之余荫山房，无一在广州市区的范围内。童寯所著《江南园林志》（1937年版）是有关江南园林之名著，认为中国凡有富宦大贾文人的地方，大都是私家园林的荟萃地，其中多半精华，聚于江浙一带；不包括广州，因而对广州园林只字不提。在今人论古典园林的著述中，亦多只论及岭南园林——那是包括整个广东以及广西、福建的，提到广州园林的不多；偶有提到的，亦多是举几个著名园林做例子而已，而且基本上是只论及私园。

　　这些都可能使世人以为广州历史上并无多少园林，或广州古代园林乏善可陈。其实不然。广州之园林史可谓久远，可追溯到两千多年前的西汉初期，而且意义重大。比如，以前中国园林史所引用的考古实例大都只能追溯到明代，而广州南越国宫苑则是公元前2世纪的中国宫苑实例，而且它还是中国最早的大型石构建筑，这将改写中国的园林史与建筑史。

　　再如南汉皇家园林，其规模之宏大、建筑之瑰丽，构造之精巧，在当年各王国中可称无与伦比，与历代其他皇家园林相比亦不逊色，在中国园林建筑史上占有相当重要的地位。此外，云淙别墅、海山仙馆、潘家花园等广州古典私园，以其岭南特色而足可与北方园林、江南园林鼎足而立——北方园林、江南园林、岭南园林构成中国的三大园林，各有特色。简括而言，北方园林壮丽气派，江南园林纤秀小巧，岭南园林轻盈雅致，四季花木繁茂，绿荫葱郁，小桥流水，多以水景胜。

历经岁月淘洗，广州古典园林大部分都已湮没不存，成了历史，今天只剩下教育路南方剧场后面那一处九曜园的遗迹，番禺学宫、广雅书院以及几座著名寺观的园林景观，实在令人扼腕。

现代对园林的定义，乃种植花草树木供人们游赏休息的风景区，即所谓公园。在古代并没有公共意义上的园林。历代广州古典园林，属于皇家的，那是皇家园林；属于某个富豪权贵士大夫或其家族的，那是私园别业；属于寺庙宫观的，那是寺观园林，或称宗教园林；属于官府的，那是官署园林；属于学院的，那是学院园林。广州古典园林基本上由此五者构成。此外，还有自然园林，如"菊湖云影""粤秀连峰"等。

# 第一章

## 皇家园林

历史上，广州曾是"三朝十帝"之都：第一朝是南越国，第二朝是南汉国，第三朝是绍武政权。广州最早的园林是皇家园林，即皇帝宫苑。建造者是南越国第一帝赵佗。

赵佗原是参加统一岭南的秦军将领。

岭南自古是土著南越人生息的地方。秦灭六国的时候，南越族各个部落联盟分布各处，由其君长治理，并不受中原政权的统制。秦始皇于统一六国后的第三年（前219年）发起一场统一岭南的战争。经数年征战，任嚣、赵佗所统率的秦军终于在秦始皇三十三年（前214年）统一岭南，从而把整个岭南地区纳入秦帝国的版图，随后设立南海、桂林、象三郡。其中南海郡辖今广东大部分地区，同时建立番禺（今广州）、龙川等县。

任嚣就任南海郡尉，在番禺筑城，作为南海郡的郡治①。这是广州行政区划正式建置的开始。城址在今广州市区中山路以北、仓边路以西一带。

任嚣城建成后的第五年，秦始皇死，中原大乱，群雄逐鹿，这时任嚣病重，召首任南海郡龙川县县令赵佗至病榻前，诈作诏书，委任赵佗为南海郡尉。不久后病故。

赵佗继任南海郡尉后，首先牢牢地控制了南海郡，随后攻取了桂林

---

① 治：地方政府所在地。

郡和象郡，把整个岭南大地归于自己的统辖之下。公元前204年，建立了南越国，自称南越武王，定都番禺（今广州）。

赵佗立国后，增筑旧城，扩大到"周长十里"，旧儿童公园一带为其宫署所在地，在那里，赵佗建造了广州的第一个园林——南越国宫苑，是为岭南造园之嚆矢。

## 第一节　南越国宫苑

南越国宫苑在当时到底有多大的规模，建有什么亭台楼阁、筑有什么假山溪流，收藏了什么奇珍异宝，等等，在今存史籍中全没有记载。《史记》《汉书》等史籍记述了南越国的兴亡，却没有说过它的宫苑如何。

然而，在唐代野史小说《崔炜》中，却描述了赵佗墓的内貌，让后人可以想象当时建筑的辉煌。

这篇小说说的是南海（今广州）书生崔炜被人暗害，跌落井中，得神龙之助，"入户，但见一室，空阔可百余步。穴之四壁，皆镌为房室，当中有锦绣帏帐数间，垂金泥紫，更饰以珠翠，炫晃如明星之连缀。帐前有金炉，炉上有蛟龙、鸾凤、龟蛇、鸾雀，皆张口喷出香烟，芳芬蓊郁。傍有小池，砌以金壁，贮以水银。凫鸟之类，皆琢以琼

赵佗，创建南越国宫苑

瑶而泛之。四壁有床，咸饰以犀象。上有琴瑟笙篁，鼗鼓柷敔，不可胜记。"崔炜后来回到阳世才知道，那是南越王赵佗之墓。

当然，这是小说家言，不能当史料看，因为赵佗墓至今还未被发现；但我们也不能认为它在胡说八道。1983年发掘出来的西汉南越王墓为此做出了有力的证明。

那是南越国第二代君主、赵佗之孙赵眜的陵墓。俨然一座地下宫殿。地址在今广州解放北路象岗，即今"西汉南越王墓博物馆"所在。从墓中发掘出的随葬器物有礼器、兵器、生产及生活工具、装饰品和药石等，依质料可分为青铜器、陶器、铁器、玉石器、金银器、象牙器、竹木器、丝织衣物等10多类。出土文物共1000多件，其工艺水平之高及由此反映出当时的经济文化发展水平令今人吃惊。

这就是南越国王生前死后所得到的享受，由此不难想象出，当年南越国宫苑必定建造得相当豪华而秀丽，也不知收藏了多少稀世奇珍。可惜，西汉元鼎六年（前111年）冬"汉武帝平南越"时，汉军一把火，造成了广州建城后的第一场大劫难，把整个越王宫烧个精光，什么皇家园林，什么稀世奇珍，全为灰烬。

其后，没有哪个史学家再去专门讲述这个越王宫（包括明末清初那位最著名的广东地方文献学家屈大均在内，他在其名著《广东新语·宫语》里大谈楚庭、朝汉台，却没有提及这越王宫苑），连歌咏赵佗南越国的诗中也没有说过这越王宫。如此过了两千余年，直到考古学家们把它从地下挖了出来，南越王时代的宫苑园林，才大致得到验证。

1975年，在中山四路市文化局内试掘"秦代造船工场遗址"时挖出了这个越王宫废址，发现宫署建筑在船场废址上，王宫的砖石走道为东北—西南走向，有火烧土厚达十厘米，还有炭屑，堆积在官瓦残片之上；走道上的"万岁"瓦当①，打印"公""官"字的板瓦及筒瓦均混

---

① 瓦当文为"万岁"。瓦当：屋瓦皆仰，在两仰瓦之间，上覆半规之瓦，名瓦当。

有木炭，而一口食水井中汲水用的木辘轳被烧得几成灰状。这些都印证了《史记·南越列传》中"楼船力攻烧敌"，"楼船攻败越人，纵火烧城"的记载。同时，出土有砖雕脊和窗格，足证当年的宫殿已有艺术装饰。西汉初年，万岁瓦当只能用于皇家建筑物，由此证明赵佗确曾称帝。他是仿照汉代宫阙的制式来建自己的宫署。

1988年10月初，在中山五路新大新公司地下五米多深处又发现了南越王宫的万岁瓦当，可以肯定那里是南越国宫殿建筑遗址。1995年，在忠佑大街旧城隍庙以西发现池状石构遗址。1996年，在石构遗址以西发现南越国砖井。1997年7月至12月，在秦代造船遗址发现了南越国的御花园。

一号船台南侧有大型建筑的柱基、铺设讲究的散水①还有陶圈井和木井等。井的近旁有板瓦、筒瓦、砖石和焦木等堆积，且呈由西向东倾倒状，即一幢建筑物由西向东倒塌的迹象，都显示出在井的西邻即原儿童公园覆埋有南越宫的重要宫室。而万岁瓦当以及完整的陶罐、陶瓮、陶釜（一百多个汲水用的陶瓷罐从一口汉代水井里被挖掘出来）等物显示出这里的建筑与40多米外的南越国宫署在当年曾是一个整体。

一段长约180米的大型石渠基本保存完整，渠体由北而南，再转向东和一弯月形石池连接，又由石渠西出，蜿蜒曲折贯穿整个遗址，如同一条人造小溪流；更令人称奇的是，这石渠内有特殊结构，水流过时可激起波浪，形成人工水景。它无疑具有排水功能，而主要应在观赏。

几百个龟鳖残骸被发掘了出来，这些残骸层层叠压，厚约半米，其中一个大鳖的腹甲，宽竟达四十四厘米。当年在此地有水池条件豢养如此多龟鳖者，只有君王，可能是一为观赏，二为做占卜之用，三为满足

---

① 散水：房屋等建筑物周围用砖石铺成的保护层，用于保护建筑物台基等免受雨水损坏。

南越国宫署御苑遗址

口腹之乐。

　　种种迹象显示，这里就是广州至今第一个有遗迹可寻的园林——南越国宫苑所在。现在看到的似乎只是一片泥土，当年却是华丽壮观。它是全国重点文物保护单位广州南越国宫署遗址的重要组成部分。今广州市忠佑大街城隍庙以西、中山四五路以北、省财政厅以南、吉祥路以东这片地段为当年南越国之宫署区，而今儿童公园则为其宫室所在。

　　这次考古发现被列为1997年全国十大文物考古发现之一，意义深远。它将改写中国园林史，因为以前园林史所引用的考古实例大都只能追溯到明代，而这次发掘出来的广州南越国宫苑乃迄今为止发现的年代最早的公元前2世纪的中国宫苑实例；它将改写中国建筑史，因为专家们断定这遗址是中国最早的大型石构建筑；它还将改写中国工艺史，因为这御花园建筑采用的冰裂纹密铺砌法是一种利用不规则的石板铺砌墙壁的工艺，在考古史上极其罕见。至于对广州史地研究之重大意义，更不待言。

　　这是广州历史文化名城的精华所在。现在旧儿童公园已建立了南越国宫苑博物馆，不但展出了实物，而且还用当代科技手段重现了当年的景象与辉煌。

## 第二节　越王台

越王台又称粤王台，南越王赵佗建。他在都城中建宫苑，在城外越秀山上建台游乐。故址约在今孙中山纪念碑所在山岗。因赵佗又自称南越武王，故又名"武王台"。

当年的越秀山在都城北约二里地，林木茂密，野兽出没，游人不多。赵佗在山上筑台，这是史志所载越秀山的第一座人工建筑，亦是广州地区有文字记载的最早的游乐场所。南越国君臣登临此台宴乐歌舞，故又称"歌舞台"。明代全国地理总志《大明一统志》引《郡国志》说是"南越王佗三月三日登高处"。既是皇帝游乐地，当有其他建筑，因而成南越国皇家宫苑区之一，是宫室园林的滥觞。可惜台建得如何，四周还有什么设施，史志均无记载。

南越国亡后，此台荒废。后经近八百年岁月，到了唐代时，这个曾是很热闹的越王台已是仅留残基。不过，"唐人多登此玩月"[1]。当年越秀山上，此地四周空旷，赏月最佳。唐诗人李群玉有《中秋越台看月》诗咏："海雨洗尘埃，月从空碧来。水光笼草树，练影挂楼台。皓曜迷鲸目，晶荧失蚌胎。宵分凭槛望，应合见蓬莱。"[2] 可见景色颇凄美。

唐后期广州刺史李岯和节度使郑愚等人曾在台基上修建亭子，整饰美化环境，成为当年广州的一处游览地。

唐亡，中国历史进入群雄割据的五代十国时期，刘氏在岭南建南汉国，定都广州。南汉开国皇帝刘岩下令从山下铺砌一条通往山顶越王台

---

[1] 《南海县志》，见广东省地方史志办公室：《广东历代方志集成》，岭南美术出版社2007年版。

[2] 〔清〕彭定求等编：《全唐诗》卷五百六十九，扬州诗局刻本。

旧址的磴道（石台阶），两旁种植金菊、芙蓉，称为"呼銮道"。君臣在台上饮宴游乐，故又称"游台"，跟"歌舞台"是一个意思，并在附近修筑楼阁亭台，成了南汉国的一处皇家园林。

宋灭南汉。北宋初，这里仍是"夹道栽菊，黄花迤逦"。当年重阳节，广州城人是到此登高的。

宋元年间，越王台屡毁屡建。当年登台南望州城，广州形胜一览无余。为元代羊城八景之一"粤台秋月"（或作"越台秋月"）所在。秋高气爽之夜，一轮冷月照在越秀山顶这个历尽沧桑的千年古台上，四周幽深寂寥，林木森森，远望南面州城中点点灯火，山色衬城景，分外凄迷。是为此景。元代陆垢诗咏："惟余汉时月，犹照越台秋。天迥明城树，云空敛海楼。"① 明初黎贞《羊城八景序》写此景："秋月扬辉，世界若琼瑶。登粤王台，举杯酹太白，万里一色，其喜洋洋矣。"②秋月扬辉下的"琼瑶世界"景色很凄美。

《木棉史》中记载羊城古木棉八景，越王台是其中一景，可知当年台上的木棉树相当繁茂，木棉花开时，万里蓝天、垒垒白云映衬下红彤彤一片，景色相当壮丽。到明代后期，古台"仅存遗址耳"。③ 大概在清中期时，古台彻底湮没，多少历史风烟随之消散，现今没留下丝毫痕迹。

清末，康有为领导戊戌变法失败。失败后两年，康有为登上越王台故址，感慨万端，赋诗一首，兹以做本小节之结束：

秋风立马越王台，混混蛇龙最可哀。
十七史从何说起，三千劫历几轮回。

---

① 《番禺县志·卷四·舆地略二·粤秀山》，广东人民出版社1998年点注本。
② 〔明〕黎贞：《秾坡集》。太白，星名，即金星。
③ 〔明〕王临亨：《粤剑编》，见《元明史料笔记丛刊》，中华书局1987年版。

民国时期越秀山中山纪念碑，为古越王台遗址所在

清末越秀山观音阁，遗址在今中山纪念碑所在山岗

腐儒心事呼天问，大地山河跨海来。

临晚飞云横八表，岂无倚剑叹雄才！[1]

## 第三节 南汉皇家园林

公元907年，唐亡。中国进入四分五裂的五代十国时代。南汉国为十国之一，建都广州——广州城改称为兴王府。南汉王国四主均以奢侈著称，在兴王府内外，大建宫殿苑囿、离宫别墅。占地广阔的池苑、离宫，构成了典型的、有别于北方园林和江南园林的岭南园林景观。宫殿、池苑装饰之豪华、瑰丽，可媲美帝都长安。这是南汉时期广州城最大的特色。

南汉开国之君名刘岩，公元917年，在广州称帝，国号大越，翌年

---

[1] 康有为：《秋登越王台》，见杨资元、黎元江主编：《英雄花照越王台·甲编诗词·近当代诗词》，广州出版社1996年版。

改国号为汉。史称南汉。与当时的各割据政权相比，称得上是大国、强国。商贸兴盛为国家财政提供了大宗财源，可谓富甲一方。

刘岩立国后，扩展城区，大兴土木，一是修筑宫殿，"有南宫、大明、昌华、甘泉、玩华、秀华、玉清、太微诸宫，凡数百，不可悉纪"。① 二是大建园林宫苑。设"宫苑使"专司其事。

经数十年经营，兴王府城内大部分以及越秀山周围、白云山南麓、流花桥（故址在今兰圃以南、旧广州体育馆后面）以西、泮塘荔枝湾一带，都被南汉王辟为御苑、离宫、池沼、园囿。幅员之广，亘五十里，建有各式亭台楼阁，贴金雕玉，极尽奢侈豪华。《广东新语》称："三城之地，成为离宫苑囿。"② 清·梁廷楠《南汉书》谓刘氏王朝"作离宫千百间"。其宫室之多，居当时各王国之冠。

大凡离宫别馆，多有园林景致。如汉代长安的建章宫之有太液池，唐大明宫内苑也是以太液池为中心。南汉王朝的宫馆亦大多与池苑相结合，以建筑群融合自然山水、垒石筑山为特色，构成了典型的岭南园林景观，开创了岭南园林建筑艺术的先河，在中国园林建筑史上占有相当重要的地位。

南汉王朝在今广州市区一带所建之园林宫苑，大致上可以分为三个区。

## 城中南宫区

乾亨八年（924），刘岩以王城以西兴建南宫，先凿宽挖深文溪西支下游水道成湖泊，因其位于州城西侧，故名西湖（今西湖路由此得名）。又名仙湖。然后在西湖一带建筑宫殿群，置太湖及三江奇石。湖、

---

① 〔宋〕欧阳修：《新五代史·南汉世家》，中华书局二十四史校勘整理标点本。

② 〔清〕屈大均：《广东新语·卷十七·宫语》，见《清代史料笔记丛刊》，中华书局1985年版。

桥、石、花构成这一带风景绝佳的园林胜地，其中心地域在今广州市教育路九曜坊、西湖路、仙湖里一带。主殿故址约在今教育局职工学校地。这是广州历史上最早的人工园林湖。

拓宽后的西湖，湖水"凡几百余丈，穴城而导于海（珠江），绿净如染"①，湖大致呈长形，南北长，东西窄，范围约在今教育路一线的两侧，北约至今中山路（南汉清风桥所在），上接今华宁里西侧之文溪西支水道（原有街巷"七块石"即为南汉时的宝石桥所在），东界约今流水井（街名）、龙藏街东侧，西界约今朝观街（原名潮灌街）西侧，南至今仙湖街以南，为湖水出海（珠江）口。湖水南流出海，东连沙澳（东澳）。清初屈大均《广东新语》称湖"长百余丈"，其实不止此数。考宋时一丈为今312厘米，百丈为312米，自清风桥（今中山路与教育路相交处一带）南至仙湖里，约640米，当为二百余丈；东西最宽处，自今流水井东侧至今朝观街西侧，约130米。称湖"凡几百余丈"，只是约数。

这是南宫园林的主体部分。

西湖中辟建药洲。南北狭长，在今教育路南方剧院至九曜坊一带。以花、石、湖、洲布局为主。主景为湖面及沙洲，而小景即以花、石点缀，南汉时始为园林，为南汉主"聚方士习丹鼎之地"，故称药洲。另一说，因洲上多种红药，或说即芍药，故称药洲。还有一说："以药投之，水遂变色，故名药洲。"②

药洲多奇石，其中尤以九座屹立洲旁的瑰奇怪石著名，称九曜石，故药洲又名九曜园。残石在今南方戏院北侧池中。今有街巷名九曜坊。

历代史志多载九曜石出自太湖。不过此说是很令人怀疑的，因为南

---

① 〔南宋〕方信孺：《南海百咏·药洲》，见北京大学古文献研究所：《全宋诗》，北京大学出版社1991年版。

② 《古今图书集成·方舆汇编·职方典·广州府部》，见《古今图书集成》，中华书局、巴蜀书社1985年版。

第一章 皇家园林

汉势力偏于南疆，而当年太湖属吴越和南唐两国，远离南汉辖境，罪犯去那里运石，岂不等于让他逍遥遁去？故清康熙学使张明先在《学署考古记》中便提出这种怀疑，谓九曜石不必远取自太湖、三江，"太湖路远，安得径此，恐属讹传"，而可能是从韶州运来。今人有根据封州（今封开县地）多大石，其石质纹理和九曜石一致，且南汉从封州起家，南汉王刘岩每年均遣使去封州祭奠父兄之墓等事实，谓刘岩大建宫殿苑囿时，从封州取石以示不忘创业的根基，借以保佑帝业兴旺，十分合于情理，因而推断九曜石当来自封州。

药洲与南宫、西湖构成一个池馆区，沿湖有亭、楼、馆、榭，烟波浩淼，如蓬莱仙境，让人感受到一种"碧海出蜃阁，青空起夏云"的极富自然感染力的岭南格调，而为城外名胜，更是广州古代宫室园林的瑰宝。

南汉被北宋攻灭时，此地遭了火焚，九曜石似受损不大，仍高数丈。北宋《萍洲可谈》载："今城西故苑，药洲有九石，皆高数丈，号九曜石。"宋、元、明、清数代，均有名士到药洲泛舟，为九曜石留题赋诗，后人刻石立碑。不过到了明末时，据清初屈大均《广东新语·石语》载，九曜石似乎矮了很多。今尚存八座遗石的状况如下：

1. **米题"药洲"石**。在池北岸，高1.5米，上有宋代名书法家米

九曜石宋代米芾石刻拓本

带题刻"药洲",署"米黻元章题"。

2. **海上洲石**。在北岸西面,高2米,圆石为顶,若牛头,四旁有10余窦相穿。宋熙宁间许彦先在石上刻诗:"花药氤氲海上洲,水中云影带沙流,直应路与银潢接,槎客时来犯斗牛。"

3. **池东石**。在湖东端,上下两块石相叠,上底部有明嘉靖年间题刻的"此即九曜第一石也"。还有清代书法家翁方纲题刻的篆书"拜石"和隶书"龙窟"等题刻。

6. **药洲石**。在湖中偏西处,形如笋峰,高2.4米,上刻翁方纲题"药洲"二字。

7. **白色中空石**。在"药洲"石西面,上有清人的题刻两处。

8. **珠泉石**。在湖中西南面,西面刻"珠泉",东面刻"钓矶"。

此外,现尚有较大的石块散落在湖西南角和西岸。

构石为山,池中置岛,为中国园林的最大特色之一。园林不可无石的审美特色可追溯至西汉茂陵筑北山之园。中国士人嗜石文化的主要内涵在唐代时已大体确立,南汉药洲九曜石是其典型体现。九曜园是岭南地区现存最古老的石山水景园林旧址,它发扬了中国古代自然式风景园林的传统,是中国园林最早的地面景物遗存。对以后的岭南园林风格有深远的影响。

除药洲外,南汉南宫区还有如下名胜:

**三清殿**　在南宫内。

**长春宫**　在西湖药洲前,南宫之南。

**沉香台**　在禺山(今广州百货大厦址)上。当年禺山上多松柏,到清代时已无存。

**朝元洞　清虚洞　清虚台**　在番山(今孙中山文献馆北侧一带)上。

**宝石桥**　由七块石砌成,故亦称七块石桥,故址今名七块石街。西接吉祥路,东接华宁里南端。南汉时此处属西湖,湖水流经桥下。清《南海百咏续编》载:"七块石,在古药洲东。为汉刘𬬮命黦徒采砺山之石，跨湖为桥，以通花药仙洲者也。其石光洁若玉，长丈有六，横三尺，厚二尺，平列如砥。今仅七片，俗呼为七块石，题咏家号之为'宝石桥'云。"到明代时，西湖淤塞，此处形成街道，仍沿用七块石之名。20世纪80年代中期，街内路面仍存有五块巨石，长26米，宽5米，为居民住宅。21世纪初，七块石街已不存。

**清风桥**　桥址约在今教育路与中山五路相交处之东侧，① 横跨于文溪西支之上，为连通城西地区与州城的主要通津。

**仙童桥**　桥址在今大南路北侧仙湖街与屏樟巷（此巷在20世纪末已拆去不存）相交处一带。当年建于南宫区内，与西湖中的某处建筑（如某处宫殿或某座石山）相通，以供王族进出仙湖。此桥在清代时犹有残址在。后毁圮无存。

**明月峡　玉液池　含珠亭　紫云阁**　明月峡为文溪西支的一段，约当今越华路以南一段，水道南通玉液池。玉液池在华宁里七块石之北，池畔南北分别建有含珠亭、紫霞阁。明月峡与玉液池水道相连，都属文溪西支水道。南宋《舆地纪胜》载："池中列石，其状如屏。"当年五月初五端午节，"出宫人竞渡其中"②。可见水道颇宽阔，方可作龙舟竞渡之处。南宋时池淤废。南汉时的一切胜景皆湮没。

**黄鹂港**　今华宁里南段，又名黄泥巷。南汉时此处属西湖，两堤夹植杨柳，上多黄莺，故名黄鹂港。③ 可知南汉时此处水域宽广，风景秀美，后渐淤积成陆，辟建了街巷，湖景不存。

## 城西昌华苑区

南汉皇家园林昌华苑区的范围在今西关荔枝湾、泮塘一带。晚唐时

---

① 见1918年《广州市图》。
② 〔清〕梁廷枏：《南汉书·后主纪》，林梓宗校点，广东人民出版社1981年版。
③ 〔清〕李士桢：《街史》，见陈昙：《补南海百咏·注》引。

此地已渐淤积成陆，旷达数里，多种桃、梅、菱、莲和荔枝，荔枝熟时"十里红云"。南汉王在此建昌华苑，苑中修筑芳华苑、华林园、秀华园、显德园、西园等园林，总称西御苑，或称西园。烟水十余里，极一时之盛。其主要园林有：

**刘王花坞** 此地的园林碧波荡漾，以水著称。桃花夹水一二里，称为"刘王花坞"①。南汉后主刘铱"作离宫数十，挈波斯女不时游幸。常至月余或旬日"②。

每年荔枝红时，刘铱便在这里或在古流花桥与众妃嫔宫女们举行所谓"红云宴"，极淫乐之事。③ 远望树荫浓翳，楼台相继，其间石山小桥，溪流清幽，便是今荔枝湾一带在当年的景色。南宋《舆地纪胜》《南海百咏》，明代黄瑜《双槐岁钞》、清康熙《广州府志》诸史志对此均有记述。今荔湾区有昌华大街，附近又有昌华新街、昌华横街、昌华东街、昌华南街、昌华新村等，便都是因这一大片街区内有南汉王朝御花园"昌华苑"旧址而得名。

2006年，逢源街何家祠道建街头小景，原藏于逢源街办事处的一块"祀崇花坞"石刻竖于景区，此乃半副石刻残联，花岗石质，长2.5米，宽0.3米，已断为三截，上刻"祀崇花坞乐平康"，行书。这石刻据传乃刘王花坞旧物。现补刻上联："诗咏荔园留彦石"，为荔湾已故诗人余藻华生前所撰。

据清雍正《古今图书集成·广州府部》与清乾隆《南海县志》的记载："刘王花坞，在城西六里半塘……独花坞故址，宋末犹存。"也就是说，到宋代末年，南汉王朝在今西关泮塘一带所建园林宫苑，除刘

---

① 〔南宋〕王象之：《舆地胜纪》，文海出版社1971年影印清咸丰五年刻本。

② 〔清〕梁廷枏：《南汉书·后主纪》，林梓宗校点，广东人民出版社1981年版。

③ 〔宋〕陶穀：《清异录》，见《四库全书》（清乾隆）。

王花坞外，均已湮没。而刘王花坞在元代亦湮没，成了"御果园"。

**芳华苑** 在城西。南宋《南海百咏》载："在千佛寺侧，桃花夹水一二里，可以通小舟，盖刘氏芳华苑故址也。"这千佛寺，约在城西青紫坊（今龙津东路中段），其北侧今有蕉园大街，相传亦为南汉时的私园苏氏园故址。《广东新语》称："广州西郊，为南汉芳华苑故地，故名西园。"①

广州博物馆藏有南汉时代的一对花盆，造型大小相同。高30厘米、口径27厘米。敞口，上部呈十二角棱形，下部深圆，三短足。盆身两面铸有铭文，一为"大有四年冬十一月甲申塑造"（大有四年即公元931年），另一为"供奉芳华苑永用"。可知乃南汉离宫芳华苑遗物。

这芳华苑在清初"今已尽为民居矣"②。

**华林园** 在今华林寺以西一带，南汉时亦属半塘地。南宋王象之《舆地纪胜》载："刘王花坞乃刘氏华林园，又名西御苑，在郡治西六里，名泮塘，有桃、梅、莲、菱之属。"清乾隆《南海县志》载："刘王花坞，在城西六里半塘，名华林园。"可知当年此园景以水胜，池塘成片，塘中种桃、梅、荷花、菱角等，这直到清代仍是如此。

**秀华园** 在泮塘，亦属刘王花坞。"刘王花坞，在府城西六里泮塘，有秀华园。其在府北者，有芳春园。"③

**显德园** 在今荔枝湾一带。明·黄佐《广东通志》载："显德园在荔枝湾。旧广四十里、袤五十里，今尽为民居。"清嘉庆仇巨川《羊城古钞·古迹》亦称："昌华苑：一名显德园，亦南汉故址。在荔枝湾，

---

① 〔清〕屈大均：《广东新语·卷二十七·草语》，见《清代史料笔记丛刊》，中华书局1985年版。

② 〔清〕汪永瑞：《广州府志》，见广东省地方史志办公室：《广东历代方志集成》。

③ 〔明〕李贤等：《大明一统志》，三秦出版社1990年影印天顺原刻本。

广四十里，今尽为民居。"文中所记面积数字有误，"十"当为衍文，实广不过数里而已。

## 城北甘泉苑区

甘泉苑区的范围约在今白云宾馆附近西至流花湖一带地域，可分为东西两部分，中间为越秀山所分隔。越秀山南麓有溪流名横浦（今应元路一线），连通两部分。

甘泉苑东区部分的中心地带在越秀山东南麓，故址约在今小北路北段、小北花圈、挞子大街一带。这是古代广州城北的一个著名风景区。湖水来自白云山东侧蒲涧，蒲涧水南流，称文溪，文溪南流，渚水为上塘、下塘，再南流至粤秀山麓，则分流为二，东面汇成菊湖，西面的溪流称越溪。

自古文溪（又称甘溪）南流经今小北路南下汇入珠江。晚唐会昌年间（841—846），岭南节度节卢贞在甘泉池一带筑堤百丈蓄水，建成人工湖，并修筑亭台楼阁，在堤的两旁种上木棉和刺桐，扩大为游览区。为广州老百姓踏青避暑胜地。南汉王朝把这一带辟为御苑，建甘泉苑，供皇族及达官贵人享乐。苑中有流杯池（又称泛杯池）、濯足渠、避暑亭（今上、下塘地，以人工建筑为胜）等名胜。南汉大有十五年（942）前，修建了著名宫殿甘泉宫，并筑池苑，有些古迹到清代嘉庆年间还在。

甘泉苑东区水域当年可以行走舟楫，溪水经横浦而西通古兰湖（今流花湖是其故址的一部分），从兰湖出戙船澳（今澳口涌）可通达珠江。夹溪南北三四里遍植刺桐、木棉，两岸为平坦大道，景色优美。

甘泉苑西区部分的中心地带在流花桥一带，又称芳华园、芳春园。为王宫御园。南汉时疏凿芝兰湖，引城东北之甘溪水，通过横浦使与甘泉苑东区相连。园内遍植花木，广建宫室楼台，景色甚佳。"飞桥跨沼，林木拥之如画。"①

流花桥遗址在今兰圃外西南面。桥建于南汉时，原是木桥（明代时改为石桥，称民乐桥，今尚可见石桥板之侧面刻有"流花古桥"四字），桥下可通舟（今已为暗渠）。此地属南汉离宫芳春园，刘𬭊与宫女在此设红云宴，可谓纸醉金迷之地。相传刘王宫女，早起梳妆时，掷隔日残花投于水中，如落英缤纷，飘浮经此桥下，故名"流花桥"。宋·欧阳修《新五代史·南汉世家》载，当年流花桥一带"华灯照水，画舫凌波，荔枝垂岸，香草浴月"。

流花桥东面是越秀山，乃南汉王游乐地，山上建有游台（详上文《越王台》）。

荡舟往西，经兰湖，过戢船澳，西出珠江，南折通西御苑；荡舟往东，经横浦水道，沿着越秀山南麓（今应元路一线），辐辏于越王台下，东接源于白云山的甘溪，接甘泉苑东区，可以舟楫往还。②

沿横浦向东，南入流溪水（文溪西支上游段），流溪水南流入明月峡、玉液池（原街巷七块石之北），进入西湖、九曜园药洲（今教育路东西两侧），为南宫区地。

依靠水道，这就构成了一个纵横几十里，四通八达的宫室苑囿的网络。从流花桥下乘船，可以到达任何一处苑囿。

明代以前，从流花桥经戢船澳到荔枝湾，是通往珠江的一条重要水道，进出广州的码头就在象冈山西麓。流花桥是进出广州送行人所经之地，同古代长安灞桥相似。

公元 971 年，北宋南征，兵临广州城下。南汉君臣竟以为人家是来抢其财宝，下令纵火焚城，广州历史上建筑得最奢华的宫殿，规模最宏

---

① 〔清〕汪永瑞：《广州府志》，见广东省地方史志办公室：《广东历代方志集成》。

② 〔北宋〕唐庚：《游越王台记》，见四川大学古籍研究所编：《全宋文》卷三〇一，上海辞书出版社、安徽教育出版社 2006 年版。

南汉国官苑

大的园林于是被烧个精光。时人胡宾王著《南汉刘氏兴亡录》载:"是日天地黯惨,兵火四焚,六十余年基业,一旦煨烬。"

南汉国亡。岭南皇家园林从此销声匿迹。今教育路南方剧院北侧的"药洲遗址",成了南汉皇家园林流传至今的唯一"残迹",宋代曾在此建园林环碧园(详下文)。

虽说广州曾是"三朝十帝"之都,但第三朝即明末清初的绍武政权,只存在了40天,就被清兵灭了。此朝毫无建树可言,遑论园林。

# 第二章 寺观园林

上文说完广州历史上的皇家园林,下面该说寺观园林了。这里所说的寺观,包括佛寺、道观、禅院、庵堂及各类庙宇等。

封建时代,供奉神灵的寺观甚多。那时人少地多,商品经济不发达,再加历代官府都尊崇宗教——尽管历史上曾发生过所谓灭佛灭道事件,但时间都是短暂的,而且都是佛灭道兴或道灭佛兴,统治者从来没有真正反对过宗教。

这些寺庙宫观,只要是有点名气的,往往占地颇广;再加初建之时,大都在城郊乡野或山林之地,民居稀疏或根本没有民居,故大者可成"丛林",如著名的"五大丛林"。寺观内外几乎无不广植树木(寺观初建时,该处大都是林木繁茂之地),建池筑栏。寺内花木扶疏,曲栏水榭,垒山石,建长廊,塔、幢、亭、楼阁、碑刻,错落其间。庭列修竹,檐拂绿树,成幽静之境,以创造超脱、永恒和神秘的境界,营造深邃的宗教气氛,因而基本上都有园林景观。

广州历史上曾有大小不同的寺观园林不下百座(村头巷尾的土地庙、观音庙之类的小庙不算,因为它们不成园林),实在是不少的,只是岁月悠悠,天灾人祸(主要是战乱、社会动乱),又或疏于管理,再加人口剧增,土地渐缺,更加观念大变,时势所趋等因素,到现代,尤其是20世纪20年代前期,政府为筹军饷,搞市政建设,拍卖寺观地产,使广州市不少寺庙宫观被改做了民宅、商铺,或辟成了街巷、马路,数量大幅减少,原来的园林亦随之湮没。今天广州幸存的寺观,则大都在高楼大厦的包围与"俯视"下，旧时那种因四周空旷而悠然生出的闲静之感、出世脱俗的氛围，大为减弱，以至几乎无存。

## 第一节　佛寺园林

### 光孝寺

要说广州的寺庙，第一个必是位于今光孝路北端的光孝寺，因为在岭南寺庙中，它年代最古，名气最大，规模最宏伟，因而被誉为岭南佛教丛林之冠；它更是广州的第一个寺庙园林，在清代后期又是居于广州五大丛林之首；不过它成为寺庙园林时并不叫光孝寺，而叫制止寺。

两千多年前赵佗在岭南建南越国，定都番禺（今广州），并建造了广州历史上的第一个皇家园林南越国宫苑。他死后传位与孙赵胡，赵胡死，传位与子赵婴齐。婴齐有一个庶子，叫赵建德，封术阳侯，其府第便在今天的光孝寺地。

今天的光孝寺处于闹市中，当时那里却是离都城赵佗城有两里多地，属比较荒凉的城郊。公元前112年，南越国发生"吕嘉之乱"，丞相吕嘉杀国王赵兴，立赵建德为王。次年（前111），汉武帝发兵灭南越国，吕嘉与赵建德均被捕杀，赵佗城被焚毁，赵建德的故宅大概也成了荒芜之地，因为此后数百年谁也没有提到它。

直到约三百年后的三国时代，那时岭南成为吴国的一部分。吴国有一个名臣叫虞翻，是著名经学家，因为触犯了孙权，被贬谪到南海（今广州），就居住在这赵建德故宅，讲学十多年，授徒数百。这地方在岭南又名扬起来了。其间，虞翻废宅为苑囿，时人称为"虞苑"，也就是广州的第一个私园。

公元233年，虞翻去世，家属回江浙老家，行前捐宅为寺，名制止寺（史志中亦有称制旨寺），这是光孝寺的第一个名称，广州也就出现了第一个寺庙园林。至于这园林当时范围多大，有什么建筑，等等，史志无载，但可以肯定，那时寺内还未建有佛殿。

寺中佛殿之建，则在一个半世纪以后了。东晋安帝隆安年间（397—401），继宾国（今喀什米尔）85岁的三藏法师昙摩耶舍尊者来到广州，扩建制止寺，并修建了五间大殿，寺中有佛殿就是从那时候开始的，这也是岭南最早的建佛殿的记载。制止寺从此又名王苑朝延寺，又称王园寺（因为这里原是南越王赵建德的故宅），自此成为岭南名刹、南方第一佛寺、我国古代佛教文化中心地之一，成为当时最具规模和最有名的寺庙园林。

光孝寺风幡堂图

南朝宋元嘉十二年（435），天竺国高僧求那跋摩在光孝寺中始创戒坛（佛徒传授佛教戒律的高台），位置在今天大雄宝殿后的东北方，今禅堂的背后（约在清代后期毁圮无存）。又在寺中修建了毗卢殿，开设了"制止"道场（道场是佛道二教诵经修道之所），并在寺中立了一个石碑，上面写上一句预言："后当有肉身菩萨于此受戒。"250多年后，六祖惠能果然是在光孝寺（当时叫法性寺）削发受戒的，因而后人认为这个预言是应验了。

求那跋摩离开广州数十年后，又一位人称智药禅师的天竺国高僧带着本国的菩提树航海东来传教，于南朝齐和帝中兴二年（502）抵达广州，相传他走进王园寺（今光孝寺），把菩提种在今天六祖堂（当年还没有六祖堂）前面的泥土里。这棵菩提树就成了中国的第一棵佛家

"圣树"。相传智药又在今天六祖堂后面,把手中锡杖直立地上,当下便涌出一股泉水来。智药便用这泉水来浇灌菩提树。后来人们把这股泉水修掘成井,取名为"西来井"。据《光孝寺志》记载,经历悠悠千年岁月,虽遇大旱,而此井不涸。直到清代后期此井犹在,后湮没不存。

两年后,智药禅师离开广州北上,创建了宝林寺(今韶关曲江南华寺前身),并勒石预记170年后有肉身菩萨来此演法。六祖惠能果然在175年后来到这宝林寺传教,这个预言就被后人确定为应验了。

广州光孝寺的菩提树就是这样一位得道高僧栽种的,被认为是佛家的"圣树",受到历代佛徒的崇拜。唐仪凤元年(676年),惠能来到光孝寺(当时称法性寺),就是在此菩提树下落发受戒,初开法门,创立南派禅宗,并被尊为六祖的。光孝寺因此被誉为禅宗祖庭。这是在光孝寺发生的一件影响最为深远的事。次年,六祖上了宝林寺(今南华寺)传教,并把一株菩提树移植于该寺。后来智药栽种的那棵菩提树死了,光孝寺僧人随即从宝林寺接种回光孝寺,此后这株菩提树被分植到肇庆、德庆等地的。明末崇祯十五年(1642),高僧天然禅师便分植了一株到今天的海幢寺,这株菩提树至今犹在,是今天广州市著名古树之一。

北宋熙宁四年(1071),经略使程师孟修筑了广州西城。在此之前,光孝寺一直在城外西郊,此后,便在西城的西北隅。

历史上光孝寺曾用名之多在广州寺庙中首屈一指:制止寺、王苑朝延寺、王园寺、乾明法性寺(645年)、西云道观(845年)、复名法性寺(859年)、乾明禅院(962年)、崇宁万寿禅寺(1103年)。南宋绍兴七年(1137),诏改报恩广孝禅寺,不久改为报恩光孝禅寺——"光孝"之名自此始。明成化十八年(1482)赐"光孝禅寺"匾,沿用至今。但不管是被改成道观还是做回佛寺,一直占地广阔,寺中那大片园林始终没变。

南宋时,广州始有"羊城八景"。光孝古寺占地广阔,林木郁葱,佛殿楼阁隐现其间,景色典雅清幽,被定为当时的羊城八景之一,名称便是"光孝菩提"。大概是由于禅宗六祖在此树下受戒削发而使之闻名遐迩,景点遂以之为名。

光孝寺的菩提树在清代乾隆年间长得非常繁茂,"根株茂盛,枝叶鲜浓"①。"大可百围,作三四大柯,其根不生于根,而生于枝。根自上倒垂,以千百计。"②当时的寺僧"皆知宝护树根,以石围砌,屡有修整"。可惜在清嘉庆五年(1800),这棵千年古树被一场大台风刮倒了,后来枯死。今天我们在光孝寺看到的菩提树,则是在嘉庆七年(1802)时补种的,是原株的后裔,树龄至今也有二百多年了。

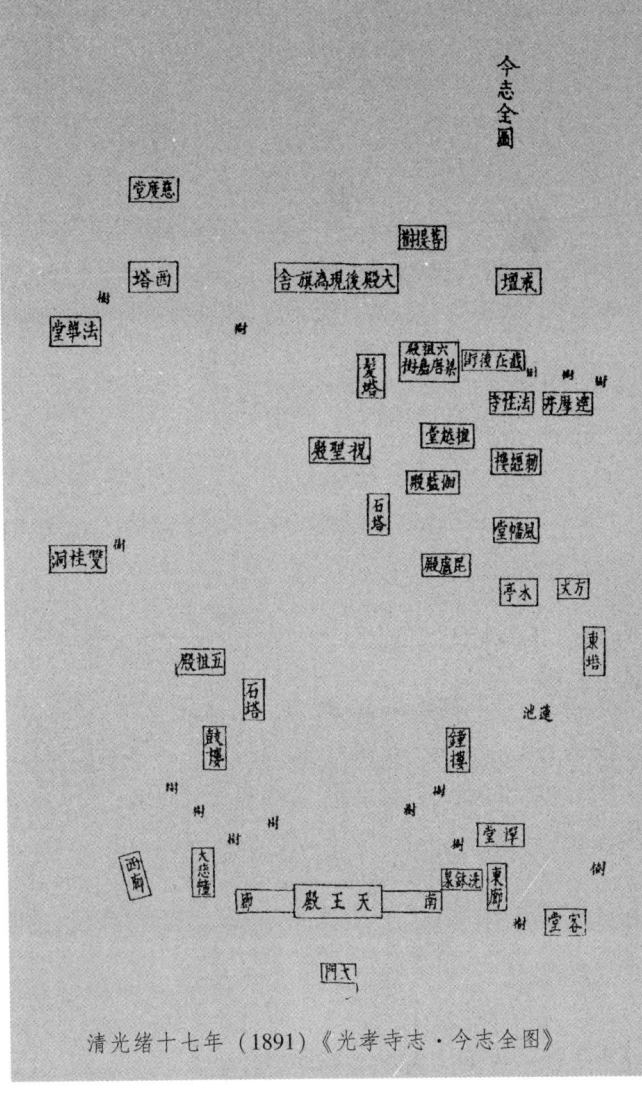

清光绪十七年(1891)《光孝寺志·今志全图》

明代时的光孝寺,寺址甚广,为广州城西最大的一片园林地。明崇祯十三年(1640)始编《光孝寺志》,书中提及的殿、堂、阁、院、寺、庵、轩、坛、亭、台、楼、桥、井、池、门、塔、廊、室、幢等建筑实体达四十多处;包括十一殿、六堂、三楼及方丈寮、库

---

① 〔清〕顾光:《光孝寺志》,见《中国佛寺史志汇刊》,丹青图书公司1985年版。

② 〔清〕仇巨川:《羊城古钞》,见《岭南文库》,广东人民出版社1993年版。

房、僧舍等。相传寺地"方圆几及三里",并有"光孝和尚,骑马上香"的传言,可能有夸大的成分,但无疑是一座规模极其宏大的寺庙,大致东至官塘街(今海珠北路),北至北城墙(今市一医院中之东西向主道),西至西城墙(今人民北路一线),南近净慧街(今净慧路西段)。比今天大得多了。一座接一座的亭台楼阁,掩映在大片古木丛林中。

据明末清初屈大均《广东新语·木语》记载,光孝寺旧有诃子树五六十株,但后来没有了。"诃树不知伐自何时,今惟佛殿左有菩提一

清末民初光孝寺大殿

株,殿前有榕四株,门有蒲葵二株为古物。"菩提树上文说过了,大殿前的四株榕树今天犹在。而那两棵蒲葵,据乾隆《光孝寺志》附囤德《诃林随见录》的记载,是在仪门外,"两株对峙,亭亭直上,终年不凋。"更奇的是,"夜间常有蝙蝠数百来栖其颠"。乾隆壬申(1752)夏某日,风雨大作,位于左边的蒲葵被雷击倒,寺僧看到一只大如团扇的蛤蟆竟藏在树中,为雷击死,也可谓一奇。

据明代黄佐《广东通志》载,洪武二十四年(1391)五月,朝廷下诏,令天下郡县,止存寺观一区,归并为丛林。是年十月,广州大毁寺观。城中古寺光孝寺、六榕寺、西来庵(华林寺)等幸存。

《木棉古史》载羊城有古木棉八景，其中一景在光孝寺。这当然也就是光孝寺园林中的著名一景。

清初，清军攻打广州，在城西西山上架大炮轰城，光孝寺就在西山南侧，部分殿堂遭炮火毁损。"兵燹之后，殿宇颓毁，合山榛莽。"[1] 清顺治十一年（1654）开始重修，至十八年（1661）竣工。

清代，广州有五大丛林，光孝寺名列首位，为岭南佛教丛林之冠。其他四丛林为海幢寺、华林寺、六榕寺、长寿寺，都是著名的寺庙园林。清康熙二十四年（1685），王士正据亲身所见，写了《广州游览小志》，书中称当时的光孝寺"气象古朴，殊乎他刹"。寺中名胜有祝圣殿、六祖殿、菩提坛、瘗发塔、达摩井、五祖殿、风幡堂、白莲池、译经台、洗砚池、笔授轩、南汉铁塔等，并称"粤城内外古道场，以光孝为第一"。在清乾隆三十四年（1769）续修《光孝寺志》时，寺中仍有殿宇二十余所，比现在多得多。

清代，今天的光孝路一带是满洲旗人子弟聚居的地方，人们称为"旗舍"。随着岁月流逝，时势变迁，城中人口激增，居民渐多，光孝寺地被侵蚀，园林渐缩小。寺中的毗卢殿、五祖殿、戒坛、延寿庵、兜率阁、笔授轩、虞翻祠等建筑陆续毁圮不存。

到了清末民初，广州五大丛林已无一保存完整者，所谓"五大丛林半劫灰"[2]。据1918年《广州市图》标示，当时的光孝寺四周为街巷所包围，寺地范围只比现在的光孝寺稍大。

民国时代的光孝寺已非佛门清净地，而被融入世俗之滚滚红尘。民国初期，寺里曾办过国立法科学院，1923年，广东省立警监学校设于寺内。1938年10月广州沦陷前，广州警备司令部设在光孝寺内。1940年，汉奸头目吕春荣在光孝寺成立和平救国军，寺中设总司令部。1945

---

[1] 《古今图书集成·方舆汇编·职方典·广州府部》，见《古今图书集成》，中华书局、巴蜀书社1985年版。

[2] 羊城如庐诗钟社编：《续羊城竹枝词选刊》，南方印刷公司1920年版。

年日本投降后,广东省立文理学院由连县迁回广州,先在光孝寺复课。1947年1月,保安第二十二团驻光孝寺。1947年8月,广东省立艺术专科学校迁至光孝寺复课。

不难想象,民国时期的光孝寺在战乱的环境中是逐渐走向衰败,寺中园林虽没被毁,但寺庙园林所要营造的那种幽静深邃的宗教气氛却几乎荡然无存了。

中华人民共和国成立后,曾在光孝寺驻扎过的单位有:省木偶剧团、广东省博物馆筹备处、广州乐团、华南歌舞团、广东舞蹈学校、省文物总店等。光孝寺的面积在"文革"时缩至最小,改革开放后才算收回部分"失地"。1986年底,光孝寺移交僧人管理,1987年进行过大规模修建。2001年,在山门前辟建了8000多平方米的绿化广场和停车场。2003年至2004年,对主体建筑进行了重修。广东省佛教协会设于寺内。

民国时期做了学校的光孝寺祝圣殿

今天光孝寺的面积有3200平方米左右。其范围之大仍居今天广州寺庙之首;而寺中建筑,仍可谓集岭南佛教建筑艺术之大成,非广州其他寺庙可及。

全寺坐北向南。山门朝南。中轴线上的殿堂胜迹,由南至北依次是:山门、天王殿、大雄宝殿、瘗发塔、诃子树、观音殿。中轴线以西的殿堂胜迹,主要有鼓楼、睡佛殿、西铁塔。中轴线以东,主要有洗钵泉、钟楼、客堂、祖堂、菩提树、禅堂、放生池、白莲池。过去有碑廊，现在没有了。

寺内的园林景色，主要集中在大雄宝殿对出的那大片草地上，可谓绿草如茵，鲜花点缀，四株巨榕如伞，盖下一地浓荫；大殿后面的诃子、菩提等古木婆娑，郁郁葱葱。此外，还有三株名木，一株是水翁，位于铁香炉东北角，树龄已逾百年。一株是细叶榕，位于寺东门内北面围墙边，树龄亦逾百年，还有一株大叶榕，位于寺东北角北面围墙边，树龄已逾130年。

## 华林寺

华林寺在西来初地，今长寿西路南侧华林寺前街，是广州西关占地最广、年代最古、名声最著的佛寺，前身是西来庵，创建人相传是菩提达摩。

菩提达摩是南天竺（今印度）人、香至王的第三子、西天禅宗第二十八代祖。相传他是遵从师父的临终训谕，东来中国弘传"禅宗妙旨"的。他乘坐装载宝物的大船，经过在海上的三年漂泊，于梁武帝大通元年（527）来到广州①，由于后来其传教活动，他被中国佛教徒尊为中国佛教的禅宗初祖。

达摩登岸的地方，在今天西关下九路北侧西来正街（清代时此街名西来初地）一带，此地在今天是繁华的商业区，当年这里却是广州城外西南六里的珠江江岸，人烟稀少的郊野之地。

达摩登陆后，便在今华林寺一带"结草为庵"，弘扬禅宗妙法，开中国佛教禅宗之源；后人因之名此地为"西来初地"。这名称沿用至今，而该庵则称"西来庵"。今西来正街、西来后街、西来西、西来北街、西来新、西来东等街巷均由此而得名。

达摩在广州的时间不长，随后北上。西来庵自他创建后，历隋、

---

① 达摩何时来到广州，有多种记载，不详列。

唐、宋、元、明诸代，逾千年，"传灯不绝"。晚清樊封《南海百咏续编》称西来庵"实岭南最古之刹也"，那是不确的，广州今存的光孝寺和已毁的仁王寺、三归寺都要比它古老；而称之为岭南著名古刹，则是名符其实。

西来庵建成后1120余年，时在清初，禅宗法系五宗之一临济宗的第三十二传法嗣宗符禅师游方来到了广州，居住在西来庵，一边传法讲道，一边募集资金。于顺治十二年（1655）对西来庵进行了大规模的扩建，测定方位，拓广寺地，引入河流为功德水（此为下西关涌的上源，在寺南面。到清代中期时淤平开街，涌不复存），植林木为祇树园，在庭中种植了三棵松树（可惜三松均在晚清时枯死）。在寺周"环植树木，蔚成丛林"，首次修建了大雄宝殿，然后又修建了达摩堂、楼阁、禅房、堂庑、寮室等，蔚为大观。同时悬匾"华林禅寺"。这就是今天华林寺得名的由来。①

寺建成后，"道风远播，闻者景从"。俨然成一名刹。据清道光刘应麟《南汉春秋》（卷十二）的考证：南汉时的芳华苑旧址"在会城千佛寺侧，即今华林寺也。"即扩建后的华林寺，不但包括了原西来庵地，还包括了南汉芳华苑旧地。

当时寺内林木浓荫，葱葱郁郁，一水迂回，逦迤而达于珠江，随潮汐涨落。有一活水池，每值潮涨，江水源源流入，生意盎然，池中蓄有鱼龟，乃好善者所放生。全寺占地广阔，大概是东起今新胜街，西邻今毓桂坊，南临今下九路，北至今长寿路一带。寺的正门朝北，约在今长寿路（后改为朝南。见咸丰《广东省城图》。现寺门朝东）。全寺占地约三万平方米，是名副其实的"华林"，为城西一大寺庙园林景观。此后寺内僧侣云集，香火日旺，成为当时广州佛教"五大丛林"之一。②

---

① 华林：茂美的林木；又是佛教园林华林园的省称。

② 另四寺为光孝寺、大佛寺、海幢寺、长寿寺。又有"四大丛林"说，指光孝寺、华林寺、六榕寺、海幢寺。

今华林寺前、华林新街、华林北横、华林南横等街巷便是因华林禅寺而得名。

清康熙四十年（1701），在华林寺内增建了舍殿，殿内建造了用肇庆星岩白石结砌而成的舍利塔，为六角七级仿楼阁式塔，高约7米，造型华丽。塔基内埋藏了佛祖舍利22颗，从外至内用石、木、铜、银四重套匣贮放。直到1965年初拆塔移置兰圃时才被挖了出来。

民国时期华林寺星岩石塔，20世纪60年代在塔基发现了舍利子

清道光二十六年（1846），华林寺再次大兴土木，修建至今幸存的著名的五百罗汉堂，占地1364平方米。整个工程历时五年，于清咸丰元年（1851）建成。《南海百咏续编》中载当时的情形是："心香慧炬，倾动三城焉。"（三城意为整个广州城）可以想见当时人山人海来观礼的盛况。堂中所供罗汉像，乃主持此事的衹园长老描绘了杭州西湖净慈寺内的五百罗汉塑像，"归而模塑"的。

五百罗汉堂与五百罗汉像，在广州寺庙中过去是独一无二的，现在仍是独一无二的。当时大概极著名，成了华林寺的代称，咸丰年时洋人绘《广东省城图》，就直接把华林寺译为"T. of 500 Genii"，意为"五百神灵的庙宇"。

同治九年（1870），华林寺增建尊经阁以收藏朝廷颁赐的佛经。

清代后期，上、下西关涌之间的大片农地，由泮塘到华林寺间，陆续兴建住宅区。寺地为民宅所迫，日渐缩小。

民国期间，人口的急剧膨胀与工商业的迅猛发展使广州城中的庙宇

20世纪20年代华林寺五百罗汉堂内的罗汉像与阿育王塔

陆续被拆毁以兴建民房。1923年9月,市政局为筹募军费,将华林寺作价拍卖。幸得寺僧筹款,并得施主馈赠,凑了3000两白银(一说500两白银),使华林寺得以保住僧舍、库房及"五百罗汉"和"龙天常住"两座殿宇,其余大部分殿堂被拆毁,寺区于1924年被改为街道并建造了民房,曾占地甚广的华林寺寺地大为缩小,那"环植树木,蔚成丛林"的景观从此消失。

"文革"破四旧时期,寺中佛像、罗汉像被全部砸毁焚烧,无一幸免。随后殿堂被用作工场,宗教活动停止。

1979年,华林寺占地面积3000多平方米,比它占地最广时几乎缩小了十倍。后历经修葺,并于1986年6月重新开放,仍为广州西关声誉最著的佛寺,但陷于闹市之中,其园林景观早已无存。

**景泰寺**

在菩提达摩北上京都建康(今南京)之后不久,又有一位名僧来到广州传教,他就是广州佛教史上著名的高僧——景泰禅师。今天广州有景泰坑、麓景路、景泰新村、景泰直街、景泰中街、景泰北街、景泰西一巷至七巷、景泰东一巷至四巷等地名、路名,皆与这位禅师有关。

据史志载,这位景泰禅师能与鬼神相通,有奇异法术,能够白天来到广州城,黄昏时就回到几百里外的罗浮山。当时人们称他为"圣僧"。

## 第二章 寺观园林

　　大概在梁武帝大同年间（535—546），这个圣僧来到广州传法，在白云山栖霞岭（今同名，在白云山的西南部，又名景泰云峰山，就是今天景泰坑一带）创建了一座寺庙，名景泰寺。相传白云山有僧人居住，就是从这个景泰禅师开始的。

　　话说景泰禅师建寺之前，今天的景泰坑那一带没有水源，景泰禅师就在山崖点出泉眼。古籍记为"卓锡得泉"。意为直立锡杖于地，地下便涌出了泉水来，后人称为"景泰泉"或"泰泉"。泰泉水缓缓涌出之处，人称"泰泉洞"，相传泉水涌出来时，有七个仙人为之守护，同时从地下还钻出两个螃蟹来，可谓神奇极了。

　　景泰寺创建后，白云山西南麓一带渐渐成了广州的游览胜地，据明万历二十四年（1596）郭棐《岭海名胜记》所载，该地还发现了一些奇异的古物：两只石履、一面古镜。人们认为是山中的灵迹，便藏在景泰寺中。到南宋绍兴年间（1131—1162），有一天风雨交加，电闪雷鸣，竟震裂了山石，出土了唐代天宝年间（742—756）的一口古铜钟。人们又认为是山中圣物，也藏在景泰寺中。

　　当年这一带几无人烟。山青水秀，岗峦起伏，林木森森，瀑布凌空挂落，松声回响山谷。登高远眺，雾霭茫茫，珠水荡漾，景色甚佳。南宋时，名臣李昂英在泰泉附近修建了玉虹亭和饮涧亭。寺亭楼阁，掩映在一片花木繁茂中，为一处远离州城的寺观园林胜地。

　　元代，景泰寺一带的景色入选了当时的羊城八景，名称是"景泰僧归"。

　　景泰坑一带，今天早已成了广州城区的一部分，民居鳞次栉比，楼房林立，高架桥横空飞渡，人来车往，一片喧嚣，全没了山间野趣。当年的景泰寺所在，是距州城数里的郊外，峦峰叠翠，绿树成荫，潺潺流水，鸟鸣清脆，一派山野风光；寺南俯瞰月池，北倚摩星岭，西迎紫金台，东望碧虚观，近有蒲涧滴水岩（今白云山云岩），岩上有一块状如铜钟的大石，据古籍的记载，每在月明风清之夜，这岩石自会发出铿铿之声（这块大石现在是找不到了）。游山远眺，望云雾之中，有僧侣归

景泰寺抱鼓石

来。这便是"景泰僧归"的景致。

景泰寺过去曾挂有一副对联,写得非常有韵味,联曰:"烟锁断桥留客立,云封古寺待僧归。"又有这样的古诗句:"月移云影,足似僧归。""低头蓦自望,云送泰僧归。"都是形容这种茫茫雾霭之中或月明风清之夜那僧人归来的情景的。明代万历进士郑懋纬有《景泰僧归》诗,更写出了古寺所处的环境,诗曰:"山寺净竹筠,藤萝蔓径路。云深僧始归,长啸空林暮。"站在今天的景泰坑,满眼高楼,那就不管是晨曦初现之时,还是黄昏雾霭茫茫之际,都无法去体味当年的情景了。

明代,古寺已渐趋荒废。"景泰僧归"一景被摒出了羊城八景之外。明正统十三年(1448),当时的住持僧德存对景泰寺重加修建,并在半山处建了座"僧归亭"。天顺三年(1459),这景泰寺被易名为"广趣寺"。又过了60余年(嘉靖二年,公元1523年),当时的岭南著名学者黄佐把这座古寺改建为"景泰书院",在那里传业授徒。当时的寺僧就迁到光孝寺去。

景泰书院随后名声远播,一时间,远近才俊之士都来这里师从黄佐,此地成了岭南大地的一个文化中心。黄佐在明嘉靖四十五年(1566)辞世后,就长眠在书院下面的土丘里。

景泰书院后来渐趋衰落。到明代万历三十五年(1607),僧人正裔又把景泰书院建为寺庙,复名景泰寺。过了26年(崇祯六年,公元1633年),有位叫黄思岩的施主,捐出了在古寺下方的七亩地,参议晏

## 第二章 寺观园林

清就在那里增建了一座"新景泰寺"(因在景泰古寺下方,故又称"下景泰寺")。这新寺古寺在清代嘉庆年间仍然存在,但到清代末年时相继坍毁,从此湮没。景泰寺园林之景,从此不存。

今日景泰寺遗迹,位于景泰坑以北、白云山南坡。四周坡地草木繁茂,真是一个清幽的所在。尚存的"锡泉古井",大概就是地方史籍所载景泰禅师"卓锡得泉"的地方。

明代 《景泰僧归》

清代 《景泰僧归》

## 六榕寺

景泰禅师在远离州城的栖霞岭修建景泰寺的时候，当时的广州城西郊宝庄严寺则建起了广州历史上的第一座佛塔，这便是今天六榕寺花塔的前身，当时称舍利塔。

宝庄严寺是今天六榕寺的前身。建于南朝刘宋时（420—479）。

建寺之缘起不详，当时建得怎样也不详。但寺址是在当时城外数里地的西郊，想必花木繁茂，环境相当幽静。舍利塔之建则是缘于内道场沙门昙裕法师从真腊（今柬埔寨）迎来的佛舍利。

当时的萧梁王朝皇帝梁武帝是个求佛狂，他听说真腊（今柬埔寨）有佛舍利①，于是就派昙裕大智法师（一说此人乃梁武帝母舅）到真腊寻求。昙裕法师果然求得佛舍利并带了回来，在广州登岸。梁武帝得报，十分高兴，颁诏命广州刺史萧誉特地修塔以埋藏这些珍贵的佛门之宝以供奉。时在梁大同三年（537）。

萧誉得令，选址在城西数里宝庄严寺内修建了一座方形的六层木塔，塔下埋藏着佛舍利。这是广州最早的佛塔。赐名宝庄严寺舍利塔。位置就是今天六榕寺内的那座花塔所在处。这座木塔不仅是广州最早的佛塔，而且还是岭南地区最早见于记载、有据有迹可寻的佛塔。

宝庄严寺和舍利塔在唐高宗时（650—683）曾重修过一次。

唐朝覆亡，中国历史进入五代十国时代。广州属南汉国，佛教再度盛行，宝庄严寺被改名为长寿寺（并非以前位于今天广州长寿路的长寿寺），当时皇室刘氏宗族妇女出家奉佛的就居住在这座寺院里。那时宝庄严寺东距广州城一里地以上，寺内是花草树木，掩影亭台楼阁，寺外则是一派郊野风光，为一处十分幽静的寺观园林之地。并非像今天这样陷于闹市之中。

宋开宝四年（971），宋灭南汉国。长寿寺与舍利塔毁于战火。

---

① 佛骨或佛牙，相传是佛祖释迦牟尼归西后留下的宝物。

十多年后，宋端拱二年（989），一座新寺又在原址上建起。名"净慧寺"。后来又毁于火灾，直到元祐二年（1086），南海人林修等才又在原址上重新修寺建塔，当时所建成的塔，就是我们今天所看到的六榕塔的模样了。因塔龛内供奉贤劫千佛像，故此就不再称"舍利塔"，而名为"千佛塔"。

北宋熙宁四年（1071），修筑西城。原在城外西郊的古寺遂位于西城中了。

当年广州城中没有高层建筑物，因而这座高57.6米千佛塔就显得特别引人注目，可作城标。南宋诗人方信孺《南海百咏·净慧寺千佛塔》诗称为"天井宝级镇南州"。清代文学家、番禺人汪兆铨撰《记六榕寺塔》，文中描述花塔的朝夕景色是："晓日初上，光采炫然；火珠荧荧，若木争色。丹霞绚晚，人间暝烟；仰视上方，残阳烛明，光半鸦

民国时期六榕寺正门
（苏东坡题六榕匾）

背，用以研朝媚夕，幻成奇观。"可见当年登塔俯瞰羊城，实在是非常引人入胜的。

宋元符三年（1100），原被贬官到昌化军（今海南省儋县）的大文豪苏东坡获准北归，来到广州，一天，广州安抚使程怀立等官吏在净慧寺设宴为苏东坡洗尘，并一同登上千佛塔观光。苏东坡看到塔畔环植有六株老榕树，婆娑如盖，古翠浓荫，欣然题写了"六榕"二字，笔气厚重雍容、丰腴跌宕。后来寺僧将这二字额于山门，并加刻石。苏轼题写的"六榕"匾额，至今仍悬挂在寺门上。

不过苏东坡当年所见的那六棵老榕树早已不存了，今天六榕寺内的菩提树和榕树，都是后人补种的，故此才建有"补榕亭"。今天寺门前仍挂着过去的一副对联，上联是"一塔有碑留博士"，那是纪念唐初大文学家王勃的；而下联"六榕无树记东坡"，便是指上面讲的这段掌故了。

过去六榕寺左边还曾建有东坡亭，两边亭柱挂一副对联，也是纪念苏东坡为六榕寺题额这件事的，联曰：

　　请看两字大书，鸿飞去后痕留雪；
　　想见六榕当日，莺乱啼时叶满庭。

古六榕早没有了，这个东坡亭也早没有了，联中所写的情景，只可供后人追思。

元代时，六榕寺院的范围比今天要大得多。据古籍所载，当时寺院约东至今广东迎宾馆，南达今中山路，西面与光孝寺相接，北迎越秀山。山门是向南的，即在今中山路那面。这到底有多大呢？我们今天已无法确定当年六榕寺在哪里跟光孝寺相接，现在就姑且以约居今两寺之中间的海珠北路作为西界；所谓北迎越秀山也是笼统的说法，现在姑且以今天的百灵路作为北界，那么，摊开地图一量，再依比例尺一计算，这寺院在元代时的面积竟达 20 万平方米！今天的六榕寺有多大呢？仅

民国时期六榕寺花塔　　　　20世纪初六榕寺花塔

7330平方米，与当年比，缩小了几乎30倍！

　　这是一座规模何等宏大的寺院园林！千佛塔矗立寺中，登塔环眺，只见四周一大片树丛花草，郁郁葱葱；掩影着亭台楼阁，错落其间，"莺乱啼时叶满庭"。很难想象以后广州城区中再会出现规模如此宏大的寺庙园林了。看今天这一大片地域，除了面积早已大为缩小了的六榕寺外，已全起了高楼大厦，人们已很难想象当年这一带的园林景色了。

　　净慧寺一下子少了大片园地是在明初洪武六年（1373）。当年寺院被分了一半出来做了永丰仓，殿庑遭毁，仅剩下了千佛塔和观音殿。过了两年（1375），当时的住持僧愈坚在寺内重建佛殿，才没使这古寺废圮，并把寺门由南向改为东向，也就是今天的样子。又过了16年，即洪武二十四年（1391），整座净慧寺被并入了西禅寺（故址在今市第四中学内。当年的情形是把净慧寺归属于西禅寺，即换了个招牌，而原寺其实是保留不动）。又过了20年，即永乐九年（1411），复还本寺，挂匾额"六榕"，自此改名为"六榕寺"。

　　六榕塔被俗称为花塔的原因，是由于这整座佛塔犹如九朵雕花叠成，塔身朱栏碧瓦，丹楹粉壁，色彩斑斓，华丽壮观，外观宛若冲霄花

39

柱，于是人们就发挥想象力，给它一个"花塔"之名。花塔是六榕寺的标志性建筑。故后来广州人又称之为"花塔寺"。

自改名为六榕寺后的几百年，这座古寺没有遭到什么大变故，而寺院范围则在愈渐缩小。据1918年《广州市图》标示，当时的六榕寺东至花塔街（今六榕路），西至福泉新街，南至福泉巷，北至仓前街。面积约为14000平方米。

到中华人民共和国成立后，院地南部地已被街巷民宅侵占，且甚残破。政府拨款维修，不过昔日之园林景色早已无复旧观。"文革"中遭受了严重破坏，除六祖铜像外，全部佛像被毁，全寺被占作仓库。"文革"后又行修葺，并重新开放。今是广州佛教协会所在地，全寺占地面积约为7330平方米，比华林寺大，比光孝寺小。寺内园林景色得到部分恢复。1996年入选"广州十大旅游美景"，名"六榕花塔"。

## 西禅寺

西禅寺是广州西关著名寺庙。故址在今西华路太保直街兴起里之北广州市第四中学内。

据清康熙朝董应魁《西禅寺万佛阁碑记》载，寺创建于唐末五代初。北宋太平兴国年间（976—984）重修。

西禅寺依红色砂岩构成的小丘建成。此小丘高数米，岩层较坚硬，故能成小丘，突起于西关平原之上。因丘形似龟，得名龟岗。小山峰呈尖形，故名"龟峰"，或称龟峰冈，故寺又称龟峰寺。或说因大殿后有石形如龟，因而俗名龟峰寺[①]，亦称西禅龟峰寺或灵峰寺。今有资料称当年西禅寺建于丘顶，其实是建于丘麓。[②] 晚清樊封《南海百咏续编》

---

[①] 《广州府志》，见广东省地方史志办公室：《广东历代方志集成》，岭南美术出版社2007年版。

[②] 《广东通志·广东省城图》，见广东省地方史志办公室：《广东历代方志集成》，岭南美术出版社2007年版。

亦载:"西禅寺,在西郊龟岗下。"

宋代时西禅寺建得如何,有何事迹,史志缺载。

元初,元军攻城,战况惨烈。城中各类建筑大多遭损毁,处于城外西郊的西禅寺逃过一劫,得以幸存。

明灭元,广州城没有发生战事。明代初期,西禅寺的香火颇旺。洪武十二年(1379),西禅寺拥有20顷5分(相当于150个足球场的面积)的田地、水塘,靠这些地产收入,该寺以后建起了正殿、阮公祠堂等屋宇,原净慧寺六祖铜像当时供奉在西禅寺,供人拜奉。《大明一统志·广州寺观》仅载光孝、蒲涧、海珠、净慧、西禅五座寺庙,可见西禅寺当时颇具名声。

洪武二十八年(1395),整座净慧寺被并入了西禅寺。①

明正统十四年(1449),黄萧养率军围攻广州城,西禅寺毁于兵燹。战乱平息后,随即被重建。并被敕赐"龟峰禅寺",香火一时鼎

赑屃,传说龙生九子之一,像龟,力大,旧多用作石碑的基座,广州不多见。此龟岗上之赑屃,乃西禅寺古物,其头被打断,后补上。背上之碑已失佚无踪

龟岗亭

---

① 详上文《六榕寺》。

盛。明成化（1465—1487）、弘治（1488—1505），"两奉诏书护经归寺，膳僧田极一时之盛"①。

西禅寺前有池塘，民间有传泮塘"五秀"原是邻近龟峰西禅寺的寺僧在寺前池塘种植的，号为"五仙果"，作为四时供奉佛前的蔬果品，后才移种于泮塘。

明嘉靖（1522—1566）时，吏部尚书方献夫，垂涎西禅寺寺产饶富，谋于学道魏校（正德十六年任广东提学副使），以扶圣教为名，夺寺田，占为己有，改建为方献夫祠。②另据清嘉庆《羊城古钞》载，方献夫原在西樵山天湖北建了座石泉书院，后来改建于广州城西门外龟峰寺故址。看来方献夫把这座寺庙霸占了。

几十年后，清军攻城，西禅寺毁于兵燹。清初顺治三年（1646），重修西禅寺，"经阁堂寮，转胜昔日"③。后来又在寺中创建万佛楼，清顺治十八年（1661），董应魁以少司寇出任广东巡抚（相当于省长），不久后撰写了《西禅寺万佛阁碑记》，称万佛阁："嶒峻槟枏，瑞蔼丹楹，而百宝庄严，不亦极千秋胜事哉！"又载："无已殿后，飞檐杰出，山接云霄，而五色毫光粲粲于龟岗、丹灶之间……凡后之人礼曹溪而问羊石名胜者，莫不望斯楼也。"④可见万佛阁建得相当雄伟，而当时的西禅寺颇具规模且名声甚著。

清代前期的西禅寺，有山岗，有溪流，筑亭台，建万佛阁，有百贤

---

① 〔清〕董应魁：《西禅寺万佛阁碑记》，见冼剑民、陈鸿钧编：《广州碑刻集》，广东高等教育出版社2006年版。

② 《广州府志》，见广东省地方史志办公室：《广东历代方志集成》，岭南美术出版社2007年版。

③ 柳桥金：《六榕寺六祖铜像记》，见冼剑民、陈鸿钧编：《广州碑刻集》，广东高等教育出版社2006年版。

④ 〔清〕董应魁：《西禅寺万佛阁碑记》，见冼剑民、陈鸿钧编：《广州碑刻集》，广东高等教育出版社2006年版。

殿等殿宇，四周是农田菜园，环境幽雅清静，成西关一处寺庙园林风景区、游览好去处、寻幽消暑地。

龟岗灵峰石刻，书于清道光庚子年（1840）

到了清代中叶，广州的织造业急速发展，西禅寺所在地区的农田菜园也逐渐成了"机房区"，从业工匠众多。及至晚清，西禅寺的范围大约北至今太保前菜地，南至兴起里，东邻将佳里（旧叫龙翔里），西至仁明里。可惜的是本寺始终缺少一些知名度高、有较大影响的高僧或诗僧在此活动、栖止，未能"因人以显"，故香火不旺。历代文人吟咏西禅寺的诗文流传下来的也不多。

清光绪三十三年（1907），当时幽静佛寺竟被用来做了政府机关——巡警西关第二分局。1910年7月，又做了巡警区第三区所（后改称西禅分局）。可见清末时西禅寺实际已废。

民国时此地属西禅区，区名即由此得。1924年，广州市政府为筹资北伐，拍卖各寺庙，西禅寺的底价为150元，寺僧却无力赎回，西禅寺被拆毁，从此湮没不存。

1933年，西禅寺故地建为广州市立第五十一小学，初时尚有"莲池、龟岗之胜"。后来填池为体育场（今山岗下市四中南操场即昔日莲池），辟龟岗之侧麓为会场。凿山平地。并购校舍旁之菜圃建筑新式校舍，建成了西关最大、全市最新式的小学。而西禅寺遗迹愈湮没。所谓寺庙园林，已不复存。

今第四中学内，一座小山丘高出地面五六米，上面怪石嶙峋，鸟语花香，长着十几棵百年榕树，参天遮日，这就是古龟岗残迹。岗顶有一座绿瓦亭，存"灵峰"石刻一方，还有一只原用于负碑石的巨型花岗石龟，十几米外，有口内径约45厘米的西禅古井。至于曾在此地的园林景致，只能靠想象了。

## 白云寺

白云寺是白云山中名寺，为白云山海拔最高的寺庙，故址在今云山中路广州碑林、九龙泉所在的山谷。

白云寺始建于何年，史志记载不一。一说是南朝梁大同年间（535—546）有院法师创建，一说是南汉时僧人实性奉旨在白云山建寺，选址摩星岭下的白云洞，故名白云寺，尚有一说为南宋乾道四年（1168）任广州转运使的陶定所建。

白云寺寺址的位置，一说约在今白云山广州碑林内之南雅堂，一说在今九龙泉西南方，今白云山广州碑林下方有"白云古寺遗址"玉石匾，嵌于石壁上，即是该地。从今存史志记载来看，白云寺寺址其实甚广，以上两说均属白云寺范围。白云寺主殿为三教殿，位置在今广州碑林的南雅堂。所谓三教，即道、佛、儒。南宋方信孺《南海百咏·三教殿》载："三教殿，在白云寺中，陶定施财所建也。至今香火不绝。"当时白云山才初开发，只有自然形成的崎岖小路，州人不辞劳苦前来上香，可见白云寺颇具名声。

白云寺前（南面）是九龙泉。寺西南为泰霞洞，泰泉水出其下。寺北为宝象峰，其下百仞飞瀑，盘舞喷薄。古代时，白云山水比现在丰盛得多。

宝象峰上有胜因寺，下有虎跑泉。宝象峰上有所谓"动石"，风吹石动，世人引为奇观。以上胜迹，宝象峰、虎跑泉、动石到清代初期犹在，而胜因寺已毁圮不存，今已难确考其故址所在。

当年白云寺一带古木参天，丛林郁森，浓荫匝地，水石交荫。人迹罕至。"峨峨白云，梯天直上，下有灵泉，飞光结响。"[1] 泉声相应，更显出山中幽静，是一处规模宏大的寺观园林所在。历史上第一位广州籍

---

[1] 〔清〕张其翻：《白云山九龙泉铭并序》，见《学海堂二集》卷一六，清道光十八年启秀山房刻本。

探花、南宋名宦李昂英《游白云寺》诗咏："眼穷溟海九万里，身在蓬莱第一峰。潮涨屿低帆势急，山回路转树阴重。"写出了白云寺所处山势及远望珠江之景色。

宋元时代，白云寺所在一带远离州城，丛山林莽，湿气郁重，云蒸雾蔚。每当天高气清，白云层层如自山下涌起，缭绕在幽山古刹四周。元代羊城八景之一名"白云晚望"，便是指白云寺。景点在今白云山山顶公园晚望岗。此处有林泉之胜，山势和缓，视野开阔，南望州城，苍昊如盖。元代曾建"晚望亭"于此。夕阳西下之际，近观群山献翠，莽莽苍苍，泉石萦回。空中白云飞渡，晚霞暮色甚是迷人。远观山南州城墟落，羊城万家灯火，尽收眼底，还有远处的珠江如玉带般横陈于州城之南，是为此景。今岗上建有长廊，廊之东头悬一木匾额，上书"白云晚望"，红底黑字。至今仍是中秋之夜最佳的赏月地点。

元末明初诗人李德《同诗社诸公游白云寺》诗形容此地风光："山开西北日，水豁东南天。凉叶散虚席，暝林啼清猿。……何当登绝顶，俯视苍苍烟。"① 真是何等幽僻。

明代前期，白云寺遭火焚毁圮，后复建。据明成化九年（1473）《广州志》卷二十五的记载，明洪武二十四年（1391），朝廷下令归并寺观丛林时，僧正度任白云寺住持，寺没有被归并。二十七年（1394），寺被叛贼余腾全焚毁，遂废没。然而寺的石基、阶砌与九龙泉大石井栏犹在。寺废后，原属寺产的常住田二十七顷全部归了佃民耕种和管理，结果失去了将近一半。明宣德七年（1432），寺田复归度牒僧掌管，乡人于是推举光孝寺僧慧杰承管。慧杰靠募缘，经数年积蓄，于明成化七年（1471）在原寺旧址先构建了佛殿三间，随后再修建了门廊等，白云寺得以重建。有门联："精舍绕层阿，片石孤云窥色相；金镜开觉路，爱烟疏磬散空林。"

---

① 杨资元、黎元江主编：《英雄花照越王台·甲编诗词·元明诗词》，广州出版社1996年版。

重建后的白云寺风光，明代张绩《游白云寺分韵》诗形容为"香残双树含轻霭，雨歇千峰起嫩岚。"黎民表（1515—1581）《同丁茂山游白云寺》诗描绘为："积阳熙层崖，凝阴豁林杪。"一派绿树浓荫的园林景象。

明代时，白云山中有三寺。居中为白云寺，左月溪寺，右景泰寺。嘉靖年间（1522—1566），广东督学魏校大毁寺庙，兴建书院社学。三寺既废，都被改作书院。其中白云寺在嘉靖二十九年（1550）被大学者、教育家湛若水改建为白云书院，占地颇广，修建了山门、厅堂、亭台楼阁，有云归亭、留仙亭、鹤舒台、湛子著书台、云生门、倚云门、大道堂、遵道门、尊师祠、观生堂、观泉堂、尽存堂、坐进之堂等建筑，掩映在大片丛林之中，"高敞盘郁，顶峰尊崇，群山护之"，溪涧在其中流经，"泉出泠泠，冬不绝声"；堂之左右栽有三株橘树，干无皮，枝成连理，花开时如明珠万颗，人称"三株树"，据传是百年之物，是书院中名胜。总之，原是寺观园林地，现在成了书院园林地了。湛若水自作《白云书院记》① 详细地记述了当时白云故寺四周的环境、修建白云书院的经过及书院的设置。

白云书院之建，时人称为"仙变释，释变儒"。湛若水的门生、学者王渐逵（王青萝）"读而嘉之曰：其变之终于正矣乎？"② 于是写了"白云三变"匾额挂在书院。这是当年文人骚客的一段逸话。

湛若水于嘉靖三十九年（1560）去世。此后，白云书院渐毁圮，后来竟做了墓地，而在九龙泉下方建了座水月庵，供奉观音大士。后来又建了两楹。清雍正《古今图书集成·广州府部》引清康熙《广州府志》载："白云寺，在白云山上。有九龙泉寺，久废。明嘉靖中，湛若

---

① 《白云书院记》石刻在白云山，清代同治年间已佚，文载于清乾隆·任果撰修《番禺县志》与清同治《番禺县志·金石略四》。

② 《番禺县志·杂记一》，邓光礼、贾永康点注，广东人民出版社1998年版。

水创精舍其上。万历中，复建庵于遗址。上有安期生祠，今废。"从这段记载看，白云寺又名九龙泉寺。湛若水在寺地建书院（精舍），寺就废了。

在明万历时，在寺旧址建庵，当即供奉观音的水月庵，而旧址上方的安期生祠，在清初康熙时也已废了。虽是废了，但没有湮没。清同治十年（1871）《番禺县志·卷二十四·古迹略二·冢墓寺观》载："白云寺，在白云山上。今圮，惟安期生祠尚存。"可见安期生祠并无倒塌湮没，在清同治年间（1862—1874）尚在。"安期生祠，在白云山白云寺废址侧，有九龙泉。"清光绪五年《广州府志》（卷八十八）亦载："惟安期生祠尚存，九龙泉在其中。"可见九龙泉是在安期生祠祠中。安期生祠约在清末时毁圮不存。

明代白云寺一带景色甚幽清。明末崇祯五年（1632）佚名《游白云记》载："庵径初缘右直上，主僧如超募工氅石为桥列碱，左折小池接九龙之次，旁注于谷，涓涓有声，与枫叶应。山门幽深，不知其几许也。入庵则体制反眄……桥下多大石，相度划刜……庵中繁阴渐翳，山坳雷雨四决，独南云犹自琶洲赤石冈塔，粲若盘石中物，两道战瀑声越雷……"①

明后期万历三十四年（1606），广州西关今长寿大街一带建长寿庵

明代 高俨《白云晚望》

---

① 〔清〕任果撰修：《番禺县志·卷十九·艺文一》，见广东省地方史志办公室：《广东历代方志集成》，岭南美术出版社2007年版。

(清代长寿寺前身),后来白云寺的田产就被送了给长寿庵"守香灯"。可知当时白云寺已废,并无复建。清乾隆《南海县志》称之为"废寺",原文这样记述:"同知魏伯麟、知县刘廷元益以白云废寺田四十三亩一分俾世守香灯,(长寿庵)遂成名刹。"①

清初,平南王尚可喜统治广州后,大兴佛教,把白云书院故址复修为寺。

当年白云寺所在一带的幽清景色不逊前代。清雍正钱以垲《岭海见闻》这样描述:"白云山绝顶为摩星岭。山半有白云寺。寺左有溪名归龙,蜿蜒凭空,盘舞喷薄,潴以为湖。湖东北有遇仙桥,下有景泰、月溪二寺。林木相蔽,共成奇境。前有九龙泉,水帘双挂,瀑布千尺。"

民国时期白云晚望,采自1934年《广州指南》

清代后期,白云古寺已颓圮。清同治十年(1871)《番禺县志·卷二十四·古迹略二·冢墓寺观》载:"白云寺,在白云山上。今圮。"事实上,白云寺并没有湮没,只是呈现一派颓败的景象,没人打理。民国五年(1916),驻军广州的军阀龙济光拆了白云寺,用寺砖在白云山上修筑炮台,千年古寺至此被彻底毁掉了。

1931年,何侠等善信发起重修白云寺。当年11月25日动工兴建山

---

① 刘廷元:浙江平湖人。明万历三十三年(1605)任广州知府。

门,次年5月落成。重建的白云寺占地甚广,地势分三层,三教殿在最高层,九龙泉在最下层。此外建有大雄宝殿、城隍殿、龙王殿、护法堂、说法堂、念佛堂、方丈室、龙天常住、白莲精舍、蒲香亭、泓碧亭、修养室、抱玄室等,林木深翳,

白云古寺遗址,这堵墙是民国时期白云寺的遗迹

溪涧清幽,殿堂楼阁掩映其中,是一处宏大的寺观园林。

可惜,不足七年,1938年10月广州沦陷。日军放火把白云山林木、建筑悉数焚毁。白云寺在这场浩劫中被毁掉,一处宏大的寺观园林亦随之消失。九龙泉幸存。还有一段双隅墙体为民国时期白云寺遗迹,位于今九龙泉正门外西侧,长11.3米,厚0.5米,高2.7米,以红砖和青砖一顺一丁式砌筑。现墙壁上嵌有"白云古寺遗址"玉石匾。

1993—1994年,广州碑林在白云寺故址兴建,收入古今名家书法作品之碑刻,数以百计,充满岭南文化色彩。但已非白云古寺的模样了。

**蒲涧寺**

蒲涧是白云山东麓的一道山涧,古时因盛产菖蒲草而得名。今白云山山顶公园"天南第一峰"牌坊所在处一带古称云岩,又名郑仙岩、滴水岩,其胜景是"天半飞涛六月寒,苍崖壁立互回环"[①]。岩下即蒲涧。从涧底至涧顶,高数十米。从古代直至民国初年,这滴水岩是冬天

---

① 〔南宋〕方信孺:《南海百咏·滴水岩》,见北京大学古文献研究所编:《全宋诗》,北京大学出版社1991年版。

滴水而夏季成瀑，飞泉挂壁，如帘幕般直泻而下，故名"帘泉"①。在古代，该处风景如世外桃源一般，南宋李昂英《蒲涧和东坡韵》形容为"绝顶飞来一脉泉"，明郑懋纬《羊城八景诗·蒲涧帘泉》称为"百丈泻流泉，寒光净野烟"。清道光二年（1822）《广东通志》描述为"水声繁会，如迭奏笙簧，林木蓊郁，岩下飞泉奔赴，怪石迭出"。宋元两代，此景均入选羊城八景，名"蒲涧帘泉"。千百年来，此地一直是一个非常清幽的处所，仙家理想的隐居修道之地。

不过这蒲涧并非到宋代有羊城八景时才出名。它的名气可远溯至赵佗在今广州建南越国都的时代。晋道家葛洪《抱朴子》载，秦时有位叫郑安期（安期生）的方士来到广州，在白云山滴水岩一带结庐而居，以菖蒲涧中所产的一寸九节的菖蒲为食，于七月二十五日成仙飞升。这是白云山最著名的神话，也是使这蒲涧千百年来"仙气弥漫"的神话。

蒲涧寺便因这郑仙神话而建。自晋代以来，人们相传郑安期便是在此结庐而居。蒲涧寺建在蒲涧上游涧侧，时约在唐代中叶，确切年份难考。今有资料称寺建于唐代宝历二年（826），似不确。因为唐宝历二年，法性寺（今光孝寺）建大悲陀罗尼幢（今仍存光孝寺内），其署款是："宝历二年岁次丙午十二月一日，法性寺住持大德兼蒲涧寺大德僧钦造书……"可见此寺当时已有，法性寺僧钦造（福建人）兼任此寺住持。

白云山中历史最悠久的佛教庙宇是景泰寺，其次便是蒲涧寺了，当年寺地一带群山环抱，古木参天，气象疏古，山涧水从天而降，幽僻异常，是一处充满野趣的自然园林之地。寺后有"二岩"胜景。唐武宗、宣宗（847—860）时，诗人李群玉写有《登蒲涧寺后二岩》诗三首，其中一首开头四句这样咏吟："南溟吞越绝，极望碧鸿蒙。龙渡潮声里，

---

① 也有写成"濂泉"的，今广州濂泉路即由此而来，但那可能是因同音而笔误。"濂"字乃水名，无"帘"字之意。

雷喧雨气中。"① 一派山水交汇的幽深气象。当年白云山尚未开发，蒲涧寺犹如在深山之中，山路崎岖难行，李群玉另一首《登蒲涧寺后二岩》诗这样描写："行尽崎岖路，惊从汗漫游。青天快眼客，碧海醒心秋。"② 完全是一种在深山密林中行走的情景。

晚唐时，蒲涧寺大概已残破，没有多少香客。唐僖宗（874—888）时进士许三畏写有《题菖蒲废观》诗，开头两句是："本是安期烧药处，今来改作坐禅宫。"③ 以此看来这佛寺的前身是道观，后来才改作了佛寺的。唐末裴铏的传奇小说《崔炜》写到蒲涧寺的静室、僧房和钟声。虽属小说家言，但也可见当年蒲涧寺的名气，否则裴铏不会把它写进小说里。

唐后是五代十国时代，十国之一的南汉国建都广州，当时蒲涧寺可能毁圮了。北宋淳化元年（990），重修蒲涧寺④，此后名声颇著，寺周风景甚佳。一帘涧水激湍如百尺飞流而下，二壁怪石嶙峋似两幅巨画耸立，伴着一大片的林木高耸挺拔，满山含笑花盛放，令游人如入仙境。

北宋绍圣四年（1097），大文豪苏轼南贬，曾游此寺，与住持德信和尚同赏佳景，书"飡蒲"二字，并赋诗两首，一首为《赠蒲涧长老》，中有"燕坐林间时有虎，高眠竹后不闻鸦"句，另一首是《广州蒲涧寺》："不用山僧导我前，自寻云外出山泉。千章古木临无地，百尺飞涛泻漏天。昔日菖蒲方士宅，后来薝葡祖师禅。如今只有花含笑，

---

① 〔清〕彭定求等编校：《全唐诗》卷五百六十九，扬州诗局刻本。
② 〔清〕彭定求等编校：《全唐诗》卷五百六十九，扬州诗局刻本。
③ 〔清〕彭定求等编校：《全唐诗》卷六百六十七，扬州诗局刻本。
④ 《广东通志》（明嘉靖）、《广州府志》（清康熙）、《羊城古钞》（清嘉庆）及多部明清方志均称"蒲涧寺，宋淳化元年建"，那显然是误把重修当始建了。

笑道秦王欲学仙。（山中多含笑花）"① 诗既描写了此地林木森森、山泉瀑布的风光，又讽刺了秦始皇求仙之妄。此诗后被勒石，并署"眉山苏轼书"五字，立于寺中，可惜后来失佚了。

宋代时，广州官吏有游蒲涧寺的习俗，所谓"鳌头会"。清初屈大均《广东新语·山语》记述："宋时，郡守尝醵（凑钱聚饮）士大夫往游，谓之鳌头会云。涧旁有寺曰蒲涧。前为丹井，水甘温，微有金石气。其阳（南面）有滴水岩勺水溅微不断。无风则滴，有风则不滴。上有一石状悬钟，人至辄铿然有声。其下又有水帘，溅洒如雾。"文中所记丹井即炼丹井，相传是安期生炼丹之处，元代时尚存，后湮没，今不知所在。还有那个自会发声的"石状悬钟"，在清雍正钱以垲所撰《岭海见闻》中仍见记载，可惜后来也没有了。

宋代广州人已有在郑安期升仙日（七月二十五）游蒲涧的风俗。宋词人刘克庄《贺新郎·题蒲涧寺》记述："风露驱炎毒。记仙翁，飘然谪堕，吹笙骑鹄。……越人好事因成俗。拥遨头，如云士女，山南山北。……聊举酒，笑相属。"可以想见当年人们来游蒲涧时的热闹情景。

这蒲涧寺后复毁圮。光孝寺僧人重新修复。景色仍是异常清幽。

蒲涧寺沿溪边建，狭而长，有堂舍。四周林木繁茂，水源充足。明代南海人陈观有诗咏，写得甚佳："人间无处息尘机，偶上招提坐翠微。千里寒潮孤岛没，满林秋叶一僧归。泉声落涧清生枕，岚气浮空翠湿衣。此地从来堪遣兴，浮生无那与心违。"真乃一远离尘嚣的山野园林幽僻之处。这可以说是唐宋元明清近千年的蒲涧寺一带的景观。

明天启六年（1626）曾修葺蒲涧寺。僧寂敦于是年撰《重修蒲涧寺题名记》，并勒石立碑寺中。碑文见清同治《番禺县志·金石略四》。

明末崇祯年间（1628—1644）礼部尚书何吾驺书额"古蒲涧寺"。

明末时，高僧德清弟子道邱，世称栖壑和尚，任蒲涧寺住持，宣扬

---

① 《番禺县志·卷二十九·金石略二》，广东人民出版社1998年点注本。

佛教净土宗,据传"闻者如遇",四方学者云集于此。自栖壑后,净土宗在岭南广泛传播,其影响仅次于禅宗。这大概是蒲涧寺在岭南宗教史上最大的影响。

王士禛在康熙甲子(1684)十一月南来祭南海神,留广州五十一日,其间曾来游蒲涧寺,他在《广州游览小志》中这样记述:"蒲涧寺……寺在白云山麓,气象疏古。寺门诸山环抱,门内二石碣,刻宋苏文忠公诗、崔清献公词。……菖蒲涧在寺左。……东上寻濂泉寺。半里许,得石涧,潺湲有声。涉涧而东,树益蓊郁,水声益清激。又半里,复涉涧,而西涧中巨石鼓立腾倚,类多姿致。岸皆芳竹,竹尽得寺。寺数弓而朴雅绝尘。……寺去濂泉尚里许,众疲累不能登,坐涧石,荫竹树,俯听水声,声如琴筑。"[①]

清代《蒲涧帘泉》,称蒲涧寺踞白云山麓

群山环抱,林茂溪清,怪石耸倚,竹丛浓密,可见当年蒲涧寺、濂泉寺一带真是一处绝妙的幽僻佳景。有亭联:"绿竹青松一径雨;白云黄叶满山风。"

蒲涧寺在民国前已废,后湮没不存。古寺已经没有了,但今天蒲涧一带仍是林木森森,花草繁茂,清溪长流,一派自然园林景观,仍是人们郊游赏景的好去处。

---

① 王云五主编:《丛书集成初编》,商务印书馆1935—1937年版。

## 药师庵

药师庵在今小北路与局前街相交处东侧。始建于唐代，具体始建年月已不可考。从庵名来看，是供奉药师佛的。

药师庵为广州最古老的尼庵。建成时是在当时州城的东北郊外。历唐、南汉、宋、元数代七百年岁月，香火不辍。明初扩展北城后，才归入北城区。

这一带的地貌一直为乡野，岗丘连绵，山溪纵横，池塘散布，景色甚佳。在明成化年间（1465—1487）文溪改道前，庵西侧有文溪东支水道流经，四周树木葱茏，环境清幽。南侧约250米处有名胜状元桥。北面不远为菊湖风景区，文溪改道后，溪水渐少，但仍为清代六脉渠之第五脉所流经。

约在清代初期，药师庵又名"飞来大士庵"。平南王尚可喜霸占广州老城，他的妹妹皈依佛门，到这庵里出家为尼，焚香修行，法号"自悟"。时人多称她王姑，于是这药师庵又被俗称为"王姑庵"。当年此地仍是一派乡村风光。清道光二十九年（1849）陈际清《白云越秀二山合志》记为："水木清华，竹篱茅屋间波光荡漾……云连树接。"是当时城里人消夏避暑的地方。到七夕时，人们衣饰华丽，到此闲游，"亦一时之胜也"。可见本庵自明至清代中期，一直是广州城北一处占地颇广的清幽寺观园林地。

清道光年间（1821—1850）是药师庵的鼎盛时期，庵内受过具足戒的比丘尼（女尼姑）多达百人，"省中尼庵，惟此为盛"。[1]

第二次鸦片战争时期，清咸丰七年（1857）年底，英法联军攻陷广州城。在这场"夷乱"中，药师庵被"毁为平地"。直到十年后的同治五年（1868），药师庵才由住持通绍尼师重建，寺院范围缩小，大致西缘今小北路，南至局前街，北到今飞来对面巷一带。

---

[1] 〔清〕陈际清：《白云越秀二山合志》，道光二十九年楼西别墅藏板本。

民国时期的药师庵门面两大连楹，庵内厅、房、殿室甚多。禅房花木，曲径通幽，仍保存有一方园林景致。1936年8月，药师庵终因容娼聚赌设烟局的丑闻败露而遭查封，从此一蹶不振。1938年4月17日上午，药师庵及四周一带遭到日寇飞机轰炸，塌屋数十间。

有资料称，药师庵在1949年以前已不存，其实不然。1951年"五一"劳动节游行，有药师庵尼姑参加。1954年，药师庵做了红棉纸伞厂，此后不存。

**大通寺**

大通寺的前身是宝光寺，僧达岸建。南汉王所建二十八寺中的南七寺之一。故址在今芳村花地河东岸。当年这一带是花地河河口东岸。花地河河面宽度大概是现在的三倍，西江、北江的来往船舶，还有国外的商船，可直达至此。

当年的寺园没有围墙，宝光寺范围有多大，史无明载。大致西临花地河，北至珠江（南汉时珠江比现在宽得多），东至今广州建设机器厂（清代时，此地为名园听松园所在），南连今醉观园一带。占地面积约3.3万平方米。寺之前后有古桧数百株，相传乃唐开元年间（713—741）所植，景色十分幽雅。达岸便在寺中设坛讲经。来听他说法的人太多，寺里都容不下。达岸就居住在田间搭建的茅屋里。人们来礼佛献花，这就促进了当地种花业的发展，花地成为广州著名的花乡。

公元971年，宋灭南汉，州城被焚。由于隔着大江，宝光寺得以幸免，成为芳村地区最著名的古迹，也是广州城外著名佛教寺庙之一。

北宋政和六年（公元1116年。一说政和八年），经略使（当地最高军政长官）陈觉民请于朝，敕赐大通慈应禅院。陈觉民为寺题写了"大通慈应禅院"横额，镶嵌在门楼上。宝光寺自此易名为大通寺。碌灰筒瓦，青砖石脚。寺内园林幽静典雅，最著名的景色是"大通烟雨"，为宋元两代羊城八景之一。

历代史志记载大通烟雨美景，说法不一。

一说，相传寺内有一口开凿于唐代而能预报天气的古井，名烟雨井，或称烟雨泉、龙霞井，民间又称云霞井。每当下雨之前，井口上便会摇曳生烟，雾气漫漫，因而得"大通烟雨"名。又相传该井与白鹅潭相通，故朝出霞雾，四面遮盖，江上风帆，影落井中，即在那井水中可以见到珠江帆影。呈现一派幽雅奇观。①

大通烟雨井在20世纪50年代建设广州果子食品厂时被填埋。2004年9月18日，在该处距地表两米之下被重新发现，较完整地得以重见天日。井内径0.82米，外径1.02米，井深3.85米，由15层石圈叠砌，石圈由灰色砂岩打凿而成。现仍保存原状，建成楼盘中一个景点。2005年9月，公布为广州市登记保护文物单位。

二说，由于大通寺位于花地河口②，北连珠江，水道往来船舶众多，岸上绿树环绕，江中碧波荡漾，自江北遥望，常见烟雾迷濛；每逢阴雨天时，江上更是烟水茫茫，浓雾朦胧，水天一色，树影帆影若隐若现，景色如诗如画，最是凄迷；此其时也，大通寺隐现其间，缥缈迷茫，似蓬莱仙岛一般，充满神秘色彩，因而得名。清·杏岑果尔敏《广州土俗竹枝词·名胜》称："名胜大通烟雨寺，风光犹胜古琶洲。"这显然不是只指古井，而是指整个大通寺的景色。

三说，认为大通是水道名，而非寺名，指的是从白鹅潭向西到佛山的水道，此水道沟通西江和北江，江上往来船舶众多，阴雨天时烟雨朦胧，因而得名。明郑懋纬有《大通烟雨》诗："积雨迷江岸，炊烟逗草莱。鸥群飞不见，帆影望中回。"③鸥群曾在珠江上盘旋，这在今天是很难想象了。

---

① 〔清〕李调元：《南越游记·古刹名园》、〔清〕刘应麟：《南汉春秋》。

② 花地河又称山村河，今阔不足百米，宋元时代，比现在要宽阔得多，达数百米。

③ 杨资元、黎元江主编：《英雄花照越王台·甲编诗词·元明诗词》，广州出版社1996年版。

清代《大通烟雨》

民国时期大通烟雨井

以上三说都妙，而第二说似乎最佳。试想古寺楼阁，衬着一江烟雾，花地河上百舸帆扬，隐约其间，四周绿树迷朦，耳听梵钟声悠扬不绝，真不愧一大美景！

宋代时，大通寺一带是花田。至元代，大通寺曾被毁和改名。后重建，仍名大通寺。① 明代，大通寺所在处为一片寺庙园林，面向白鹅潭，背靠大通港，前后有古桧数百株，环境清幽僻静。明代后期，此寺遭了大劫，被火焚毁，原寺地为豪强所据。

清康熙六年（1667），南海县人萧子奇捐资重建大通寺，并买田塘地基五十亩以扩大寺地，环寺植树千株。重新修筑了金碧辉煌的大雄宝殿及天王殿，在烟雨井上建了六角亭，还建了供人观景的烟雨楼（一说烟雨亭）、精舍等。寺内遍植水松和桧树，浓荫匝地，尤擅幽邃，大殿巍峨，显出一派庄严宝刹的气象，古寺得以重兴。

---

① 见《永乐大典》卷八七八二"杂录诸僧四"条引《南海县志》。

大通寺成了广州人的游览胜地，香火不绝。最热闹的是农历正月十五元宵节与七月十五盂兰节。

清嘉庆十七年（1812），蒋攸铦任两广总督后，明文指定花地（主要指大通寺一带）为外国人旅游点，并规定每月逢八（每月初八日、十八日、廿八日）出游，日落即归，不准在旅游地过夜。大通寺所在地因而正式成为国际旅游胜地。

清代中期以后，由于西南涌和官窑涌淤塞，北江航船改道，大通港失去其作用，而大通寺香火长盛不衰。花地河成为水上活动场所，画舫游船如织，景区由陆上发展到水上。清代梦岩山人有竹枝词咏之："珠娘颜色比花妍，结队看花舣画船。一片笙歌花世界，从来花地即花天。"[①]

清代后期，以大通寺西面为起点，建有多座园林别业，分布于花地河及其支流策溪一带。如八大名园、潘氏东园、听松园、杏林庄等，共达三十多处；还有黄大仙祠、小蓬仙馆等名胜，与大通寺组成了多姿多彩的园林景区。直到晚清时，大通寺周围的老桧树（圆柏）几百株仍在。

抗日战争期间，日寇侵占芳村，把大通寺的三宝殿（大雄宝殿）、天王殿拆除，用其砖木材料建筑同安炮楼及附近的几个碉堡，烟雨井为断砖残瓦壅塞。千年古寺就这样被毁为废墟。

1953年，广州市合作总社在大通寺原址地建立了广州市农产品加工厂，后来发展成为广州果子食品厂。1958年，该厂为方便货物装卸，将原大通寺西边靠近花地河边的"大通烟雨"石刻牌坊拆除。那时寺旁还有一座破旧的六角亭和一口圆形湮塞水井，后来亦被拆除填平。

今天大通寺遗址成了大型楼盘，全没了清幽古寺的迹象。可以说，大通寺已是遗迹无存，除了那口被重新挖出来的烟雨井。至于大通烟雨一景，早成了历史。今山村大桥横跨花地河，在桥顶远眺两岸，尽为城区，古时之景，仅供发思古之幽情而已。

---

① 吟香阁主人选辑《羊城竹枝词》卷二，清光绪三年版。

## 西竺寺

宋代时,今中山四路北侧忠佑大街明代城隍庙(今已修葺一新)以北为高地,称西竺山,实为禺山之一部分。"禺山在番山北一里,其上多松柏,其阳曰西竺山,在今城隍庙后。"①

北宋乾德元年,即南汉大宝六年(963),僧永仁在山上建佛寺,名西竺寺。故址约在今小北路与小石街相交处之西侧一带(在明清方志中,此地称为"郡城北"或"城东北隅"),西竺寺所在处称玄览台,寺东不远为文溪东支流经,再往东不远即药师庵。

此地今为闹市区,宋代时却属越秀山南麓,岗丘起

西竺寺在明代做了贡院。这是贡院内号舍外形

伏,城北郊乡野之地,树木葱茏,山溪纵横,池塘散布,景色清幽。寺北面不远,是宋代羊城八景之一"菊湖云影"所在。寺后有山岗像三台(星名。"主开德宣符"),是一处寺庙园林之地。

元至正年间(1341—1368)寺毁。明宣德元年(1426),西竺寺故址被改建为举办科举考试的贡院。明成化三年(1467),大太监韦眷命僧德意在贡院旁边重建了西竺寺。到了明嘉靖三年(1524),官府以贡院低下狭小为由,将寺改做了考场。即西竺寺被贡院"兼并",寺僧去了光孝寺。以后西竺寺再无复建。一处寺庙园林从此消失。

---

① 《羊城古钞·山川·禺山》,见《岭南文库》,广东人民出版社1993年版。

清初，明贡院毁于兵燹，故址被用作营房。后渐成民居地。

## 广果寺

宋代时，今中山四路北侧忠佑大街明代城隍庙以北为高地，称西竺山，实为禺山之一部分。南宋绍兴二年（1132）进士、广东提刑谭惟寅（亦作谭维寅）在城隍庙后面建了座广果寺，寺里供奉观音。观音诞时非常热闹。

记载宋代广州名胜较全面的著作是南宋方信孺所撰《南海百咏》，约成书于南宋开禧二年（1206），书中记当时广州名胜约有80种，其中便有"西竺山广果寺"条，称西竺山广果寺是观音道场，"每岁二月十九日，游人最盛。"并赋诗曰："小桥横绝两峰环，白日松风为掩关。天半楼台矗金碧，直疑海上普陀山。"可见这广果寺当年甚有名气，建得颇有规模，有楼阁、小桥。桥两边是两座小山峰，四周有松林，时响松风之声，是一处幽静的寺庙园林之地。明代，广果寺已废。寺毁圮于何时，史志无考。

## 长寿寺

广州历史上曾经有过两座长寿寺，一即今六榕寺前身，二在今西关长寿大街一带，其前身名长寿庵，建于明万历三十四年（1606）。

长寿庵的创建源自一个真假难辨的故事。据清康熙《广州府志》与清乾隆《南海县志》的记载，明万历三十四年（1606）八月，巡按御史沈正隆"代天子巡狩"，到地方上考察民情，监督吏治。初到羊城即患大病，乡绅官吏急忙到神庙祠宫为他烧香拜佛祷告，又请了僧人来为他诵《观音救苦经》。如此忙乱了数日，沈正隆自称梦见有一位白衣妇人来到他的面前，自称来自城西，病便慢慢的好了。

沈正隆病愈后，下令在城西地"恢拓鼎建慈度阁以奉大士"（大士即观世音），在四周又建了妙证堂、临漪亭，左右两翼则修建了禅房，悬匾"长寿"。全庵地广八亩（约5333.6平方米），庵中立了御史碑记。后来同知（副长官）魏伯麟（一说倪伯骐）、知县刘廷元更以白云寺（当时已废）所有的田地四十三亩一分送给了长寿庵来"守香灯"，这庵"遂成名刹"。

　　清初，两藩王率清兵攻占广州城后，霸占了老城。处于城外西关地的长寿庵似乎没有遭受毁损。康熙年前期，大汕和尚自外地游历到广州，自称是当时佛教曹洞宗在南京一带知名高僧觉浪和尚的传人，在平南王尚可喜之子尚之信的支持下，当上了长寿庵住持。当时长寿庵建成后不足百年，但已呈残破之象了。大汕从粤省藩库里拿到拨款，重修长寿庵，改名为长寿寺。长寿寺自此定名。

　　大汕侵占民地扩宽寺地，大兴土木，修筑假山怪石，广植奇花异卉。在寺西修建水池，与珠江相通①，池水随潮汐而升降。池之北建有半帆亭，亭前建有曲折的回廊，沿回廊至东面，建有绘空轩，轩前有花丛。池岸遍种荔枝、龙眼树。池的南面建有怀古楼，巍峨高耸，明亮开敞，登楼可以观赏珠江美景。当时珠江宽达500米，其北岸线约在今十三行、仁济路一线，距长寿庵约600米之遥。登楼观海（珠江），眼前是田畴民舍一片，南面苍茫处，珠江横陈东西，似与天相连，景象相当壮观。怀古楼下又建有离六堂，堂里供有拈花佛祖像，以黄金珠宝做装饰，形态庄严。庵中又有铜像，相传是唐代时铸造的。

　　大汕增饰扩建后的长寿寺，占地广阔，池亭相倚，流水清澈，处处花丛，树木繁茂，殿宇房廊隐现其间，真是好一派寺庙园林的风光。长寿寺名列广州五大丛林之一。据说是当时百粤佛寺中寺田最多的。

　　据清道光二年《广东省城图》标示，清代中前期时的长寿寺范围为：约北至今龙津路，南至今长寿路以南，西至吉星里（今晚景东、长寿街一线），东至文兴大街（今文兴大街、福泰里一线）。随着西关民居渐密，本寺寺地渐被侵占，至咸丰（1851—1861）、同治（1862—

---

① 今长寿路以西一带，当年犹是乡野。寺西水道，乃上西关涌的源头之一。见《广东省城图》、《广东省城内外全图》（光绪三十三年）。

1907年在长寿寺故址建造的西关水塔，是广州最早的水塔

1874）年时，寺北地已大为缩小，约北至洪寿大街。①

道光十九年（1839）正月，钦差大臣林则徐到广州来查禁鸦片烟，在长寿寺内的三贤祠中设置官局，收缴烟膏、烟具。② 同治壬戌（1862），在长寿寺的偏西处建了座药师庵。当时的长寿寺坐东向西，山门约在今长寿西路与长寿街相交处，即今荔湾广场中轴线稍偏西对着的长寿西路处。寺内殿宇星布，香火颇盛。

随着城市经济的发展和城市人口的激增，到清代末期，处于繁荣商业区中心的长寿寺已被挤迫得非常市井化了。据1907年《广东省城内外全图》上的标示，清代后期时的长寿寺范围为：东至文兴大街（今同名）一线，北至东西向段的洪寿大街（今名洪寿街）一线，西至今长寿街、吉星二巷一线，南至今小甫新街一线。以此计算，面积广达25000平方米。据史志记载，光绪三十一年（1905）长寿寺已被官府下令拆毁，图上所标，乃寺之残迹遗址而已。

清光绪三十一年（1905）四月，当时的两广总督岑春煊下令把寺拆毁，原因大致有二：一是寺中僧人不守清规，窝藏妇女，为坊间市民觉察，纠众乘夜将寺包围，当场搜出了证据。二是因长寿寺与时敏学堂发生纠纷。

---

① 见《广东省城图》（清咸丰）。
② 《番禺县志·卷二十二·前事三》，广东人民出版社1998年点注本。

光绪三十一年（1905）正月二十三日，时敏学堂在长寿寺办分校，寺僧闹事。粤绅伍铨萃庇护长寿寺僧，纠众劫夺商店及时敏学堂校具，各学堂愤而停学抗议。岑春煊认为这是"聚众毁学"。四月，下令查封长寿寺，拆寺卖

清末在原长寿寺西北部地兴建的乐善戏院，后改为利群旧货交易商场

地。派了候补道员李益智督拆。《清实录》光绪三十一年（1905）五月壬寅（三十日）这样记载："署两广总督岑春煊奏……省城长寿寺等僧徒聚众毁学，将该寺查封充公，滋事僧徒，分别责惩驱逐。均下所司知之。"① 这是岑春煊向朝廷呈报的驱逐僧徒与拆寺的理由。

作为一座实体的三百年古寺"气数"尽了，大片的寺庙园林亦随之消失。当时拆寺，就地利用原来材料，招商承办，在原寺之西北部地兴建了乐善戏院②。其余寺地则公开拍卖给市民建商铺、住宅，开建市场。辟出了数条街道。得地款60万元，其中部分款项拨作了两广师范学院经费和拨充派遣赴日留学生之费用，其余则专用于建筑沿江堤路之建设工程开支。

清宣统年初（1909），筑堤与开路的主要工程竣工，沿江楼宇亦相继建成，西堤一带成了广州市最繁盛的地区。相传就拍卖长寿寺的地价，便足以抵回全部工程之费用了。初时大概没有谁会想到，长寿寺之湮没，却给古老的广州城带来了如此大的改观。

---

① 广东省地方史志编委会办公室、广州市地方志编委会办公室编：《清实录广东史料》，广东省地图出版社1995年版。

② 乐善戏院后为长寿电影院。"文革"后改为广州市利群旧货交易商场。

今天这一带早已全成了楼房华厦，车水马龙，摩肩接踵，今人很少会想到这里曾是一大片绿树浓荫的寺庙园林之地，殿宇巍峨隐现其中，暮鼓晨钟之声，延续了数百年之久。

**护国禅寺**

护国禅寺又称护国寺。在今较场东路北段东侧，北与东平大马路相对，约今烈士陵园地铁站口一带。据寺中原有《开建护国禅寺碑记》载，寺乃"创自万历癸卯（1603），成以万历己酉（1609）"。建寺者是陈真良。

据此碑记，护国寺所在附近有一座观音堂，堂后（北面）是一个山岗，名佛子冈（当在今东平大马路一带），后接白云山正脉，前可远眺珠江。方位为巽（东南），是文星正照处。明万历三十年（1602），番禺人陈真良（字纬贤，别号葆宗）来拜观音，徘徊瞻眺了很长时间，随后就在这观音堂附近创建佛寺。寺名"护国禅寺"，修建了宏敞的大雄宝殿，挂匾"无上菩提"，殿以内挂匾"万善法门"。供奉三宝、金刚、罗汉、诸天列圣。又挂匾"无量慈航"。

大雄宝殿后面又修建一殿，供奉毗卢大佛。殿中竖"万岁"龙牌，为皇帝祈福。毗卢殿旁边建一小堂，供奉观音大士。寺内又建长廊。

清代，护国寺是广州城东寺庙中最为宏大的著名佛寺。当年此地是城东郊乡野，岗峦起伏，草木繁茂，寺内林木葱茏，大雄宝殿、毗卢殿、廊阁掩映其间，是一处寺观园林地。到晚清时，成了厝庄（暂时存放棺材的地方）。到出殡时，家属便将纸灵牌用灵轿送到厝庄，供于柩前。直到民国前期，护国寺尚在。后废不存。

**寿国寺**

寿国寺在东较场前，即今广州起义烈士陵园地。医僧昙林建于明泰昌元年（1620），在此行医济世，并任住持。寺周开凿水道，寺中有湖池，池水清澈；建观音殿，筑梅亭，路径两旁植苍松，为一处极为幽僻的寺庙园林。当时的大东门（今中山路与越秀路相交处）以东是城外郊野，除部分为耕地外，其他多荒芜，民居稀少。

明末崇祯年间（1628—1644），寺中僧人元象医术高明，为当时官吏和缙绅文士所重，陈子壮为之题字"能施无畏"，大学士何吾驺书"水月宫"匾（水月宫祀观音），并题诗一绝，勒于石。诗曰："偶向元公借榻眠，都疑山静欲逃禅。黄粱已熟浑无梦，惟见松风绕篆烟。"可见寺中环境之清幽。

寿国寺曾是东山地区著名佛寺之一。大概到清中期毁圮不存。

**万寿庵**

万寿庵在城西龙津桥（今龙津中路与荷溪首约相交处）畔，供奉观音大士，又名观音庵。僧明悟创建于晚明时期。

庵中堂供奉观音，中堂左侧建伽蓝殿，右侧为库房。前堂供奉韦驮天尊。又建两庑，左为山门，右为耳房，后面建二室，左为香积厨，右为悟公静室。全庵占地不足一亩（约666平方米）而堂庑廨舍无不具备，修建得颇为精致，挂匾"万寿庵"。"香宝布地，清净庄严，几乎乐国。"①

当时万寿庵一带的自然景致是"远瞩林园，近带城郭（指广州城西城墙，在今人民路一线），平津旷野，水落潮生，一种天然之致"。② 这也就是今天龙津中路一带在晚明至清中期时的风光。刘世安撰万寿庵楹联："闭户素餐藏真，不时明月直入；开轩焚香读易，难得清风徐来。"可见其园林景致清幽得很。

随着西关地区开发，农田渐变机房区，至清代后期，庵已毁圮不存。

---

① 〔明〕王安舜：《万寿庵碑记》，见《南海县志·卷三十·金石略四》（清道光）。

② 〔明〕王安舜：《万寿庵碑记》，见《南海县志·卷三十·金石略四》（清道光）。

## 永胜寺

永胜寺故址在今东川路北端段路面及广东省人民医院西北部连同人行道一带，寺北为飞鹅冈。当年此地为府城郊外地，荒僻幽静；现在是都市中心区，车水马龙。

永胜寺创建自明代，始建年份不详，大概毁于清初兵火。清康熙四年（1665），僧宜重募捐重修（一说是平南王尚可喜重加修葺），有水、桥、林木之胜，成一寺庙园林之地。寺中有三松精舍，故又称三松寺。清嘉庆《羊城古钞》称之为永胜庵。

清道光十七年（1837），住持灵苗上人大加修葺，几乎是重建。清道光二十九年（1849），再次修葺，翻新寺中佛像；以前寺周没有围墙，这次"复出常住积资，增筑崇墉一百余丈"，称"可以安堵清修，为民祈福"。是年，著名文士黄培芳与诸子来游，为之撰《重修永胜寺碑记》纪其事，文载："羊城出东郭一里而近，有三松古径，是为永胜禅林。后枕云山，前临珠海，地有方塘、长林、小桥、流水，鹤群翔集，胜擅人区。"[1] 曾寓居广东数年的陈徽言撰《南越游记》，称其"廓其土宇，焕然壮观。旧有三松古径，水木桥梁，颇擅幽胜"。[2] 可见重修后的永胜寺清幽得很。永胜寺门外有古木棉数株，高入云汉，颇有名气，文士们咸称"伟丽"。

清代后期，原是文人雅集的永胜寺渐衰败，成了厝庄。咸丰时有洋人绘《广东省城图》，标注为 Depository of The Dead.T.，意为"存放死人的庙宇"。

永胜寺至民国中期仍存。陈济棠主粤时，宪兵司令部就设在永胜寺内。抗战初期，广州尚未沦陷，日寇飞机经常轰炸广州。于是设一指挥

---

[1] 碑文载《番禺县续志·卷三十九·金石志七》（清宣统）。

[2] 〔清〕陈徽言：《南越游记》，见《岭南丛书》，广东高等教育出版社1990年版。

所于永胜寺内办公,并搭一瞭望台,于夜间空袭时,上瞭望台监视,看到哪里有火箭指示飞机目标时,即派兵往该处捕捉放火箭的嫌疑汉奸。后永胜寺被拆去,成为东川路北端段路面,原东部寺地属今省人民医院西北部地。

**海幢寺**

海幢寺位于今天广州河南同福中路与南华中路之间,现寺址仅为古寺的一部分;与海幢公园合二为一,这在广州今存的古寺庙中是独一无二的;并且保存着一派古色古香的寺庙园林景观,这在广州今存的古寺庙中也不多见。今天整个海珠区(河南岛)的佛寺建筑,就数它年代最古、名气最响——其他的古寺庙已全湮没了。

海幢寺所在的万松岭、福场园,可谓历史悠久,寺地本是南汉所建南七寺之一千秋寺的故址,位置大概在后来海幢寺的东隅,没有留下什么掌故传说。该寺寺侧当年还建有南汉王宫的梳妆楼(楼址亦在后来海幢古寺的范围内),均在珠江江边①,亦早已灰飞烟灭。

南汉国亡,寺与楼俱废圮,这片土地便渐成民居,直到六七百年后的明代末年,当时广州有位富商郭龙岳,收购了这块地皮,建造成自家的花园,内有一株鹰爪兰,故取名"兰园",一说名福场园。后来有僧人光牟到此化缘,向郭龙岳募捐,得到园中的两间房舍,便草创了一座佛堂和一座准提堂,并依佛经"海幢比丘潜心修习《般若波罗密多心经》成佛"之意,取名海幢寺。另一说,海幢寺的得名乃取自"盖海旗幢出"的诗句。

不久明亡,清军进占广州。清代初年,平南王尚可喜与靖南王耿继茂想按清朝贵族府第的格式来建造自己的王府,便命名窑照王贝勒形式烧琉璃砖瓦;而且还想用"台门鹿面"。但经朝廷复议,不准他们按宗藩形式建造王府。这两个杀人如麻的藩王对佛寺道观又特有兴趣,于是

---

① 当年珠江比现在阔得多,其南岸约在今同福路北怡兴里、盐仓巷一线。

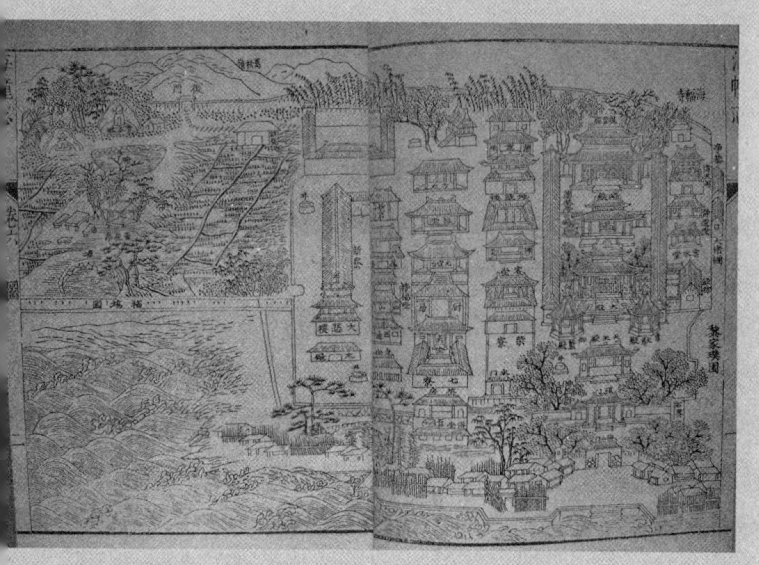

海幢寺，采自明郭棐撰、清陈兰芝增辑《岭海名胜记》

就将已烧成的绿色琉璃瓦施舍与寺院，海幢寺因而受其惠，而当时粤秀山的观音寺、武帝庙及大佛寺，亦都用了这批砖瓦修葺。

清顺治十二年（1655），海幢寺礼请曾在罗浮开博山法门之高僧长庆空隐和尚（曹洞宗第三十三代法嗣）驻寺。空隐在寺中开辟了花田院圃。此地本来就是个花园，经整治后就更像个园林的模样了。十年后，清康熙五年（1666），也就是藩王捐琉璃瓦给寺院的时候，海幢寺正式开始大兴土木。由于得到藩王、巡抚等当地高官的捐资协助，是年，僧人池月、今无募得款项在寺中兴建大雄宝殿等殿堂，最后寺中有殿堂建筑共二十三座，并把早期建的佛堂与准提堂改成了客堂，环以回廊。又建八角钟台，上悬幽冥钟，敲起来"声彻云表"，为海幢八景之一，名"竹韵幽钟"。前人有句："日暮僧归云外寺，五更钟落海边霜。"① 写得很有诗意。后来寺中还刻有两百多个神态各异的武士雕像，可惜后来全部失佚了。

经多年经营，整个寺院建筑显得相当壮丽，"宏敞庄严，为岭南雄刹"②。清初著名诗人王士禛曾著文赞之："极伟丽。北望白云、越秀；

---

① 〔清〕谢寅庵：《宿海幢寺》，见邓淳编：《岭南丛述》卷二十一（清道光）。

② 〔清〕仇巨川：《羊城古钞·卷三·寺观》，见《岭南文库》，广东人民出版社1993年版。

西望石门、灵峰、西樵诸山；东眺雷峰，即往波罗道也；南为花田，南汉葬宫人处，素馨花产此。"①文人下笔虽往往有夸大之处，但也可以想见其巍峨之状。当年四周一派乡野风光，没有高大楼房，便显得这些殿堂"隆崇凌云"了。

19世纪中叶海幢寺，设色石版画

康熙十八年（1679），在大雄宝殿后面修建塔殿，至三十五年（1696）才修成（今存。一说在康熙三十八年修建塔殿，误），其建筑风格与大殿相近。民国时开马路（今同福中路），殿后面下檐为马路截去，至今仍一直保存着这样子。

当年塔殿正中建有一座星岩白石造的七层舍利塔，为广州仅见的两座星岩石塔之一（另一座在华林寺，今存）。据文献所载，塔高二丈（8.4米），作阿育王塔式，分上下两截，下方上圆。整座石塔是"质理莹坚，雕镂精妙"，那时寺的北门仍在珠江滨，这塔便"望之如在天际"，构成当年海幢寺一景。

到清乾隆年间，海幢寺再次大兴土木，增建了昆卢阁、瘗鹿亭等。这时候的海幢寺，有过百僧众，可谓高僧云集，盛极一方。全寺以寺貌庄严、殿宇雄伟、高僧辈出而闻名于世，被誉为广州四大丛林之一。梵音与潮音相闻，云霞烟霭与浩浩珠江相映，环境清幽入胜。清诗人黄培

---

① 〔清〕王士祯：《广州游览小志》，见王云五主编：《丛书集成初编》，商务印书馆1935—1937年版。

芳诗形容为"萧瑟花宫""烟霏林表"①。

广州的寺庙殿堂,多是坐北向南;海幢寺位于广州河南,殿堂方向却是坐南朝北,面对珠江。原山门已不存,其后是天王殿,殿中建有岭南最大的四大天王塑像,与大殿中的三尊三宝佛像均高丈余,颇为壮观。

天王殿后是大雄宝殿,平面呈长方形,殿面宽七间(29.8米),进深五间(19.5米),风格是上承明代,仍保存早期的做法,显得形貌古朴而规模宏大,曾在清道光三年(1823)和同治五年(1866)重修。至今建筑基本保存完好,真是万幸。

在扩建修葺殿宇的同时,海幢寺院在逐渐扩大,僧人们在寺中广植林木。那时寺院的南面是万松岭,林木蓊郁,风过处松涛滚滚;寺内木棉树高耸,花开时灿若朝霞,所谓"映阶圭竹翠,耀眼木棉红"②;又有菩提、榕、松等古树,寺内外林木连成苍翠一片,使这古寺成为一处占地广阔、清幽静穆、浓荫匝地的园林胜景,"不独甲于粤东,抑且雄视宇内"。③ 并有海幢八景闻名于世,分别是:花田春晓、古寺参云、珠江破目、飞泉卓锡、海日吹霞、江城夜雨、石磴丛兰、竹韵幽钟。此外,在海幢寺后有松园,建有瘗鹿亭,有"鹿亭斜晖""众绿臧亭"景色。

据清前期杭世骏、程可则当年咏海幢寺诗的描写,可知当时的海幢寺寺门外是珠江奔流(现寺园北门距珠江达百多二百米了),海阔天空;寺门内丛林蓊蔚,有殿堂、池塘、假山奇石,有奇卉异草,棚花荫

---

① 〔清〕黄培芳:《立春夜宿海幢寺》,见黄任恒:《番禺河南小志》引,海珠区人民政府1989年编印。

② 〔清〕查慎行:《海幢寺》。可惜今仅余木棉树一株,在海宝游乐场小火车处。

③ 〔清〕王令:《创建海幢寺碑记》,见冼剑民、陈鸿钧编:《广州碑刻集》,广东高等教育出版社2006年版。

凉，有鹰爪兰、合欢花、古松，此外，还驯鹤，驯鹿；乃远离红尘之地，而寺僧们的生活似乎挺优哉悠哉。

海幢寺寺院范围最大时，大约是北至珠江之滨，东及今前进大街一带，南沿万松岭（乌龙岗）红十字会医院（创建于1904年）和南武中学一带，西侧与海幅寺为邻。"三门仍面郭，溟涨到阶湾。"① 如此算来，面积达十余万平方米，三四倍于今天的光孝寺，亭台楼阁隐现其中，真是一片广阔的园林；其范围之大，居当时广州众寺院之冠。难怪时人称它"规模极大"②。今天海幢公园东侧有福场路，路之两侧东有福场东一、二、三、四、五巷，西有福场西一、二、三、四、五巷，均花岗岩板石路面，民居住宅，举目尽是楼房一片。这里便是清代时福场园的故址所在；而福场园正是古海幢寺的一部分，曾是一片园林胜景之处。

由于风景殊胜，海幢寺这大片园林，在清代时还曾是专供外国人游览的地方。据《粤海关志》记载，清嘉庆二十一年（1816）七月，当时的两广总督蒋攸铦批示：英吉利人以前曾经要求一处阔野地方供行走闲散，以免生病；曾准许他们于每月初三、十八两日来来报明，然后派人带他们去海幢寺、陈家花园内任由闲游，以示体恤，但在日落之前必须返归住处，不准在园内过夜。查近年已无陈家花园，现决定准许他们在每月初八、十八、二十八三日前去海幢寺、花地闲游，但每次前去不准超过十人，通事（翻译）向各炮台报明，带同前往，仍限于日落时赴各口报明回馆。云云。③

中国官府的防范外人之心真是"源远流长"。不过也由此可知当时的海幢寺确是一处很有名，也很安静、清幽、风景殊佳的游览胜地，否

---

① 〔清〕杭世骏：《同张明府甄陶游海幢寺》。"溟涨"指海，此指珠江。
② 〔清〕沈三白：《浮生六记》，上海书店1982年版。
③ 〔清〕梁廷枏：《粤海关志》，见《近代中国史料丛刊续编第十九辑》，文海出版社版。

清代画家绘海幢寺大雄宝殿

20世纪20年代初海幢寺

则两广总督不会做这样的安排。

美国人威廉·亨特《旧中国杂记》(Bits of old China，1885年初版)专门有一章《海幢寺》，以一个外国人的眼光来观赏这座中国的古寺庙，记述的大约是1854年前后寺内的建筑布置、景色及僧人生活，比当年的中国文人写的还要详细。据此文载，当时寺中有图书馆、印刷作坊，养大肥猪（清初时养鹿，到清中期看来是不养了）；花园边角有火化场与花岗石陵墓，等等，这些在中国文人的记述中似乎是找不到的。①

给当年海幢寺留下记载的外国人还有法国画家波塞尔。1838年10月，他来游寺，并作了一幅设色石版画。画的左面画出半个大殿，殿前是一株古榕，枝叶繁茂如盖。树下寺院中有不少游人。在日记中，波塞尔这样写道："庙内万籁俱寂，气氛肃穆，使我顿然有出尘之想。"

---

① 1992年广东人民出版社译本。

清代海幢寺园林胜景遐迩闻名，到清中期时成为文士雅集之地。不管是在位官员、民间骚人墨客，还是游历岭南的外地闻人，都常在此修禊雅叙，与寺僧来往过从，因而留下了大量诗词文章，成一方文采；以致在清咸丰年间（1851—1861），寺僧特意邀请学者颜薰设帐讲授诗学，在广东诗史上留下"诗教之别传于法门韵事"的佳话，这在广州其他寺庙是没有过的。

晚清时，海幢寺是广州寺庙中寺地面积最大之丛林，却是开始走向衰落了。清光绪七年（1881），相传是"世风日下"，禅院亦不时传出些有关男男女女的"绯闻"来。广东承宣布政使司与提刑按察使司便趁海幢寺举行无遮大会之机，联衔泐石，在寺中竖了块《禁妇女入寺烧香示》碑①。寺中香火遂渐走向式微。

光绪二十七年（1901）春，群学书社创办于广州河南龙溪首约。后来社址搬迁到海幢寺内的圆照堂，易名南武公学会。1905年，在此基础上创办了南武公学，也就是今天南武中学（在海幢寺之南，今只隔了一条同福中路）的前身。

光绪三十年（1904），程子仪等人在海幢寺诸天阁组织了粤剧团体天演公司，并与陈少白、李纪堂等创立了广州第一间粤剧学校。一年后改名采南歌剧团。著名粤剧艺人白驹荣即出身此剧团。

以上是几件清末时发生在海幢寺的大事。

这时候的古寺已呈破败之象了，边缘地段被逐渐废为民居，范围愈渐缩小。20世纪初修建河南同福大街，这片地本来属于海幢寺的，因为是佛门福地，所以才得了这"同福"之名。到1926年修建同福中路，更把这古寺院分成了南北两截。南截渐为民居、公学，寺院范围更为缩小了，而寺中文物古迹更屡遭破坏，除天王殿、大雄宝殿、塔殿外，其余庙宇多被拆毁了。

---

① 见《广州碑刻集》，广东高等教育出版社2006年版。此碑同时竖于光孝寺入门左侧路旁，碑在广州海幢寺内。

1932年（一说1929年），大部分寺地被改为河南公园，成了一个寺院式公园，保留了寺庙园林的风格。1933年9月28日，河南公园改名为海幢公园，寺庙与公园一直是合二为一，这古寺大概也因此而得以幸存。那时的塔殿被辟为民众阅览室。

抗日战争期间，日军尽毁公园设施；到抗战胜利后的1947年才重新修葺殿宇。而据翌年（1948年）出版的《广州大观》记载，当时寺中尚有男女僧徒约七十人，住持僧名素仁大师，一位岭南盆景的名师；他所栽种的盆景被行家称为"画意树"和"素仁风格"，也是寺中园林一景。

中华人民共和国时期，寺庙进一步被改造。1952年开始铺设公园道路，1958年在园中大量种树，同年修建了花架、休息廊、曲艺台、秋千、滑梯等服务和游乐设施。一片古寺庙园林加入新时代的内容。到"文革"时，僧众星散，全寺遭到严重破坏，三宝佛像、十六罗汉等全部被毁，无一幸存；天王殿只余下一个高大台基，殿中的四大天王塑像在20世纪70年代被拆毁。珍贵文物亦被损毁。公园被改名为立新公园，直到1976年才复旧名。

一场大浩劫后，寺中旧建筑仅存大雄宝殿、塔殿两座。

古寺重光开始于1993年。3月正式恢复宗教活动。以后几年，投入近千万元资金，修复大雄宝殿，依原样重建天王殿，建放生池、僧舍等，使海幢寺重现丛林规模。

不管世事如何变幻，海幢寺的园林景观幸而一直没变，尽管范围大大缩小了，仍存一大片浓荫匝地的古木，其中不少已逾百年，有好几棵更逾三百年了。

海幢古木在广州众寺庙中是特别出名的，而寺中古木最著名也可能是年纪最大的乃一株高不盈丈的鹰爪兰，本属明末郭家园围遗物，相传有婢女蒙冤投井而死，从井里长出这棵奇异的鹰爪兰来，每入夜便香闻四野。到海幢寺扩建时，郭家已衰败，其庭园并归于寺，故转为寺中所植，至今已三四百年。此树甚奇。清康熙·吴震方《岭南杂记》记载：

"海幢寺藏经阁下有树一丛，名鹰爪兰，枝蒂如鹰爪，花六瓣、两台，他处未见，亦异种也。"① 原来树上建有亭盖，后来毁了。今位于公园南门内之西侧，栽种在一座六角形的石围墩子里。

1929年由海幢寺改建而成的河南公园

除鹰爪兰外，海幢寺中名木主要还有菩提古树、古榕与古松。

菩提树看起来不算很特别，却是世界上的稀有树种。相传佛祖释迦牟尼就是在菩提树下"大彻大悟"成"佛"的，因而它被佛家尊为

1933年广州市政府将河南公园改为海幢公园

神圣的树木，并专植于寺院内或庙宇旁（今华南地区亦有用作行道树的）。原产地是印度。上文讲光孝寺时曾说过，南朝梁武帝天监元年（502），天竺（印度）高僧智药三藏携菩提树东来，栽种于光孝寺，乃中国第一棵佛家"圣树"。此树之后裔后来又被移植于南华寺、海幢寺等寺院。今海幢寺内菩提古树有多株，其中树龄愈三百年以上的共有三株，一在寺北门内侧，一在天王殿西南侧，一在大雄宝殿后面之东南侧。最后这株菩提树最是可贵，相传它便是天然禅师在明崇祯十五年

---

① 〔清〕吴震方：《岭南杂记》，见王云五主编：《丛书集成初编》，商务印书馆1935—1937年版。

（1642）开法光孝寺时直接从光孝寺原株分植过来的（另一说是天然弟子今无禅师当上海幢寺首座时从光孝寺分植），为明末老树，主干得六七人才可以把它围起来，距今约400年了，至今仍然枝干繁茂，绿叶婆娑，生机蓬勃。寺中其他几株菩提树多由此古木分植出。菩提树易折，故在广州不多见，这株古菩提便尤显珍贵了。

海幢寺中又有百年以上古榕多株，有谓亦寺前旧物，由此可证海幢寺未建前，此地已是大片古木丛林之地。清乾隆朝沈三白《浮生六记》记述："海幢寺规模极大，山门内植榕树，大可十余抱，荫浓如盖，秋冬不凋。柱槛窗栏，皆以铁梨为之。有菩提树，其叶似柿，浸水去皮肉，筋细如蝉翼纱，可裱册写经。"后面这几句所记是当年一习俗。据明清笔记载，菩提树叶如心形，叶脉如网，有人用来作画写经文等，为文人爱玩之珍品。叶亦可作灯，称"菩提纱灯"，美观而不碍烛光。过去物质匮乏，犹有小学生来海幢公园里拾刚飘落的菩提树叶回家自制书签或赏玩，今天大概很少了。

寺中又有古松，史志载寺院内"古松夹道，多鹤栖宿"，可惜今古松已难觅其踪，而鹤更早已没有了。

又据清康熙王士祯《皇华纪闻》载，海幢寺还有苹婆树，其花红艳，近似木棉，果实色味如栗。又载：海幢寺之南，旧名沙园村，曾移植过花田的素馨花。上文说海幢八景中之"花田春晓"，当由此来。

除鹰爪兰等众多古木外，寺中还有一物，遐迩闻名，叫"猛虎回头石"，兀立于今鹰爪兰东侧不远的一个圆形鱼池中央，亦即公园南门内。这是一座七尺之石，呈青灰色，间有白色斑纹，头大脚细，形状奇特，从某个角度看，似猛虎回头：那稍稍陷进去的地方，像血盆大口；上面两个凹孔，似老虎双目；头部之顶，骨棱分明，若老虎之脊。此虎似乎正悠然前行，突闻背后有声响，猛然翻身回头，隆起背脊，张开大口，发出一声长啸。人称"云头两脚，猛虎回头"，确为石中之妙品。

此石原是清代十三行富商伍崇曜家花园之物①，据说购自太湖，重达 1500 公斤，上有宋代名书画家米元章题名，可见远在宋代已为世所珍。后被移置海幢寺中。

现存海幢寺占地近 20000 平方米，寺内殿堂均坐南朝北。寺北面临南华中路处新建了牌坊。全寺虽为高楼大厦所包围，但寺内仍保存了大片园林，环境幽雅，绿树浓荫，古色古香，在今存广州城区的寺观中，其范围可能是最广的；同时也是相对较完整地保存了古寺观园林景观的。

## 双山寺

双山寺在清代广州北城墙之外，今越秀山五羊石像所在山岗木壳冈之西麓。据《南海百咏续编》所载，寺建于清代初年顺治丙戌（1646），佐领张国禄捐建。②

双山寺依山而建，面对北城墙。此地属越秀山西南麓，花木繁茂。寺南侧有个大池塘，比应元宫南面的将军大池塘还要大得多，直到民国前期仍存，而且占地颇大。③ 除花草树木外，还有水景。可见本寺四周是一片园林景色。寺门朝西，外通进城的大道（孔道），清后期时称新胜街。因在大北门外，本寺一直是个清幽安静的所在。

双山寺建成时，是座佛寺，后来成了暂时停放死者棺柩的地方。第一次鸦片战争时，英军占据了越秀山上的四方炮台，设司令部于此。当时有部分英军开进城北双山寺，见寺中存放了一些棺椁，便打开棺木，想看看中国人对尸体如何进行防腐处理。如此"开棺暴骨"，村民传为

---

① 伍家花园故址就在今海幢公园一带，全盛时园中植满青松，故又称"万松园"。今附近犹存万松园地名。

② 〔清〕樊封：《南海百咏续编》，见《中国风土志丛刊》，广陵书社 2003 年版。

③ 见 1918 年《广州市图》。

77

"刨坟掘墓",激起了当地民众的极度愤怒,成为随后爆发的"三元里抗英斗争"的导火线之一。

清代后期,双山寺是停放棺椁的著名场所,被恶俗的僧人所占据,出租给外乡人停放死者棺柩,僧人们就拿了租金去饮酒赌博。[①] 可见双山寺早已非佛门清静地。

民国前期,本寺占地仍颇广。寺南侧的池塘面积仍甚大。四周仍是花木繁茂,但因人口激增,寺周渐建民居,园林景色已逊前朝。1938年,本寺遭到日寇飞机轰炸,寺墙倒塌。

1949年以后,随着城区扩展,越秀公园整治,双山寺遂废,今已了无痕迹。

## 大佛寺

大佛寺位于今惠福东路北侧的惠新中街21号。这里是广州市的中心商业区,大佛寺陷于其中,寺地不广;在历史上,其寺院面积曾几达3万平方米,有过一派寺庙园林的风光。

据各种史乘的记载,大佛寺这地方建造寺庙之源远流长,可追溯到千多年前的南汉时代(917—971)。南汉国改称广州为兴王府,作为都城;环城四面建造了二十八座寺庙,其中南七寺中的地藏寺便建于此地,但规模不大,没留下什么掌故传说。

宋代,寺已荒废。元代,此地又重建殿宇,名叫福田庵。明代,福田庵得以扩建,改名叫龙藏寺[②],香火兴旺起来。不过到了明朝末年,此寺又再度衰落了,后来被官府没收,改为巡按御史公署。清初顺治七年(1650),清兵攻陷了广州城,公署遭了兵燹,被摧毁。过了十多

---

① 〔清〕樊封:《南海百咏续编》,见《中国风土志丛刊》,广陵书社2003年版。

② "龙藏"是佛经名,相传大乘经典藏在龙宫,故名。今大佛寺西有龙藏街,便因此地曾有此寺得名。

年，即清康熙二年（1663）春，驻守广州城的平南王尚可喜等自捐王俸，依照京师官庙的式样在此建寺，在翌年（1664）冬竣工落成，"宏丽庄严，观者耸焉"①。这就是今天的大佛寺。

寺庙之建，一般都是佛徒为了礼佛修行；大佛寺之建，却另有目的：平南王尚可喜建此寺主要是为了迎接自己的儿媳妇——顺治皇帝的女儿固伦公主。

佛寺既为迎接皇帝女而建，自然就建得规模宏大，殿宇栉比。供奉大佛的大雄宝殿尤其建得气势磅礴，建筑面积达900多平方米，坐北朝南，高约30米，面阔七间36.32米，进深五间25.36米，梁架高峻粗壮，为抬梁式，上施檩枋承托檩子，驼峰、斗拱造型简朴古拙，仿明代风格。十九檩前后用六柱，两山墙承重，砖砌。回廊周匝。重檐歇山顶，檐下施七踩三翘斗拱，彩绘，色泽鲜明，纹式简练。上盖素胎陶瓦和瓦当滴水。云龙、牡丹灰塑脊的龙身回绕着砖脊两面穿插，生动传神。可惜现在灰塑瓦脊上的这些脊饰已残破不存，仅存正中的鎏金葫芦形宝珠。复盆式雕花花岗岩柱础，古拙朴实而稳重，至今保存较为完整。虽然是仿京师（北方官式）做法，但保留了具有南方建筑的浓厚地方风格，并上承明制。

殿中那些巨大的楠木柱子粗2米，高10余米，重10吨，为岭南大寺之冠。

大殿中供奉三尊大佛像，乃用青铜铸造于建殿之时，各高约6米，重约两万斤，为广东省内现存最大的古代铜铸像；当年被并排供奉于大殿中，均是结跏趺坐，微微含笑；免冠，黑卷头发。位于正中是佛祖释迦牟尼，其左侧是弥勒佛，右侧是阿弥陀佛。三像的塑造，除了手势的不同外，其坐姿容貌几乎没有区别。其所以闻名，就在于其"大"。这也正是大佛寺得名的由来。

---

① 〔清〕汪永瑞：《广州府志·大佛寺》，见《广东历代方志集成》，岭南美术出版社2007年版。

民国时期大佛寺大雄宝殿

在建大殿的同时，寺内还建造了头门，头门后建天王殿，两侧建钟楼和鼓楼，又另建了廊庑、香积厨等大小殿堂房舍。寺中所供诸佛皆贴金身，无不富丽堂皇、庄严宏伟。

雍正十三年（1735），广州知府刘庶重修本寺，在殿前增建了宣谕亭，以后就成为钦差大臣或地方长官宣讲皇帝谕旨的地方；又在殿侧建造了韦驮殿、伽蓝殿，以及"佛境""禅林"东西二门。"于是寺乃复兴焉。"①

乾隆年间（1736—1795），大佛寺再度扩建，成为广州五大丛林之一（其他四寺为光孝寺、长寿寺、海幢寺、华林寺）。这时的大佛寺，占地面积达3万平方米（几乎等于今天的光孝寺），东起今北京路，西至龙藏街，南接惠福东路，北达西湖路。寺内香火盛极一时。直到清末时，本寺大雄宝殿前仍是大片空地，两旁栽有大树，视域开阔。不难想见，在清代中期本寺全盛时，这一大片地域曾是一派幽深静谧的寺庙园林景色。

20世纪20年代前期，市政局为筹募军费，将市内多间寺庙作价拍卖。大佛寺未能幸免，把现北京路、西湖路、龙藏街一带的两万多平方米土地卖掉改建成民居，结果寺院就只剩下了8000余平方米的地方。抗日战争胜利后，政府占寺地、卖地、租地，全寺面积受到蚕食，日趋零落，寺观园林景观不再。

---

① 〔清〕刘庶：《重修大佛寺碑记》，见《番禺县续志·卷三十六·金石志四》（清末宣统）。碑在大佛寺大殿后壁。

## 第二章 寺观园林

20世纪50年代初期，寺院冷落香客稀，大佛寺的一部分被用作学校，寺中佛徒发起生产自救，以库房、斋堂作为场地，僧人加入了手工业者的行列，制作纸伞、纸盒以自食其力，维持生计。

1966年"文革"爆发，寺院首受冲击，僧人被逐。大佛寺原来余下的寺地被工厂占据。宗教活动全面停止。大佛寺内原供奉的三尊大佛和一尊观音铜像，因太大太重，红卫兵无法砸毁，就采用了分割的办法，各被肢解为四段，拆卸后运到南岸货仓堆放。"文革"结束后均得到修复。1984年，六榕寺大雄宝殿重新建成，三尊复原大佛像被移入供奉，贴上真金。观音铜像亦置六榕寺新建成的观音殿内供奉。今均在。1986年，大佛寺对外开放。后来集资修葺了大殿，重建了山门，重铸了原来高大的三尊大铜佛。

20世纪末，大佛寺的面积只剩下了2100平方米，比它全盛时缩小了十多倍，殿堂建筑得十分挤迫，为四周高大的楼房所包围，寺中已没有多少空间，昔日的大片寺庙园林之地在当时寺内竟然没有栽种一棵树。21世纪前期，始修葺大佛寺，重修山门，拓展后院，最明显的改变，是加建了毗卢殿，建得金碧辉煌，寺址面积扩大，但园林之景，仍是无复可言。

### 檀度庵

檀度庵故址在清代清泉街西段北侧，今应元路与解放北路相交处之东北侧。据1918年《广州市图》的标示，约为今中国农业银行广东省分行地。

清初，平南王尚可喜霸占了广州老城，其第十三女，自少明慧，要求出家为尼。平南王劝她不听，选婢女十人服侍她。于康熙四年

20世纪20年代
檀度庵自悟尼画像

（1665）择此地建檀度庵，做"女尼静室"，让女儿在此修行，并上奏朝廷，获赐号"自悟大师"（另一说是她自号"自悟"），人们称之为"王姑"。此地是越秀山南麓，檀度庵坐北朝南，四周草木繁茂，绿树成荫，是一处十分清幽的园林地。

康熙十九年（1680），尚可喜之子尚之信因参与叛乱被赐死。康熙二十年（1681）撤消藩府。尚家彻底衰败，而王姑已先此去世，因而没有看到自家的这场大难。相传"庵有影容（自悟的画像），披发衣紫，蛾眉双戚，若重有忧者"。① 沙门震华编撰的《续比丘尼传》载有此画像的题句："六根净尽绝尘埃，嚼蜡能寻甘味回。莫笑绿天陈色相，谁人不是赤身来！"②可见感慨之深。

清咸丰七年（1857）底，时当第二次鸦片战争，英法联军炮轰广州城，檀度庵毁于兵燹。同治初年（1862）重修。③

檀度庵内有月色楼，当年此地四周空旷，树影幢幢，月明之夜，登楼赏月，景色甚佳。20世纪20年代初，广州政府拍卖寺产做军饷，只留一小舍为檀度庵庵尼栖止，其余拆除，名义上檀度庵仍存，但已面貌全非。园林景色不复存在。据1952年的资料记载，仍有檀度庵。后废圮不存。

**无着庵**

无着庵在今德政中路东侧的丽水坊中段北侧、大马房西侧。1918年《广州市图》标作"无著地"。

此地本为明代某尚书园宅，是座私园别业。清康熙六年（1667），

---

① 《番禺县志·杂记一》，邓光礼、贾永康点注，广东人民出版社1998年版。

② 冯尔康：《清代人物传记史料研究》，此诗是跟随王姑出家的尼姑无我在自作画像上的题诗。

③ 《番禺续志稿》（清末宣统）。

佛教洞宗三十四世天然和尚的胞妹、比丘尼今再购得此宅，兴建道场，改作尼庵，时称"无着地"。为天然和尚题。取名"无着"，其义有二：一示清净无贪着；二作为亲属法侣梵修之地。

天然和尚俗姓曾，名起莘，番禺

民国时期无着庵尼姑

人，乃明崇祯六年（1633）癸酉科举人。后闻佛法，遂弃儒学佛，礼庐山道独禅师出家。不久，父母、妻子、媳妇、胞妹均入空门，变眷属为法眷。"清净梵行，萃于一门。"其妹出家，法名今再，字来机。"心性贞白，节操坚忍，苦志励行，有过男儿。"①

无着庵建了11年，至康熙十七年（1678）方建成。用白银3.58万多两。全庵占地达八亩之广（约为5333平方米），颇具规模，庵北临玉带濠、池塘，建有小山门、大雄宝殿、祖堂（祖师殿）、观音阁（观音殿）、斋堂、客堂和住房30多间，并铸洪钟以警昏旦，又砌放生塘一口。庵周筑围墙，墙外挖涌，以固防卫。收留妇女数百名在此修持，影响颇大。②

无着庵是清代广州南城规模最大的尼众道场，也属广州少数规模宏

---

① 〔清〕王令：《鼎建无着庵碑记》，见《番禺县续志·卷三十六·金石志四》（清末宣统）。

② 〔清〕王令：《鼎建无着庵碑记》（康熙十八年）。

大的尼众道场之一，庵内栽种花木，绿树浓荫，庵北有水道，庵内有池塘，殿堂布置典雅，为一处清幽的寺庙园林。天然和尚俗妻（后出家，法名函脱）亦居此庵修持。挂单接众，颇负盛名。今德政中路南段东侧内街大马房，在庵之东侧，便因曾是无着庵旁的马棚，供来庵的达官贵人拴马之用而得名。

雍正、乾隆、嘉庆年间，无着庵香火最为鼎盛，师徒传承。道光（1821—1850）后逐步发展成八房子孙，轮流管理庵内事务。变成了子孙庙，势渐弱。咸丰年（1851—1861）洋人绘《广东省城图》，标此庵为 B.N.（Buddhist Nunnery，尼姑庵），可见仍为著名庙宇。

民国十三年（1924），市政当局以筹饷为名，拍卖全市寺庵，无着庵被充公拍卖，该庵八房子孙共筹得 5000 大洋，赎回大殿、观音阁、祖堂、住房等 10 多间，以及放生塘等约原庵的一半土地和房产，得以安住。

陈济棠主粤时期（1929—1936），无着庵是广州七大名庵之一。庵内有殿院、廊池、静室，建造颇精。有尼姑 30 余人。相传有"开师姑厅"事（权贵富豪嫖尼妓）。约在 1936 年秋，广州市公安局以破除迷信、维持风化为名，搜查市内尼庵。无着庵被捕去妙尼七人，后全部获释。

20 世纪 50 年代初，无着庵有尼众十数人（一说十五人），靠少量法事收入，生活比较困难，只好把部分殿堂房舍外租做厂房。庵中园林景观已无可言。"文革"期间，庵中佛像、经书、法器全部被毁，殿堂房舍分别为市民政部门工厂、东山区弹簧厂、东山区房管局和市房管局占用，尼众被遣散。大殿前的那口放生塘，被填平建了两座住宅楼房。

1985 年 8 月 16 日，无着庵复办。1986 年，广州市政府批准恢复开放无着庵，归还市佛教协会管理；同年，无着庵开始重修工作，至 1989 年收回 2980 平方米全部占地。现庵内古建筑尚存观音阁，为二层楼阁式歇山顶建筑，面阔进深各三间，穿斗与抬梁式相结合梁架。

1989 年 9 月 15 日举行重建大雄宝殿的奠基典礼。1990 年大殿基本建成，为两层重檐歇山顶宫殿式建筑。首层面阔五间，二层面阔三间。土建工程和室内装修费用共 200 多万元。1993 年在东面建成三层楼房做僧舍，1995 年在西面建成三层的客堂、斋堂、库房和客房，原有的观音殿亦进行重修。不过寺观园林景色早已不存。

无着庵是广州市唯一现存尼庵。

**是岸庵·是岸寺**

是岸庵的前身是天山草堂。天山草堂是明代尚书何维柏（1510—1587）隐居广州河南小港时的居室，亦是其讲学之所。遗址在今广州河南小港云桂大街小学一带，即云桂桥西北小港市场附近。

何维柏去世后，天山草堂被改为尚书祠，祀何维柏。清康熙年间，施主杨天祥捐资，释上德主其事，改建为是岸庵，虽称改建，实是新建，而非只是换个牌匾。《鼎建小港是岸庵记》称之"朱殿瑰玮，轩楹莹洁，曲径回廊，幽折有致"，这显然不是原来的尚书祠的规模。工程始于康熙十七年（1678），建到康熙二十九年（1690）才竣工。"凡十三年而告成。"① 当时是祠与庵并存，极可能是原祠在新建的庵内。

是岸庵建成时，前临溪流，背倚山岗，殿宇红色，倚山而筑，巍然瑰玮，庵中轩楹莹洁，建回廊，砌曲径。庵西有亭，登亭可远眺；只见庵周风光是阡陌连片，河涌纵横，北望可见广州城形胜。成一处寺观园林胜地。庵外路边建有茶坊，供游人憩息。又扩建了小港石桥，称"得度桥"。② 可见当年寺内寺外都是景色甚佳，为小港一带游览胜地。

道光年间，焕华长老募捐重修。镇粤将军奕湘题额，易名是岸寺。

当年小港涌（今海珠涌）比现在宽阔得多，且有不少支流，是一片河涌纵横之地。小港涌两岸是花田，种植水松、修竹、玉兰、桃花、

---

① 〔清〕吴兴祚：《鼎建小港是岸庵记》，见《番禺河南小志·卷七·金石》（康熙二十九年）。

② 〔清〕吴兴祚：《鼎建小港是岸庵记》。

民国时期小港桥，是岸寺在小港涌岸不远

梅花等花木，是岸寺距小港涌甚近。"小港多桃花，霞采映空碧。言寻是岸寺，寺本在咫尺。"①

人们多是乘舟而来观赏花木。当年文人们写"泛舟是岸寺""小港是岸寺看桃花""是岸寺观玉兰""至榄庄看梅花"之类的诗颇多，称是岸寺"野寺连江岸""寒梅吞径远""云山远作屏""径绕长松曲""院静窥檐鸽，帘疏露岭花""潮涨艇来烟际寺，雨过帘卷夕阳山""三月木棉红似火，夹溪杨柳绿成烟"等，可以想见当年寺内寺外的风光，是一处何等幽雅的园林胜地，风光之美遐迩闻名。

道光重修后至晚清光绪时，又过了五六十年，是岸寺渐危殆。当时人们仍有称之为天山草堂的。据光绪进士、曾因弹劾李鸿章和袁世凯而被降职罢官的梁鼎芬的记述，光绪十一年（1885），梁乞病回里，见到天山草堂（明南海何端恪公讲学故址）荒废久矣。于是与盛季莹等人在其地建何端恪公祠，亦称"天山草堂"，可能是建于是岸寺内，祀何维柏。梁鼎芬在何端恪公祠后面另建一屋做自己的寓所，当年四周的环境是"楼馆深明，花树芳雅"。仍是一派园林景色。

民国后，何端恪公祠（天山草堂）被军队所占，屯放军用品。1924年11月，寺中驻军因制枪弹，炸药爆炸，草堂被毁，是岸寺仅存四壁，后亦毁圮，以致痕迹全无。

---

① 〔清〕张维屏：《正月初六日泛舟小港看桃花访是岸寺，先误至漱珠冈》，见张维屏：《松心诗·花地集》（三）。

## 能仁寺

能仁寺在今白云山山顶公园以南半山处，登山公路的西侧。入口处立一非常醒目的牌坊，上书"佛境"二字。

古代，此地为一处远离州城的自然园林地，林木浓荫，溪涧水清，名玉虹洞，又名玉虹涧。南宋宝祐三年（1255），名臣李昴英上疏弹劾奸宦不成，解职归隐于广州文溪（今长塘街）后，澹然无复仕进意。喜爱此地景色幽清，于是疏泉凿石，开发玉虹涧，在涧上修筑了饮涧亭、小隐轩等胜迹，雅集友朋在此吟唱。亭、轩后废，湮没不存。

时光流逝数百年，到清道光四年（1824），吟坚和尚在此地创建能仁寺，初建时"茅屋数椽，仅蔽风雨"①。寺僧了尘，又名寄幻，俗称刘四和尚，本是顺天贵胄，游历四方，"闻广州文物之盛，甲于东南"，便来到广州白云山，喜爱玉虹洞之岩壑幽深，遂拜吟坚为师，并发大愿"欲作大观"②。

经二十余年的铢积寸累，终于达成宏愿，于咸丰元年（1851）动工扩建能仁寺，三年落成。据清咸丰三年（1853）韩凤翔所撰《重修能仁古寺碑记》（碑在能仁寺内）所载，当年是先

民国时期能仁寺旧影，
当年的白云山远比现在幽静

---

① 〔清〕韩凤翔：《重修能仁古寺碑记》。碑在白云山能仁寺内。
② 〔清〕韩凤翔：《重修能仁古寺碑记》。碑在白云山能仁寺内。

筑高台，再在台上修建了大殿，供奉如来佛与罗汉，殿前台阶，栽种花木。殿东西两旁建两廊，供游客歇息。又建东西两厅，可在此观赏瀑布，听山中松涛之声。厅侧环植竹丛，曲径通幽。又建斗室，置琴书其中。斗室后面筑禅房，僧众在此修持。两廊之上，东边建檀樾堂，西边建祖堂，供奉六祖惠能；祖堂之侧是香积厨。寺外有园圃、田畦、溪涧、幽壑。其中水质最为青碧者，是著名的虎跑泉。整座扩建后的能仁寺，成一处颇具规模的寺观园林。

以后能仁寺续有修葺。约在清光绪九年（1883），寺僧惟中再次扩建能仁寺，于清光绪十三年（1887）竣工。这次扩建，修筑了牌坊（上书"佛境"二字）、山门（曼殊和尚书"金刚法界"额）、大雄宝殿、慈云殿（专奉观音）。慈云殿下有"甘露泉"。此外还修筑了地藏殿、三摩地（静室）、无尘境（静室）、六祖殿、宝月阁（知客）、钟楼、鼓楼、祖师堂、说法堂、库房、香积厨、斋堂、客堂等，成为当时白云山中规模最宏伟的佛教寺院。一水洄漾，岩壑幽邃；四山环抱，泉石青奇。为一处幽雅清静的宏大的寺观园林。

民国后，能仁寺由虚云僧主持，香火甚盛。1922年至1929年间，广东政要古应芬、陈铭枢等曾发起维修能仁寺。1929年，南京考试院长戴季陶捐款修葺能仁寺。密宗法师曼殊揭谛在此建有密坛，西康（今四川省西部、西藏自治区东部）活佛诺那·呼图克图亦曾居此。

1933年，何侠著《白云山游览指南》由广州青年出品合作社出版，书中记载当时的能仁寺是这样的（括号文字为笔者所加注释）：

> 能仁古寺，在白云山中心，上有云岩，下有弥勒寺，建于清咸同间（应建于清道光四年）。其地为玉虹洞，上祀慈云殿，极灵验，曾建万人缘重修之。入民国后，南京国民政府考试院长戴季陶任中山大学校长时，常宿该寺。而广东省主席陈真如亦常往来其间，至党政军各要人时在其寺宴客。门额"能仁古寺"为咸丰元年（1851）孟冬南海何庭修书。入门拾级而上登大雄宝殿，殿下

有甘露泉井，殿之左廊为地藏殿，殿之右廊为六祖殿，殿之左为宝月阁，乃招待居士而设也。能仁寺添建慈云殿、地藏殿、大圣殿、幽冥钟鼓楼，并重

能仁寺入口的佛境牌坊

修三宝殿及各堂碑记。有同治十一年（1872）住持僧幻寄等立石《能仁寺建万人缘碑记》。殿左为库房、香积厨，殿右为祖师堂、说法堂，左为斋堂，右为客堂。西客厅为松涛声馆。有咸丰三年（1853）韩凤翔撰书、住持僧幻寄立石《重修能仁古寺记碑》。寺之西玉虹池，上为虎跑泉，再上"万古长流"。及至山门有横额一，曰"金刚法界"。山门内有福德祠，山门外有石牌坊一座，额曰"佛境"。坊外有顽石一块，高丈余，上题曰"菩提路"，下写一大"虎"字，为裴景福书（当为刘永福书）。寺下涧中，有额一，曰"涤尘"，为六榕寺住持铁禅题。该寺民国十八年（1929）由南京考试院长戴季陶捐款修复。由西路而下弥勒寺及吕祖行阙，约四五里之遥，瞬息可达也。

这就是抗战之前能仁寺的情形。当时的大雄宝殿、慈云殿、六祖殿、地藏殿、大圣殿、三摩地、无尘境、宝月阁等殿堂阁馆依山势而建，掩映在万绿丛中，还有玉虹泉、甘露泉、虎跑泉等多处灵泉，也为其他寺观所少见。是一处十分清幽的寺观园林。

1938年10月广州沦陷，能仁寺建筑悉数被日军焚毁。现只存少量

石刻和石构件。其中"能仁古寺"石匾额现嵌于新建的门楼上,还有清代时的两根石柱、两块石栏板以及七个石柱础,现存能仁寺。寺中墨宝亦在抗战时期全部毁去。仅"虎"字摩崖石刻、玉虹池、虎跑泉、甘露泉诸古迹幸存。

中华人民共和国成立后,能仁寺故址地基本上是空置,直到1993年秋,广州市政府在原寺基位置上重建该寺,历时一年多竣工。修筑得恢宏雄大。寺周四面环山,树木葱茏,溪水长流,仍为一处清静肃雅的寺观园林。但其建筑风格、形式仿北方及江南古建筑,上盖青瓦,檐下堆砌斗拱,雕梁画栋,已非昔日模样。

全寺依山而建,坐北朝南,占地一万多平方米,建筑总面积逾千平方米。中轴线上由南往北依次为天王殿、大雄宝殿、慈云殿三座主体建筑。

1986年2月18日,广州白云山索道建成开放,这是我国第一条新式游览观光索道,索道缆车就在能仁寺上方经过,可俯瞰寺的全貌,只见一座座仿古建筑,镶嵌在万绿丛中。这不同于在地面游览,呈现的是另一番风光。

## 红棉寺

红棉寺在越秀山镇海楼下(东南面),为城北著名庙宇之一。此寺创建人不详,亦未知始建于何时。清同治十年《番禺县志·冢墓寺观·红棉寺》称之为"旧粤秀古寺",本不名红棉寺。清道光初年(1821),寺僧展腓重修此寺,才易名红棉寺。

晚清广东名人梁鼎芬在自述中说:"先祖少日读书粤秀山红棉寺,其所居曰玉山草堂,藏书最富。道光三年,赴礼部试……"由此可知,此寺当始建于清代前期,甚至更早,是一个非常清幽的所在。从寺名来看,寺周是木棉成林、浓荫一片的园林之地。寺内建佛殿,筑佛幢,有院落,种植花草树木,十分阴凉而幽静。清代蔡显原有《红棉寺》诗咏:"十丈红棉树,雄姿压粤台。阴连经院静,花映佛幢开……"①

第一次鸦片战争结束后,在红棉寺附近修筑了一座炮台。梁廷楠约撰成于清道光三十年(1850)的《夷氛闻记》载当时广州府城北路炮台有永康、拱极、保极、耆定、红棉寺、饽饽山,这些炮台或在战争中被洋人毁损,或在战前没有炮台而在战后根据形势而补筑,"并铸安巨炮,分防丁勇"。在第二次鸦片战争英法联军攻占广州城的战役中(时在1857年年底),这红棉寺炮台并没有发挥过什么作用,至少在史志中没有记载。寺也没有受到什么损伤。

清同治年间(1862—1874),红棉寺僧将寺庙卖给了洋人,署南海县知县陈善圻把寺庙赎回,易名为"红棉草堂"。当时的广东巡抚郭嵩焘为之作记②。

1891年,康有为在广州开办"万木草堂",其后数年,红棉草堂是其师生的经常漫游之地。在祝贺康有为70寿辰时,梁启超曾这样回忆:"粤秀山之麓,吾侪舞雩也,与先生(康有为)相期或不相期,然而春秋佳日,三五之夕,学海堂、菊坡精舍、红棉草堂、镇海楼一带,其无万木草堂师弟踪迹者盖寡。每游率以论文始……"

民国 陈树人《红棉》

---

① 杨资元、黎元江主编:《英雄花照越王台·甲编诗词·清诗词》,广州出版社1996年版。

② 《番禺县续志稿》(清末)。

梁启超在《阮芸台先生画像》一文中记述，他在1915年春来到越秀山，看到学海堂已经没有了，而原在学海堂阮太傅祠里的阮元的画像也没有了，后经搜剔，"得兹像于旧红棉山馆之旁"。这个红棉山馆即红棉草堂，可见在民国前期已荒废。

1928年，曾任广东省教育厅厅长的岭南现代著名诗人黄节撰《重修镇海楼记碑》（碑现在镇海楼侧），文中称："越秀山拔地二十余丈……山半三君祠，而上有红棉草堂，堂左偏则镇海楼。"可见红棉草堂当时仍在。后毁圮不存。

## 第二节　道观园林

### 三元宫

三元宫在越秀山南麓，今应元路西段北侧，创建者名鲍靓。

三元宫虬龙古井

鲍靓是道教丹鼎派中有史可查的最早进入岭南的人物，后来得道成仙，留下不少神奇传说。三元宫因是这位仙家创建，在后人的心目中也显得似乎有了些"仙气"。不过这道观原来并不叫三元宫，而叫越冈院，是鲍靓为女儿鲍姑修建的①，时间在东晋大兴三年（320），乃广州最早的修道场所。当年此地是距广州城一两里地的北郊，四周林木森森，人迹罕到，并无道路。道教崇山，认为高山胜岳乃天地灵气之所钟，采日月之精华，吸山水之神慧，是仙家的居所辖境、"洞天福地"；是修身养性、求仙访道的好去处。越冈院依山而建于丛林之中，正合此意。

鲍姑后来随丈夫葛洪上了罗浮山并成了仙，在以后很长的一段时间内，越冈院仍然是广州唯一的道观，并使道教得以继续在广州传播。延至数百年后的唐代，被易名为悟性寺，又延至南汉。以后曾经荒废过好长一段时间。

在明代之前，此地一直是处在城外北郊，为乡野之山地。明初将宋三城合一，并北扩城池，此地才被圈在城区之内。

明代万历年间（1573—1620），重修悟性寺。明末崇祯十六年（1643），钦天监（掌管天象历法的官）来到广州视察，见越秀山"气势雄厚"，为应"天上瑞气"，建议在寺内改奉三元大帝。绅耆赞同，于是便集资塑三元神像于正殿以供奉，而把原来的正殿鲍姑殿移至偏殿。三元宫由此得名。

清顺治七年（1650），平南王尚可喜和靖南王耿继茂率清兵攻陷了广州城。随后开始了长达三十二年的"两藩暴政"。尚可喜此人南征北战，杀人如麻，却对道教十分热衷，并认为自己得以平定广东，全凭道教中的摩利支天尊庇佑。清顺治十三年（1656），他下令重修和扩建了三元宫；又重修了钟鼓楼。三元宫本建于越秀山南麓树木繁茂之处，经修葺后更是"榕棉深锁，人称福地"，一派古木森森的园林景象。当年

---

① 据三元宫藏《重修头门三元殿碑记》。

山门前有一口巨井,据说是晋代时的古井,水味甘冽,名罗汉井,现在没有了;不远处有一泉,名玉龙泉。今应元路西段在清代时名清泉街,后来又名清泉路,附近又有清泉横巷,均与之相关。

康熙四十五年(1707),左翼镇抚司重修了三元宫,改名叫斗姥宫。那时人们在这宫观里"祈年",并俗称之为"北庙"。今天三元宫高出地面40余级石阶的高大山门,则是在乾隆五十一年(1786)时建造的。

第二次鸦片战争时期,广州城被英法联军攻陷,三元宫被火焚,遭了"兵燹毁圮"的厄运。幸好这座千年古观并没有从此废圮。过了四年,住持黄佩青发起募捐重修三元宫,并于同治九年(1870)修建竣工。石门额上刻有"三元宫"三个金水大字的横匾,两边镶石刻对联一副:"三元古观,百粤名山。"便是在这次重修期间,由当时的翰林院庶吉士游显庭在同治二年(1863)时题写的。

在整个清代,除遭了一场兵祸火焚外,三元宫基本上是宫址日趋宏大,而香火日益鼎盛。曾拥有大殿不下十座,恢宏轩峻。占地达三万

民国时期民众游三元宫

平方米，约相当于今天光孝寺的面积。当年山门外不是今天的平地马路，而是个大池塘，清代地图标为"将军大鱼塘"；全寺倚山而建，坐北朝南。殿堂依山势配置，迭级而上，各殿堂、楼阁、亭台错落各处，掩映在一片繁茂的树丛之中。寺内寺外，木棉树笔挺，直指苍昊；巨榕如伞，浓荫森森，是一处占地广阔的寺观园林、"幽林胜境"，跟东面的应元宫、菊坡精舍、龙王庙、学海堂的园林连成一片，并不是今天这种各殿堂像一个个小房子似的紧密排列一起的局促样子。

民国初军阀龙济光统治广州时（1914—1916），三元宫一带被列为军事禁区，门庭顿趋冷落。1919年，住持张宗润予以重修。1931年，市教育局在三元宫设美术学校，将后山的八仙殿、栖霞洞、五老洞拨出，宫址因而缩小了不少，不过据当时《国华报》载，1936年的农历元月十五日上元诞，来宫参神者仍达十余万人。

抗日战争期间，广州沦陷，百姓困苦，道侣星散，三元宫仅余数人，再度冷落。抗战胜利后，三元宫复兴。据当年《越华报》载，1946年农历10月15日的下元诞，宫内参神者汹涌，竟有人找不到跪拜之地。

1949年后，三元宫渐显衰落。1965年9月，以三元宫内钟鼓楼为界，前半部分场地交给越秀区文化站做街道文化娱乐场所，后半部分归宫内道士使用；1966年"文革"爆发，大破四旧，全宫殿宇被占，神像及文物被毁，一切宗教活动停止，香火断绝，随后被关闭。直到1981年3月才重新开放。1982年起，陆续收回被占殿宇，并予重修。1983年春节前，举行了开光仪式；三元诞风俗逐渐恢复，那是三元宫历来最为热闹的日子。

今日三元宫占地面积约为5000平方米，殿堂建筑总面积约2000平方米。山门以内基本无树，寺外仍是林木葱茏，勉强可称为一处寺观园林之地，可惜四周遍是楼寓，一幢高楼就建在老君宝殿（殿后即三元宫北界）后面的山麓上，俯视着整座三元宫，再加宫外马路上人来车往，令宫观本来该有的幽静之感几乎荡然无存，更不可能有什么幽林气象，其园林景观与之鼎盛时相比，差得远了。

## 南海神庙

南海神庙在黄埔庙头村。在广州现存寺庙中，是较特别的一座，因为它供奉海神，这是独一无二的；不止供奉一个海神，还供奉他全家；不止供奉他全家，还供奉他的部下；而且，还供奉一个"番鬼"，而"番鬼"又竟与"金花娘娘"为邻。其次，别的寺庙原来都位于郊野或城中，它却是位于海边。而且，它还是古代广州碑林所在。这些都是它的特别之处。

南海神庙创建于隋文帝开皇十四年（594），正史《隋书·礼仪志二》记

20世纪20年代南海神庙

载："开皇十四年闰十月，诏……南海于南海镇南，并近海立祠。"它的建造跟当时繁盛的广州外贸海运业密切相关。

始建时的神庙并非今天的样子——当年只是一座小庙，规模比现在要小得多了；它的逐渐扩大，主要是由于历代王朝对南海神的供奉祭祀及民众对神灵的敬畏。

唐天宝十年（751），唐明皇李隆基下诏扩建南海神庙，并册尊南海神为"广利王"，又定下每年派中央大吏备礼册祭的制度。规定每年

立夏，由广州刺史代表皇帝举行祭典。以后历代为南海神举行的祭礼就是从那时候开始的。

北宋定康二年（1041），赐封南海神"加洪圣"，即成了"洪圣广利王"，这使南海神庙以后又被称为洪圣庙。元代初，南海神庙毁圮。元至元三十年（1293）重建。元大德年间（1297—1307）扩建，当时庙宇横阔为22丈（约合68.64米），纵深32丈（约合99.84米），大致具备今天的规模。

明成化六年（1470）十月至七年（1471）五月，对南海神庙进行了一次大规模修葺。以前，祠外牌门立在海岸，木制，结果岁久即朽，这次建为石牌门。以前神庙匾题"祝融"，这次改刻"南海神祠"。其他如牌基、大门、仪门、廊庑等亦修葺一新。明正德三年（1508），南海神庙又进行了一次重修。

清雍正年间（1723—1735），定下每年的二月上壬日在神庙举行祭典，这个规定得到后代皇帝的遵循。南海神经过历代皇帝的层层加封，终于成了"南海广利洪圣昭顺威显灵孚王"，并被配以"明顺夫人"——世人担心神仙寂寞，给他配个女人，并让他生出儿子来。

清代的南海神庙是一处占地广阔的寺庙园林地，那时没有围墙，附近建有海光寺、凝真观、流霞亭等庙宇亭阁，远望一片树木葱茏，"古木参天，波涛与梵音相应"。① 实在是一处清幽的所在。庙外不远珠水荡漾，庙里花木扶疏，一院春色。

全庙坐北朝南，庙外立一个大白石牌坊（这是今天全庙南北向中轴线之南端，以前是在庙外），为四柱三间冲天式，上刻"海不扬波"四字，红色，没有落款，相传是清康熙帝的御笔。而据明代人余志的《重修南海神祠记》所载，这里本来是个木牌坊，是明成化五年（1469）

---

① 〔清〕任果：《番禺县志》，见广东省地方史志办公室：《广东历代方志集成》，岭南美术出版社2007年版。

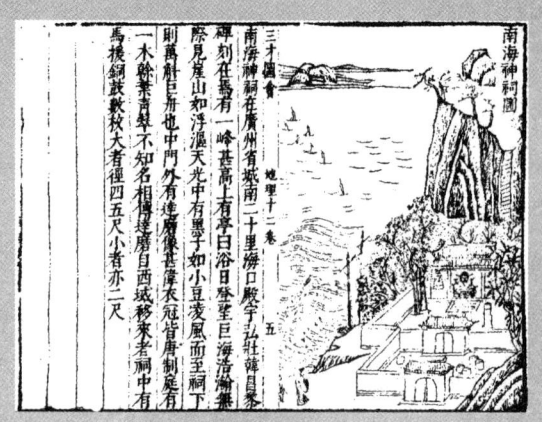
明代《三才图会·南海神祠图》

清光绪八年《波罗外记·南海神庙图》

易为石牌坊的。① 孤零零地立在一大片空地上，四周没有围墙，眼前一片开阔。约在 20 世纪末，在牌坊两边建起了高约两米的围墙，向东西两边延伸，本在庙外的牌坊便似乎成了神庙的大门。

据当地长者说，建牌坊之时，牌坊以南不远处即是水域，海舶抛锚系船的地方。"神祠据海，一望天际混茫，惊涛怪浪，飓风阴霾，不时狂起，摧山拔树……"② 不过到清代中期时，已淤积成大片田地，绿色一片，直向南伸延。

牌坊以北，便属神庙的地方了。

神庙的主体建筑为五进院落式布局。南北向中轴线上，由南往北依次为头门、仪门、礼亭、大殿和后殿。当年庙里树木繁茂，郁郁葱葱；虽历经数百年战乱、动乱、人世沧桑，至今尚存多株巨榕，还有古木朴、山牡荆等古树名木，其中最有名气的是古木棉与波罗树。

清代时，南海神庙有古木棉树十多棵，明末清初著名学者屈大均曾写有《南海神祠古木棉花歌》古风一首，开头四句是："十丈珊瑚是木

---

① 〔明〕余志：《重修南海神祠记》，见《番禺县志·卷三十一·金石略四》（清同治十年）。

② 〔明〕余志：《重修南海神祠记》（成化八年）。

棉，花开红比朝霞鲜。天南树树皆烽火，不及攀枝花可怜。"① 同时代的著名岭南诗人陈恭尹也写有《南海神庙古木棉歌》，浓墨重彩地刻画了木棉的形象，最后三句是："六龙战胜各归来，髭须尽化玄黄血，不尔花红何太烈！"屈、陈两诗都是咏古木棉的名篇。

今庙内尚有三棵古木棉，两棵在仪门北面大院子的东西两侧。均枝干苍劲，虽不繁茂而显出勃勃生机。与附近亭廊树木相映衬，今神庙园林之景，此处为最佳。另一棵在昭灵宫后面西侧。据1934年出版的《广州年鉴》记载，1931年12月，就曾选定红棉为广州市市花。1982年6月11日，市政府宣布红棉为广州市市花。列举出来的第一条理由是：广州历史上盛种红棉，向有"红棉市"之称，越秀山上、南海神庙前至今仍保留许多株古老的红棉树。从中可见当年在选市花时所看重的"历史渊源"。

再说波罗树。南海神庙俗称波罗庙，这名称广为人知，连建于庙南珠江边的船厂也以之命名，就与波罗树有关。相传唐代贞观二十一年（647），印度摩揭陀国（又称波罗国，在今印度恒河以南贝哈尔地）派遣朝贡使达奚到中国朝贡。一天，达奚乘坐的船来到南海神庙前，就停泊在江上。达奚上了岸，进庙谒拜海神，并将从印度带来的二棵波罗树种于庙前。刚种完，还未等他起身离去，船上的人竟把他忘了，趁着海风满帆，开船走了。这个朝贡使于是"望而悲泣"，把一手搁于眉梢，看着远去的船，"立化庙左。土人以为神，泥附肉身祀之"②。当地人于是用泥涂裹了他的尸身，塑成立像，并奉为神。民间称之为"番鬼望波罗"。

清代时，在南海神庙中门左边，立有一座达奚的泥塑立像，后毁不

---

① 〔清〕屈大均：《南海神祠古木棉花歌》，见《广东地方文献丛书》，广东人民出版社1985年版。

② 〔清〕屈大均：《广东新语·卷二十五·木语·波罗树》，见《清代史料笔记丛刊》，中华书局1985年版。

存。现在南海神庙仪门东侧,则有今人塑的"番鬼望波罗"像,像前两边挂有一副对联:"蓝海驾帆来,深情长系波罗蜜;白云舒眼望,故国犹思摩揭陀。"

至于达奚所种的波罗树,在民间传说里,长到清朝时有数十围粗了。清嘉庆《羊城古钞》记载庙中的波罗树为"高三四丈,叶如苹婆而光润……亦大数十围"。事实上,原树早已枯死。那是原树的后裔,是后人补种的。从前出海者进庙祭神,同时也用酒拜祭波罗树,把它视为神明。

在今天"海不扬波"牌坊东北方,有一棵古波罗树的后裔,是1986年补种的。据称这是今天南海神庙的唯一一棵波罗树了。

历史上,广州的不少庙宇都遭受过兵祸火焚的厄运,而南海神庙大概是因为远离州城且又偏于江岸,似乎还没有找到它曾遭焚毁的记载。民国前期,庙院尚属完好。1962年7月,南海神庙被公布为广东省文物保护单位。"文革"期间,遭到严重毁坏,几成赤地,并被占用。

1985年,广州市文物管理部门接管了南海神庙,广州菠萝庙船厂退出所占用的庙地。1986年,开始进行大规模修葺,历时五年,至1991年2月8日基本完工。这是近150年来对神庙进行的一次规模最大也是最全面的修葺。大体上恢复了明代时的模样。

中国古代曾有东、南、西、北四大海神庙,南海神庙是今天仅存的一座了。

南海神庙一带过去曾古木成林,现在神庙内仅剩下了上述数株古木,再加面积缩小,围墙相隔,古园林之景色已无复旧观。幸好今天古木虽减少而院内四周新树蓬勃,有墨绿,有青翠,长得如盖如伞,仍然能在庙头村一大片密密麻麻的楼房中显出一大片苍绿来,远看便能让人感觉到那是一处清幽的所在——在广州市的寺庙中,南海神庙确是一处清幽的所在,由于它远离市区,交通不便,名气不大,除神诞外,平日游人不多。你在里面看不到很迷人的园林景色,但可以感受到一座千年古庙的空旷、宁静与幽谧;可以坐下来慢慢体味,不会像在光孝寺、六榕寺等寺庙那样总有人在你面前晃动。

今天，神庙南面修建了大广场，农历二月十三日南海神诞，届时在此举办各种庆典活动。神庙之西南侧百步之外，屹立一小山岗，名章丘，树木葱茏。丘顶建有浴日亭，乃宋元两代羊城八景之一"扶胥浴日"所在。但不属古庙范围，不述。

**开元寺·元妙观**

开元寺，前身是开元观，约建于唐代中期。故址在今广州市西门口以东，过了光孝路不远处，即今天的中六电脑城一带；亦有资料记为在今海珠北路祝寿巷。由此来判断，当年这古寺观的面积至少在两万平方米以上（初建时这一带是州城西郊乡野地，并无民居）。南面不远便是唐代外侨聚居地蕃坊（今光塔路一带）。

唐天宝八年（749），高僧鉴真被广州太守卢奂从桂林接到广州。皇帝下诏留鉴真在广州开元寺供养。可见当年开元寺是非常著名的佛寺。唐后期著名传奇《崔炜》，记七月十五中元日，"番禺人多陈设珍异于佛庙，集百戏于开元寺"，寺中有商家店铺。当年开元寺并非在城中，而是在城外西郊，却已是一个热闹的所在。

北宋真宗皇帝崇尚道教，大中祥符二年（1009）十月，朝廷下令全国州郡"无宫观处建天庆观"。原为佛寺的开元寺便被改为道观天庆观。北宋皇祐四年（1052），侬智高率兵围攻广州城五十多天，未能攻下；七月，洗劫广州城外后退兵。天庆观在这场战乱中被焚毁。"观宇悉为煨烬，于是荒残。"① 当时尚未修筑西城，天庆观是在州城以西约两里地。

---

① 〔北宋〕佚名：《广东重修天庆观记》，见《南海县志》卷十二《金石略一》。

北宋治平年间（1064—1067），三佛齐①国王地华伽啰自愿出资重修天庆观，并铸造大钟，还为该观购置了许多地产，作为庙宇经费。工程始于治平四年（1067），耗时十二年，至神宗元丰二年（1079）才全部完工，可以想见其工程之浩大。其间西城于北宋熙宁四年（1071）修筑完成，天庆观本在城外，现在则在西城内，为一座规模宏大的道观。"莫不规模宏备，焕若洞府，清风时过，铃铎交音，晴日下临，金碧相照。"②

在重修期间，又有到广州贸易的三佛齐国官员、商人为此观捐资。这就是广州历史上有名的"三佛齐修天庆观"事。

天庆观重建后21年，北宋元符三年（1100），广州来了一位名人，那就是大文豪苏东坡。他当时便寓居天庆观内，为观内的众妙堂写了篇《众妙堂记》，述堂名之由来。后勒石，立碑于广州惠爱街祗园。③ 并在古观的西庑（古代殿堂下周围的房子）开凿了一口井泉，后人称之为"东坡井"，又称"苏井"。相传凿时得到一块石，形状如龟，泉随之涌出，清冽亚于光孝寺内的达摩泉，因而该井又名"东坡泉""龟泉"或"石龟泉"。④

后来天庆观改名玄妙观，观名源于老子《道德经》中的名句："玄之又玄，众妙之门。"在古代，"元""玄"二字通用，故又名元妙观。在后世的史志文献中，开元寺、天庆观、玄妙观、元妙观诸名称常常混用，指的都是这座古观。

南宋绍兴年间（1131—1162），折彦质因得罪秦桧被谪贬至广州，

---

① 三佛齐在今印度尼西亚，一说即今苏门答腊岛。唐代广州对外经贸的海外三大贸易伙伴，其中东南亚地区便是以三佛齐国为首。

② 〔北宋〕佚名：《广东重修天庆观记》（元丰二年）。

③ 碑文载《广州府志·金石略五》（清同治）。

④ 〔元〕吴莱：《南海山水人物古迹记》，见《全元文》，南京凤凰出版社2005年版。

在开元寺凿井得泉，时人称"居士泉"，又称"折公泉"。明天顺四年（1460），黄谏撰《广州水记》，称广州有十大井泉，居士泉排第九。水甚甘美，远胜苏井（东坡泉）。

南宋末，元兵攻打广州城，天庆观毁于兵燹。观毁，像、祠亦毁。元大德年间（1297—1307），宣慰使答剌海重修元妙观（天庆观）。观后来再次毁圮，未确何年。明洪武初年（1368），征南将军廖永忠重修玄妙观。观之东侧后来置南海县衙（今存旧南海县街，即其地），中隔观堂街（今海珠北路）。明天顺四年（1460），在玄妙观设提督府行台，并修建了正堂。万历二十一年（1593），道教徒众捐金募缘重建了观中的玉皇宝殿，后辟行台的左面建壮猷堂，做来省城办事的官员的馆舍。

整个明代，玄妙观不但没有遭到什么灾难，而且不时修葺扩建。寺地宽广，殿宇宏伟，亭台楼阁掩映于花树丛中，为当时广州城中一处著名的游览胜地、寺庙园林所在。明代羊城八景之一"琪林苏井"就在

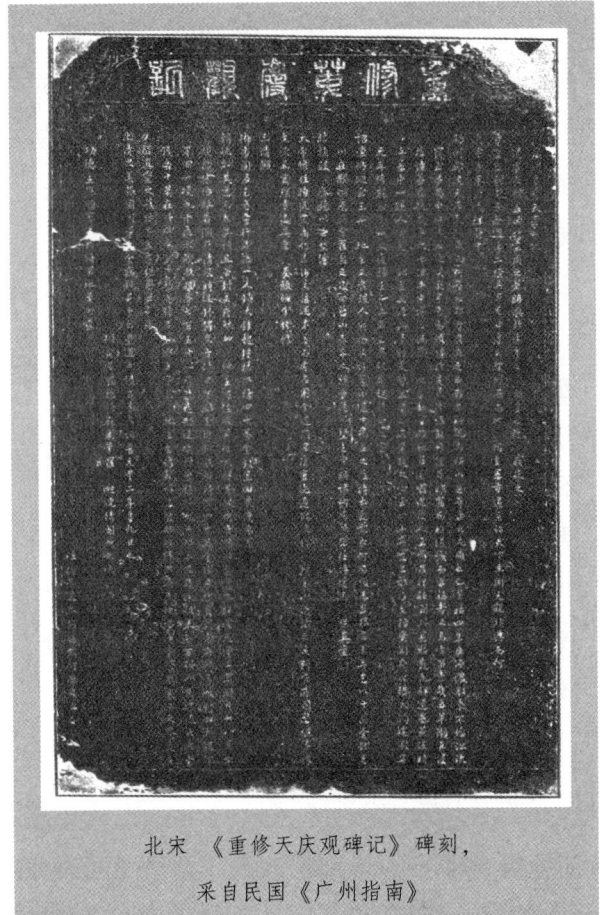

北宋《重修天庆观碑记》碑刻，采自民国《广州指南》

此观。景有二说。

一说，当时观内有琪林（一作琳），即所谓"玉树"，相传是仙家所植的仙树。这琪林与位于古观东庑的苏井（苏东坡寓居时所凿龟泉）合为一景，便成了"琪林苏井"，为当时广州城的一大名胜。其实，这应是指当时整个古观的景色而言，如"光孝菩提"并非只是指光孝寺中那棵菩提树一样。

二说，认为琪即美玉，琪林即"玉石之林"，当时古观前有琪林门（玉石之门），观内有苏井，以泉水清冽而著称，还有南汉王父子铜像等古迹，再加古观经重修，焕然一新，香火甚盛，故成一景，名"琪林苏井"。

不管哪一说，都是指整个古观的景色。

清代时，元妙观坐北朝南，大门前有空地，再南不远即惠爱大街（今中山六路）。民国时，观地被民宅逼占，范围缩小，园林景观已不存。1938年10月，日寇侵占广州，把古观改为仓库，观中文物受到严重破坏。抗日战争胜利后，古观逐渐形成为市场，当时中山六路称惠爱西路，故称惠爱西市场，后来干脆称惠爱市场，古观终于湮没，荡然无存。

**五仙观**

广州惠福西路北侧有一座历史已逾六百年的古建筑，名五仙观，或称五仙古观，是为纪念传说中的五位仙人而修建的谷神庙。所谓五位仙人，乃源于有关广州城的最为古老的五羊神话。在历代著述中，有关这个神话有着各种不同的记载。今人多取清初屈大均《广东新语·卷五·石语·五羊石》的说法："周夷王时，南海有五仙人，衣各一色，所骑羊亦各一色，来集楚庭，各以谷穗一茎六出留与州人，且祝曰：'愿此阛阓，永无荒饥。'言毕，腾空而去，羊化为石。"① 广州简称穗，又名

---

① 楚庭：广州古称。阛阓：市场，也指街道。

穗城、羊城或五羊城，还有一个今人已不大说的别称"仙城"，都是源自这个"五羊衔谷穗于楚庭"的神话传说。今天广州专门纪念此五仙人的建筑，惟有此五仙观。

20世纪30年代初五仙观供奉五仙的殿宇

广州人什么时候开始祀五羊仙，史志无载。

有文字记载的广州第一个五仙观建于北宋初期，故址在今北京路财厅前西侧，当时此地名十贤坊，因建有十贤堂而名，即当时人们认为五仙从天而降之处。

北宋初年的诗人古成之于雍熙间（984—987）曾游览此五仙祠，并写了《游羊城五仙观》及《广州五仙观》两诗。据诗中描述，当时的五仙观是处在一片园林之地，竹丛处处，花木时荣，芝田药圃，桃花香暖。并建有池塘，池中白莲吟风雨，景色是十分的幽雅静寂，乃州人休憩之地。观中有五仙人石像，州人奉之为谷神。而据在北宋元祐二年至四年前后（1087—1089）任广州知府的诗人蒋之奇咏五仙观诗，可知当时观内塑有五仙人骑着五羊的石像。

后来州官要整治州舍，便把五仙观迁到了别处。据说此后"岁多盲风怪雨，疫疠间作，或海溢水潦为患"①。北宋政和三年（1113）经略史张劢出任广州府监军，把观迁回旧址，新观修了一年，从政和三年

----

① 〔北宋〕张劢：《广州重修五仙祠记》，见《广州府志·卷一百零一·金石略五》。碑在五仙观。

(1113)八月修到政和四年(1114)八月。

南宋时,五仙观仍在十贤坊。到南宋后期直至整个元代,五仙观被迁建于古西湖畔,约为古西湖东岸,子城直街(今北京路)西侧,或说就在西湖药洲(现在的南方剧院北侧犹有药洲遗址在),以原奉真观改为五仙观。这时的五仙观,是在原南汉皇家园林的南宫区,临西湖,别是一番风光。

明初洪武元年(1368),平南将军廖永忠攻下广州城,寓居五仙观中,却不慎失火,把整座古观焚毁了。随后重建。明洪武十年(1377),当时的布政使(掌管一省之政令与财赋的高官)赵嗣坚(或记为赵子坚)把观址改作了广丰库(一说永丰仓),同时把五仙观迁建于今惠福西路北侧的坡山现址(相传五仙降临于此),并另塑了五仙像祭祀。当时,仙羊所化的五石已为人窃去。① 而在此前三年,即明洪武七年(1374),广东参知政事汪广洋在坡山顶上修建了一座"岭南第一楼",五仙观就新建于此楼的前面(南面),近在咫尺,彼此相连。此楼后来便成为五仙观的一部分,至今仍是。

观凭坡山地势构筑,坐北向南。时名通明阁,或名玉皇阁。观内塑五仙骑羊像。为当年广州城内著名道教建筑。自迁建于此后,再无易址。登上岭南第一楼远眺,可见"万顷烟波涵碧落,四川云气霭清秋"的壮观景象。

明代时的五仙观,曾经多次修葺,香客络绎不绝,为著名道教丛林。观内观外,古树参天,浓荫蔽地,花木繁茂,岭南第一楼、真武殿、三元殿等楼阁参差错落,掩映其间。有白莲池,可以泛舟。所谓烟霞堆里,楼观崔巍,芝草绿台,碧桃洞花。"篁声送天籁,花影满云台。"② 大片园林,环境十分清幽。其最著名的景观,乃"穗石洞天",为明代羊城八景之一。

---

① 〔清〕顾炎武:《肇域志·广州府》,上海古籍出版社2004年点校本。
② 〔明〕郭棐:《坡山》。

## 第二章 寺观园林

穗石位于坡山脚。坡山是广州老城区唯一残存的天然岩石露头。远古时代，坡山是个四面环水的小岛，底部长期受海水回旋冲刷的侵蚀，形成了很多大小不一的瓯穴（瓯状洞穴）。其中东侧原生红砂岩石上有两穴，特大，并互相连通，北大南小，共长3米，宽1.2米—1.3米，深1.18米—1.5米，二穴相连处较浅窄，合起来就呈现一个巨大的脚印形；尤其是"脚跟处"更惟妙惟肖。而分开看也形如足印，大穴如人足，小坑如羊蹄。穴中碧水泓然，虽旱不竭。这是远古时代珠江洪水期的流水冲蚀的天然痕迹。其形成时间，据说上限达4万年，下限为1500年前。自古相传坡山是五仙人降临广州之处，后人于是发挥想象，认为这是五仙人降临时留下的遗迹（脚印），古代广州的"仙迹"之一。这就是"穗石"，又称"穗石洞"。今石广丈余，属红色砂岩露头，总有一泓清水，终年不竭，至今仍是，因为凹穴下确有一泉眼，名叫陀泉，是研究广州地下水分布情况的重要依据。

后人为此胜迹修了个大池（建于晚明前，确切年份难考），俗称"仙迹池"，四面砌麻石为壁，正面壁上嵌一石匾，上刻"仙人蹈迹"四字，正楷，至今犹在。是五仙观中一个重要景点。

坡山经历了广州老城区的沧桑变化。随着沙泥淤积，城区扩大，江岸南移，到两晋时（265—420），此地成了珠江江岸，坡山脚是渡口，史称"坡山古渡头"。以后江岸继续南移，现在这地方南距珠江江岸已达1100米了。这"仙迹"可以让人形象地感受什么叫沧海桑田。明成化二十年（1484）进士张诩《坡山》诗咏："坡山高哉凌紫烟，下有穗石一洞天。……我来乘风登其巅，下观沧海变桑田。"

这就是"穗石"的来源——源自五羊化石的传说。"昔有五仙人，持穗骑羊降此。仙人去而羊化为石，故名穗石洞。"[①] 这"穗石洞天"一景与"仙人蹈迹"其实是合二为一的：一泓碧水中的那块有瓯穴的大石，被加上了神奇的想象。其意取自北宋初年古成之"人间自觉无闲

---

① 〔清〕屈大均：《广东新语》、〔清〕李调元：《南越笔记》。

五仙霞洞，
采自清嘉庆《羊城古钞》

地，城里谁知有洞天"的诗句。此景并非单指此石，而是兼指整个五仙观的美景。

清代，五仙观曾经多次修葺。据清雍正《古今图书集成·广州府部》载，当时的五仙观颇具规模，内有玉皇阁、五仙祠、三元殿、老君堂、慈悲堂、真武殿、文昌阁、洪圣殿、金花庙、孙圣殿、关帝殿、御风亭、仙人跗迹、穗石亭、丹井、祖师坛等十几座宫观名胜。巍峨壮丽，古朴典雅，气象万千。清咸丰时（1851—1861），有洋人绘《广东省城图》，标记五仙观为"T. of 5 Genii"，直译就是"五鬼庙"。该图所标寺庙不多，可见此观在当时是著名的宫观。

"穗石洞天"一景在清代仍为羊城八景之一，称"五仙霞洞"。"五仙"指五仙观。观处闹市之中，而观里各亭台楼阁各有胜景。坡山在清代时占地面积仍颇广，山上树木葱茏。《木棉史》中记载羊城古木棉八景点，五仙观是其中之一。晚清胡鹤《羊城竹枝词》有"当年剩有红棉树，二月棉飞三月风"句。可见五仙观木棉树之高大茂盛是很有名的。

清嘉庆《羊城古钞》卷首附有"五仙霞洞"图，把当年的整个广州城画得如蓬莱仙岛一般，而这五仙古观连同岭南第一楼更是雄居城中坡山高地之上，四周"仙气"腾腾。画得无疑有夸张之处，但可知当年这一带确曾有云蒸雾蔚之气象,非今天所能想象了。至于那"洞",只可看作一种意象,仍是取古成之诗意:"人间自觉无闲地,城里谁知有洞天。"①

  清代,有坡山八景之说,可惜今已不知其详。清雍正举人杭世骏有诗《题马都统瑞图坡山八景图》,诗中有"茂树日高犹弄影,碧池风起自生澜。幽禽唤客花侵座,诗将吟秋月浸坛"句,可让后人想象当年五仙观所在的坡山那花木繁茂的园林景象。

  民国后,道教趋于式微,五仙观渐衰落。随着民居渐侵,古观范围日渐缩小。1923 年,五仙观占地面积仍有 4600 多平方米。是年,广州市政厅为筹备军饷,拍卖五仙观。中山同乡会集资买下五仙观做会址,遣散了观内道士,在"仙迹池"畔开办了中山同乡会小学。古观得以保存。自此到建国后市文化局接管,观内再无道士留守。作为道观,已名存实亡。抗日战争时期,广州沦陷,五仙观愈渐衰败。

  1949 年后,五仙观内最初开办了广州市第一工农子弟学校,1953 年改名为惠福西路第一小学。1963 年定五仙观为市级文物保护单位,但当年并没有得到切实的保护。"文革"后的五仙观,占地面积只剩下了约 500 多平方米,东西斋部分旧建筑后来更成了民居。

  20 世纪 80 年代,五仙古观重加修葺后对外开放。1989 年 6 月,五仙观及岭南第一楼公布为广东省文物保护单位。当时的五仙观陷于众多破旧民居之中,门前只有一条三米多宽的通道(西斋巷的南段),形成一个无序的自由市集,两边多是挨挨挤挤的破烂居民房。当时的五仙观只包括后殿和钟楼两处地方。1999 年,在五仙观成立越秀博物馆,全观再次修葺,并于是年 9 月 28 日正式对外开放。而观外环境的真正改善则在新世纪时出现。

---

  ① 〔北宋〕古成之:《五仙观》,见杨资元、黎元江主编:《英雄花照越王台·甲编诗词·宋诗词》,广州出版社 1996 年版。

清末民初五仙观

2002年9月底,一期工程完成,建成仪门前广场,修复了仪门、东廊及东斋园,复建了西廊和西斋园。广场及周边环境进行了绿化整饰。2004年1月15日,五仙观广场首期工程完工。总面积3000平方米。古观前的旧民居已拆除清理,西斋巷、坡山巷已成平地,乱摆卖的现象已经绝迹,寺前"五仙观文化广场"景观开阔,颇有绿树庭院的气象。这是广州市区最大的文化绿化广场。2008年,五仙观占地约1.089万平方米。2011年,对岭南第一楼——五仙观大殿进行整体维修。

今天的坡山,尽管范围比古代小得多,仍是花木繁茂,保存有一方园林景观,供游人观赏。此外,游览五仙观,可以观赏明代建筑古迹①及幸存文物;可以感受广州城沧海桑田的变迁,探求一下羊城得名的由来,予人一种远古至今,岁月悠悠的感觉。是为特色。

### 浮丘石·浮丘寺·浮丘丹井

浮丘石又称浮丘山(史志中"浮丘"亦写作"浮邱"),是古代广州城西珠江中的一座石岛,著名"羊城三石"之一,古人视为广州城

---

① 五仙观大殿和后殿是广州保存较好的典型的明代木构架建筑,这在今天已经不多见了。

"地之肺也"①,即喻之为大地之骨。故址位于今天广州中山七路东段,东距西门口约250米,其北端入将军里,南端至李家园,由白垩纪红色砾岩和粉砂岩构成;特坚硬,故成一片山丘,形如浮于水面的小丘,古人便按其状而取"浮丘"之名。

浮丘石故址现距珠江江岸两公里多,唐代前,却是四面环水的石岛,为船舶停靠之地。约于唐末与岸相连,四周一带已基本淤积成陆。且已有民居。其东面是明显的高地(今人民路一线)。向西则下降入西关平原;而西关平原是低平地,唐中叶前是整片的沼泽地,水乡泽国。直到清初,自浮丘石至西场仍多池塘。

浮丘伯,采自明代《三才图会》

北宋熙宁四年(1071)修筑西城之前,浮丘石东距州城近三里,是城西郊外地。修筑西城后,距西城便不足半里了。南宋年间番禺县尉方信孺撰《南海百咏》载,当时的浮丘石"在郡西,其高一丈五六尺(合五米多),周四百余步"②。可以想见当年站在今天的西门口向东望,浮丘石隆起在城外之状。

---

① 〔清〕屈大均:《广东新语·卷五·石语·三石》,见《清代史料笔记丛刊》,中华书局1985年版。

② 步,长度名,约5尺。1尺为31.2厘米。四百余步约624米。

奇妙的是，当年广州城西的这座浮于江中的小岛，因其烟波浩淼，云霞变幻，迷茫飘渺的景象引发了宋代以前的文人骚客幻觉般的遐思。《南海百咏》说浮丘山"为神仙窟无疑"，清初文史家屈大均则称浮丘山是罗浮山西面的门户。在道教里，今天罗浮山的朱明洞被称为天下第七洞天，说它与天下名山是相通的。

晋代时，浮丘山四面环水。山下有井，名珊瑚井，相传东晋著名道家、神仙理论奠基人葛洪在此炼丹，并饮此井之水，当时有南海神从井中出，赠送一株珊瑚与他，因而得名。留下了"丹井"古迹，另一传说是：罗浮山仙人浮丘曾在浮丘石上炼丹得道，并掘有此口供仙人炼丹用水之井，后人便称之为"浮丘丹井"。不管是谁掘的，哪位仙家用过的，总之井是存在的。

各种有关浮丘公的神话传说今天听来似乎荒诞不经，不过从宋代到明代，浮丘石上确曾修筑过不少亭台楼阁，形成过一片园林美景，所依据的正是这些神话。北宋神宗年间（1068—1085），当时的广州经略使、撰写有《广州十贤传》的诗人蒋之奇在浮丘石上建筑了朱明馆（或称朱明观），馆中有挹袖轩、白云堂，说那里是"浮丘上人得道之地，有双舄故事，其为神仙之窟无疑矣"。又建玳瑁亭、挹袖亭，"楼观松篁，参差掩映"①。这是有文字记载的浮丘石上的最早建筑。浮丘石一带成了广州城西的游览地。

朱明馆后来毁圮。元至元年间（1271—1294）重建。

在明代万历（1573—1620）前，诗人李时行曾在此地建浮丘草堂闭门读书，后毁圮无存。

明代隆庆戊辰（1568）进士，为官耿直的陈堂遭贬，回到广州城奉母家居，筑亭馆于浮丘山麓，称朱明洞。

明代万历八年（1580），侍读学士赵志皋谪官广州，当时浮丘石一

---

① 〔明〕赵志可：《浮丘社记》，见《广州府志·卷五十·艺文碑记类》（清康熙十二年）。

带的景象是广野之地，翳林茂竹，池沼花圃，云气苍茫，丹井犹存。而前代所建的一切建筑当时都已没有了，只剩下一片林木。赵志皋"询得其实"，便在浮丘石上大兴土木，"辟而拓之"，修建了朱明馆（由此可见，元代重建的朱明馆当时已毁圮），馆中有浮丘和葛洪二仙祠，并塑了他们的像，又根据浮丘公与王子晋吹笙得仙的传说，建造了紫烟楼，楼左面建吹笙亭、大雅堂，楼右面建听笙亭，又建晚沐轩、挹袖轩等。

吹笙亭前开凿方池，池岸建一楼阁，"为郡西游赏胜处"。还在山上山下栽植了荔枝、梅、竹等各种花卉植物，后建留舄亭，辟后乐园。"飞甍连陛，绮窗交疏，裱绿成荫，潴水涵碧，宛然一洞府别境也。"① 此外还有陈锡在浮丘山南麓所建的天游精舍。使这座小石山丘成了一个园林美景、游赏胜地。文士们在此开浮丘诗社，酬唱赋诗。赵志皋大规模开辟并建设了浮丘石，后来他离开广州上京（后官至礼部尚书），人们筑一亭，亭中置其鞋以作纪念。该亭百余年后尚在。②

万历二十九年（1601），督税太监李凤又在浮丘石上大兴土木，辟地三十余亩，创建道观广仁观（一名游观所，或说是将赵志皋所建的朱明馆改建）。晚明著名岭南诗人区大相有诗描述当年的景象："此丘往时在海中，三山烟雾晴蒙蒙。今日丘林带城郭，惟余海月一片挂长松。"③ 明末时，建于浮丘石上的广仁观被改建为浮丘寺，寺阶下有石桃二株，生长茂盛，树影扶疏，为数百年物。清道光初年《广东省城图》标有此寺，可见当年颇有名气。

浮丘寺约于清后期废。清末，在寺内设西关巡警第三分局。④ 寺址在将军里东侧，积金巷北侧，约为过去的中华电影院地。据1918年

---

① 〔明〕赵志可:《浮丘社记》，见《广州府志·卷五十·艺文碑记类》（清康熙十二年）。

② 〔清〕屈大均:《广东新语》。

③ 〔清〕仇巨川:《羊城古钞·卷二·山川·浮丘石》引。

④ 《南海续志》（清末宣统）。

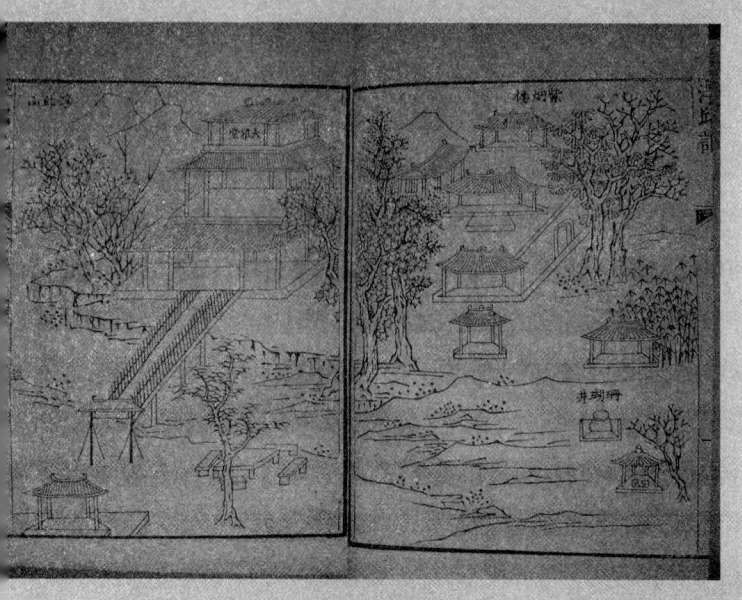

浮丘山图，采自明郭棐撰、清陈兰芝增辑《岭海名胜记》

《广州市图》标示，当时寺后面（北面）是警局西路第七区二分署。署东侧尚有大片空地，但园林之景观已不存。

明末时的浮丘山有所谓"浮丘八景"：紫烟楼、晚沐堂、珊瑚井、大雅堂、留舄亭、朱明馆、挹袖轩、听笙亭。可惜这些亭台楼阁到清雍正时（1723—1735）均已毁圮殆尽，可能是毁于清初兵燹（清兵攻陷广州城之战）。清雍正《古今图书集成·广州府部》载："（浮丘石上）仙灵窟宅，风雅遗踪，一朝俱尽，良可深惜。"所谓"浮丘八景"大概只剩下了珊瑚井。

珊瑚井便是葛洪在浮丘石留下的"丹井"，为浮丘山胜迹。清代时，重加修治，被定为羊城八景之一"浮丘丹井"。当时井旁遍生豨莶草，高三四尺，花黄似菊，叶可入药；农历三月初三上巳日，人们便来采集，视为仙草。这"丹井"本身其实并没有什么特别之处，它之所以成为八景之一，实在是以它来指代当年整个浮丘石的园林景色。清嘉庆《羊城古钞》卷首有木刻"浮邱丹井"图，画出来的也是一口普通的井，只是把整个浮丘石画得如在深山，一片仙气弥漫。此景跟穗石洞天、五仙霞洞二景一样，暗寓广州的神话传说。所谓"仙人知阅几沧桑，井干鬈需石发长。……云霄一去骑孤鹤，城郭重归认五羊"[①]。

浮丘石上曾有过的所有景物到民国修马路时便荡然无存了，那时凿

---

① 〔清〕李征蔚：《浮丘井》，见《学海堂四集》卷二七。

低了浮丘石作为路基，这就是今天中山七路东段。在辟路之前，其地势仍呈高坡状。现在人们走过光复路与中山七路相交的十字路口，继续向西走，在1998年以前，这里有一个很明显的斜坡，那就是浮丘山的遗迹。

1998年秋冬扩建中山七路，同时把这个大斜坡填高了很多，成了一个相当平缓的斜坡了。浮丘山的痕迹几乎消失干净。今天站在此地举目四顾，东西方向是一条已拓宽的中山七路，南北方向是马路两旁密密麻麻的楼寓，实在很难想象这里曾经四面环水，烟雾迷茫，船舶纵横；这里曾建过不少亭台楼阁，遍植花草。当年的所有形迹都已湮入历史的尘烟，消散无踪。

1982年，广州城西的流花湖公园的中心位置建了一个"浮丘岛"，面积5000平方米，名称就取自上文所讲的浮丘石掌故，今存。

### 萝峰寺·玉岩书院

萝峰寺在今广州罗岗区萝峰山，东距广州市中心约30公里。

萝岗山丘绵亘十余公里，谷地幽邃，最深处一峰高耸，称萝峰。峰顶有一状如印玺的巨石，名"玉玺远眺"，几股清澈的山泉顺着山势涧道曲折下泻，是为萝坑。萝峰寺即在坑下。此地群峰环绕，层峦叠翠，怪石嶙峋，山泉涓涓，水清石奇，地形有如陶渊明笔下的桃花源。

宋代时，此地遍种梅树、荔枝，素有"果乡"之称。隆冬时节，梅花如雪，景色宜人。明清时已是旅游胜地，称"小罗浮"，大暑时荔火流丹，秋深时橙黄桔绿，小寒则梅花泛白，以"香雪"和甜橙闻名。

南宋隆兴元年（1163），在山泉流经的山腰处建了一座佛寺，名种德庵，由钟遂和出资兴建，用以延师讲学，因位于萝峰山下，后称萝峰寺，又名萝坑寺。

钟遂和第四子钟启初（字圣德、号玉岩）与后来官至右丞相的崔与之青少年时在种德庵读书。钟启初于南宋开禧元年（1205）中进士，官至参议中书省兼知政事，嘉定十二年（1219）告老还乡，在旧读书

20世纪20年代萝岗玉岩书院

处筑萝坑精舍,为书院式青砖木混合结构楼房,依山临谷迭砌,供族中弟子读书,并与崔与之在此讲学,建亭台楼阁诸胜。

元朝时,钟玉岩后人钟复昌扩建精舍并改名为玉岩书院(亦有写作玉喦书院),为广州历史上最早的书院之一。与东侧萝峰寺连为一体,故又称萝峰书院,寺旁有"漱玉听泉",并塑玉岩遗像于此,"衣冠严肃"。① 后相继增建萝峰寺大殿、侧殿以供奉诸天神佛。又建两亭、文昌殿、天尊堂、余庆楼、漱玉台、司马、石岩玉屏诸景。

院寺回廊曲折,重楼叠阁,亭台池苑,环境清幽,与山林绿野融为一体,成一古朴雅静的学院园林。明代方献夫称之为"满山形胜"。湛若水《萝峰寺》诗形容:"云闲古寺僧无语,花静平林莺自啼。几处流浪穿石细,无边飞翠隔林迷。"② 可见当年萝峰寺一带是何等的清幽。清代时,书院门外有古松二株,高十余丈,据说是宋代遗物。③ 现在古松没有了,山上倒有一株千年古荔,据说是唐朝之物。

清代萝峰寺是广州的旅游胜地。现存书院建筑便是清代建筑。总体布局巧妙而富于变化。以余庆楼、玉岩堂为主,左右建筑物相辅,主次分明。因山势而高低错落,横向铺开,并以深邃曲折的回廊连贯全体,处处奇花佳木,内外翠色交融。山泉清溪分级导入观鱼池。每当皓月横

---

① 《番禺县续志·卷十·萝峰书院》(清末宣统)。

② 杨资元、黎元江主编:《英雄花照越王台·甲编诗词·元明诗词》,广州出版社1996年版。

③ 《番禺县志》,邓光礼、贾永康点注,广东人民出版社1998年版。

空，山光如画，景色绝佳。"山楼夜色"曾为萝峰四景之一。

今玉岩书院与萝峰寺，二者连为一体，占地共1348平方米。书院的余庆楼、玉岩堂、萝坑精舍、东西斋，与萝峰寺的观音殿、天尊堂、韦驮香座、僧寮、僧厨等檐廊相接，寺外大路上有一座"入胜"牌坊，过此牌坊即渐入林木葱茏的佳境。书院南向，两层的门楼即余庆楼，巍然屹立在山坡上，门前石阶高数十级，东西两翼为平房，稍向前突出，有"萝峰""种德"二门相对。

寺东门外，有建于清代的四柱歇山顶的东亭、两进深的文昌庙、"天衢云路"花岗岩石牌坊，以及候仙台、千年古荔、百年九里香等古木名花，并有"东亭""玉屏""漱玉"等奇异石景可供欣赏。其中千年古荔据说是唐朝末年栽种的，其树龄居广州古树名木之冠，至今还在开花结果。此外还有金花庙、流觞石、跳坡石、三品石、点燃石、石榴香溪等胜迹。

《木棉史》中记载羊城古木棉八景，玉岩书院是其中之一，可见当年书院中的木棉树是长得非常繁茂且有相当名气的。

1958年，萝岗划入广州市辖区，扩种青梅林60多公顷。当时山坡水边，栽上三四重梅树，成百亩梅林。疏影横斜，苍虬古劲，暗香浮动，景色幽雅。每年冬至梅花盛开，雪白芬芳，清溢沁人，与四周青山相衬，蔚为"香波雪海"。每当梅花飘落，远望似雪花飞舞，被誉为"香雪"，此景自古已有，清番禺人区丕烈《游萝峰谒前贤宋大夫》诗便有"千岩瀑布经霜卷，一洞梅花带雪香"句。① 1962年，"萝岗香雪"一景入选羊城新八景，与龙洞琪琳同为广州园林美景的代表。"萝岗探梅"曾兴盛一时。

玉岩书院于20世纪80年代重修，对外开放。1983年8月，广州市政府公布玉岩书院（包括萝峰寺等）为广州市文物保护单位。1980年

---

① 杨资元、黎元江主编：《英雄花照越王台·甲编诗词·元明诗词》，广州出版社1996年版。

玉岩书院千年古荔,据传是唐朝之物

后桔橙价高,农民去梅种橙、荔枝及其他果树,梅树渐少。到 20 世纪 80 年代中期,"萝岗香雪"一景正式走向衰微,再加天气变暖,梅不开花,此景最终消失。21 世纪初建萝岗香雪公园,占地 80 公顷,重新大量栽种观梅、黄梅等品种的梅花树,再现"萝岗香雪"美景,于 2003 年"五一节"期间开放。同时种植大量荔枝树,加上有萝峰寺、玉岩书院,萝岗已重新成为一个具有书香特色的游览胜地。

## 禺山关帝庙

禺山关帝庙故址在今城隍庙遗址西侧,旧广州市文化局所在处。前身是禺山书院,南宋嘉定年间(1208—1224)建,是广东第一间制度较完备的书院,正式有了讲学之举,因而著名。明代名宦海瑞曾在此读书。清代乾隆时(1736—1795),禺山书院被改建为关帝庙,每岁春秋仲月吉日(初一日)、五月十三日,各官来此祭关帝。

禺山关帝庙所在一带是州城中心山岗地,清代时人们称为高坡。坡上多松柏,一片林木,郁郁葱葱。清代时,为羊城八景之一"孤兀禺山"所在。

这"孤兀禺山"大概是在清代前期入选羊城八景的,那时这个在平地上崛起的土坡林木茂密,松柏映翠;它位于广州府城中心,在四周大片低矮的楼房中突出一山丘的青绿,引来鸟禽鸣唱,有时出现云气缭绕;再加坡上有城隍庙、关帝庙等古迹,成一城中寺观园林地,是为此景。清嘉庆《羊城古钞》卷首有木刻"孤兀禺山"图，图中这小岗丘耸起在城中，云雾在四周飘荡，颇为引人入胜。不过到了清代后期，这景色肯定已大为逊色，因为"禺山上，旧多松柏，今无存"①了。至于今天这高坡一带，早已全是街道楼房，却是没有几棵树，实在令人难以想象当年的景色了。

羊城八景之一孤兀禺山，
采自清嘉庆《羊城古钞》

关帝庙到民国前期尚在。② 后毁圮不存。

### 越秀山关帝庙

古代广州有多座关帝庙，其中名声较著的一座在越秀山南麓，今应元路西段北侧，三元宫之西侧，祀关羽。

元代时，关帝庙建于武安街（今马鞍街）春风桥附近。明代初年，都指挥李原将之迁建于粤秀山南麓。岁久颓圮。景泰五年至七年

---

① 〔清〕仇巨川：《羊城古钞·羊城八景》，见《岭南文库》，广东人民出版社1993年版。

② 见1918年《广州市图》。

（1454—1456）重新修葺，并"修复岁月欲馋之石"。① 明万历十七年（1589），钦差总督两广军务刘继文来庙拜关帝，并在庙西侧建张桓侯庙，后人又称张侯庙、张将军庙，祀关羽的结拜弟弟、名将张飞。

清顺治十一年（1654）、清康熙六年（1667）官府曾修葺张桓侯庙，"庙貌巍然"。当时关帝庙则是殿宇巍峨，绣瓦雕楹，与张桓侯庙同据形胜之地，北倚越秀山，南望珠江，为广州城北著名的形胜之处，闻名于岭南。

据清雍正八年（1730）子瑛和南《重修张将军庙前包台碑记》的记载，当时关帝庙前建有石阶，历阶而下，在庙的左侧有庙奉祀火神马王，在庙的右侧有庙奉祀张飞。庙前有房舍，是汉八旗中之镶蓝旗驻扎处。② 当时关帝庙不但祀关帝，还供奉佛像，既是道观，也是佛寺。

乾隆四十七年（1782）重修关帝庙，并在庙前筑照墙以相护。庙貌维新，巍然壮观。栋宇光华，阶墀石路，井口玉砌。客堂、僧舍、香积厨等，亦粲然一新，成名山胜地。春秋祀典，尤为加礼特隆。

关帝庙坐北朝南，倚山而建，红墙绿瓦，庙貌巍然，是一座有相当规模的寺庙。晚清时，庙所在的山岗称天寿岗，由庙门至大殿，石磴分作十余段，逐段而登，因为山势壁峭，不如此建造，不足以纡徐山势。磴道整齐光洁，两旁夹植高树，丛林一片，葱郁整齐，为避暑胜地。故人们又称此关帝庙为高关帝庙或高石级关帝庙。出庙下山为一大片空地，榕荫匝地，清风徐来，游人常在此休憩。当年此地一带，实为一处占地颇广的寺观园林。

1918年《广州市图》仍标示出此关帝庙。1923年1月，广州市立

---

① 《番禺县志·卷三十·金石略三·重修关将军庙记》，邓光礼、贾永康点注，广东人民出版社1998年版。

② 子瑛和南：《重修张将军庙前包台碑记》，见《南海县志·卷十三·金石略二》（清末宣统）。

第一甲种商业职业学校①自濠畔中约原实业银行旧址迁校于此清泉街关帝庙，关帝庙于是成了学校，但庙中神像仍存，仍为广州府城名声最著的关帝庙。陈济棠主粤时期（1929—1936），大倡复古，就曾在此关帝庙举行隆重的祀关帝祭典。当年广州民间有庆祝关帝诞的民俗，时在农历五月十三日②，届时人们在关帝庙贺诞，演戏、唱歌娱乐。

抗日战争时期，关帝庙渐毁圮不存。故址为今三元宫西侧地。

1934年陈济棠在越秀山麓清泉街关帝庙举行祀典祭祀关岳

### 永泰寺·东山寺·真武庙·东山庙

永泰寺是明代广州城东著名佛寺。太监韦眷建，故民间又俗称为"太监寺"。此地处广州城郭之东，寺又建于岗丘之上，故后来又名东山寺。今东山地名及东山区名即源于此。

永泰寺建成于明成化十六年（1480）。寺址在今署前路原东山区人民政府一带，明清时，此山岗称姚家岗，地理环境是岗丘起伏，绿树成片，浓荫遮日，附近有溪水清流，跟现在的地貌景观是大不相同的。今

---

① 这是广州公立最早的也是唯一的商业专科学校，即今广州市立商业学校前身。

② 另有资料称关帝诞辰为六月二十四。

寺贝底、寺贝通津、庙前直街、庙前西街诸地名，便是源于这永泰寺。

永泰寺的所在地在明代时叫永泰乡。明成化十一年（1475），韦眷奉命来到广州任提举市舶司。翌年（1476）冬十月，韦眷在此地营建佛寺，"其址纵豪十八丈有奇（余），衡（横）十六丈有奇"（明朝一丈合3.27米），占地约3000平方米，这就是永泰寺。历时五载，寺于成化十六年（1480）夏六月建成竣工。

全寺坐东向西，雄踞姚家岗之上。前有山门，金刚像站在两旁；进山门是天王殿，塑四大天王像，左右建角门。穿过天王殿是正殿（大雄宝殿），殿中供奉三宝佛，佛祖左右立阿难、迦叶及护法诸神。殿北有藏普庵，塑十八罗汉像，左悬钟，右置鼓。殿外周围砌石栏杆。正殿后是三大士殿，供奉文殊菩萨、普贤菩萨、观音菩萨。殿后还塑有达摩像、六祖像、二十诸天像。这是全寺东西向中轴线上的布置。正殿东面建伽蓝堂，西面建西归堂，其两侧又建有十六幢僧舍。后殿左右各有甘露亭和碑记亭。至于佛寺其他一切器物设施，一应俱备。整座寺庙殿宇齐全，颇具规模。环寺修筑高墙，刻雕藻绘，丹垩鲜明，金碧晃耀，可谓富丽堂皇。

当时寺的四周为丘峦起伏之地，寺前有溪水流经，寺南不远为珠江江岸。寺里寺外树木葱茏，溪流清澈，远离尘嚣，一派园林风光。在建寺的同时，韦眷陆续置买田园、房屋、地塘若干亩，全部归属本寺。寺建成后，又"恐年滋久，被人侵占，樵牧作践"，于是就向皇帝求援，"奏乞玺书护持之"。宪宗皇帝于是赐额"永泰寺"，严禁侵占寺之田土池塘，否则论以重法。同时还赐"玺书一道。置田五顷九十亩"[①]。

明正统十四年（1449），广州府南海县冲鹤堡潘村（今属顺德）人黄萧养聚众起事，分水陆两路攻打广州城达八个月之久，翌年战败死于

---

① 《古今图书集成·方舆汇编·职方典·广州府部·广州府祠庙考二》，见《古今图书集成》，中华书局、巴蜀书社1985年版。

白鹅潭。相传州城被围时，真武帝"屡著灵显"，使州城得免被攻破。时人愚昧，此"神迹"便传了下来。

明嘉靖四十年（1561），广东潮惠地区的海盗与倭寇相勾结，意欲进犯广州。广州绅民闻贼来犯，连忙迎接佛山祖庙的北方真武玄天上帝（简称北帝）来东山寺镇压"贼氛"。后俞大猷在粤东海面将倭寇击溃，广州得免战祸。广州绅民认为这又是北帝显灵，以保广州平安无事，于是将北帝神像留下供奉。"邑民共建"，在永泰寺的前殿（当为天王殿）供奉了真武帝像，这殿就成了真武庙，后俗称东山庙。

嘉靖四十二年（1563），修葺真武庙，据《新建东山祖堂记》碑载，当时真武庙又称东山祖堂，永泰寺又称东山寺。时人对真武帝十分崇拜，"遇上巳（农历三月初三），乡人祭赛甚盛"①。

当时的永泰寺、真武庙是东山一带最有名的寺庙，闻名广州，其范围大致北至今中山一路，南至今庙前直街，西至今署前路，东界约在今寺贝通津西侧。地域比初建时拓大了许多。是一处占地颇广的寺观园林地。寺庙外周围则仍属荒野。

再说供奉真武后百余年，永泰寺似乎已颇残破了。清顺治七年（1650）二月，尚可喜、耿继茂率清兵围攻广州城，直到十二月才攻破。当时负责攻打东门的是尚的部下、左翼镇总兵官班志富，位于城外东面的永泰寺就成了清兵的驻地，时间长达十个月之久。永泰寺遭此兵燹之灾，更是风烛残年模样。

相传在攻城期间，班志富生了一场大病。病愈后思报神恩。广州城被攻破后，班志富便对古寺大加修葺重建，并正式分割了前殿作为真武庙，寺与庙遂相分异。明嘉靖年间民众已称永泰寺为东山寺，故这真武庙亦顺理成章的被当地民众俗称为"东山庙"，而后殿便专称为东山寺。附近一带俗称东山，即源于此。

---

① 〔清〕汪永瑞：《广州府志》，见《广东历代方志集成》，岭南美术出版社2007年版。

1923年在东山庙旧址辟建的东山公园

那时永泰寺（东山寺）、真武庙周围的环境，是"前有松冈，虬鳞森映"①。直到晚清，这一带的地理环境仍是岗丘起伏，绿树成片，浓荫遮日，附近有溪水、池塘。据清光绪五年《广州府志》所附《省城图》，永泰寺在北，东山庙在南，整片地域，实乃一片寺庙园林，但没有多少人工修饰的痕迹，比如建个亭子、筑个楼阁之类，颇得自然之趣。寺庙四周，都是土阜、坟场、竹园、树林、稻田、鱼塘，间有疏疏落落的竹篱茅舍，人烟稀少。站在真武庙（东山庙）南望，可见前有龟冈，左有江岭。再往南，可见珠江省河的分流，中有香炉沙、大沙头、二沙头等沙洲。

这时，东山寺、东山庙正走向衰落，这与东山地区的大开发密切相关。晚清时期，外国教会开始在东山大办学校、教堂。进入民国，华侨开始独资或集资在东山购地建房、开马路，华侨住宅群日益兴盛起来，

---

① 〔清〕汪永瑞：《广州府志》，见《广东历代方志集成》，岭南美术出版社2007年版。

原来那种城郊乡野的景观逐渐消失。东山庙庙门南向，前有一个小山，形状如伏犀，叫龟岗，开发后成为现在的龟岗大马路。

在清末民初时，永泰寺北枕冈峦，南连真武庙，东接寺右乡（俗称寺贝底），寺门西向，就已成了警察分署的所在地（今署前路由此得名）。所谓古寺庙的原有风貌已丧失殆尽；再加古寺庙外周围原来的山岗田野逐渐变成了马路楼房，树木葱茏的园林景观也就逐渐消失。

1923年，在东山庙旧址基础上建成了东山公园，这是广州市最早，也是最袖珍的公园之一，从现存的当年照片看，当年的公园建有石栏杆、石台阶，一个石基座上蹲着一只古朴而威武的大石狮；园内仍是树木葱茏，有成片的盆栽花草，犹见以前寺庙园林的残存痕迹，同时，也可见园外竖起了电线杆，架起的电线横空飞渡——它向世人预示了古寺庙的最后湮没。

1950年，东山寺故地改建为大东区人民政府驻地，原有的寺庙园林地随着经济发展与人口激增而全成了楼房大厦。1984年，东山寺正殿被拆除，兴建东山区人民政府办公大楼。至此，东山寺彻底的湮没无存。现在走过署前路，看东面，一片现代高楼大厦，让人很难想象这里曾是一片绿树成荫的岗丘，是古寺庙与古园林的所在了。

## 河南金花庙

崇信金花娘娘是古代岭南地区特有的民间风俗，主要盛行于珠江三角洲一带，尤其是广州地区。金花不是花名，是神名，民间称金花娘娘、金花夫人，相传她生于广州惠福巷，故又名惠福夫人，是民间供奉的送子、助产、保婴的神祇。当年妇女求子、保产、祈求小孩病愈等，大都会去金花庙烧香跪拜，求金花娘娘保佑。

金花娘娘属地域性神祇，似乎并没能位列仙班。但在广东民间，尤其在珠江三角洲一带，却比其他许多神仙都更具影响。

广州的第一座金花庙就建在仙湖街（今存），确切年份无考。庙后毁，明成化五年（1469）重建。明嘉靖初年（1522），广东提学魏校毁淫祠，把这庙毁掉了。当地人于是把神像供奉于珠江南岸石鳌村，在江边另建庙祭祀金花娘娘。这就是著名的河南金花庙。庙址约在今滨江西路西段南侧、鳌洲外街西端以西一带。①

当年河南石鳌村，北临珠江，古时亦称鳌洲，又名游鱼洲，是珠江江畔外的一个石岛礁屿。明嘉靖初年建金花庙时，鳌洲岛北、西、东三面为宽阔的珠江，南面有宽阔的水道与河南本岛相隔。金花庙建于此石岛上，坐南朝北，四周古木浓荫，盘郁森翠，望之蓊然，呈现一片清幽的寺庙园林景色。它跟广州城中大多数寺观园林相比，有两大特色，一是面临大江，景色开阔，水木之气，相激生风，虽炎炎夏日，亦觉阴凉；二是庙前空地乃一处歌舞之场，其他寺观园林罕见有门前演歌舞的。清初顺治三年（1646），清兵攻入广州城，相传当时金花庙前正在做大戏。

金花庙建成后，人们多来拜金花，此地便渐有了名声，成了游览胜地，香火尤盛于广州。但庙建成后160余年，已呈残破之象，加上人们认为古庙规模狭隘，于是在清康熙二十一年（1682）秋季，重加修葺，于是年冬竣工。古庙焕然一新。

据翌年（1683）龚章《金花古庙重修增建记》的记述②，这次修葺，增建前庭，在庙两边建廊庑，在庙右侧建一堂，为宴游之所。又建斋厨廪户，扩大庙址。在庙前长堤广植树木，一派郁郁葱葱；在庙前建亭，名偃波亭。倚栏远眺，东望扶胥，风涛浩瀚，日出时霞光奇幻。北望广州城，万堞崔巍，后衬以白云诸山，连绵不绝。近观建于海珠岛上的海珠寺，浮于珠江中；西望白鹅潭，万顷涵泓，远处千峰耸峙，景色秀美而壮丽。此种气象，也是城中寺观园林所难得见。

过了不足十年，当地人认为偃波亭前歌舞之场地势仍是狭隘，不足

---

① 见1918年《广州市图》。

② 龚章：《金花古庙重修增建记》，见黄任恒：《番禺河南小志·卷七金石》。碑原在河南金花庙。

以容观众，于是又捐资扩筑地基，扩大古庙的范围，在偃波亭前填江筑路建堤，长五丈余，宽三丈五尺，自土面至水底深一丈六七尺。庙的左面新修了石壆（高的堤岸），长十五丈。为泊船码头，宽广平衍，可连舆盖而登。工程自康熙二十九年（1690）冬农历十一月十五日动工，至康熙三十年（1691）夏四月十七日（金花娘娘诞日）竣工。

当年夏至日，著名文士梁佩兰撰写了《金花庙前新筑地基碑记》纪其事，文中记载："今吾粤无问城市乡落，在在有庙。"① 可知当时的金花庙已广泛散布于广东城乡各地，这种状况直延至民国。20世纪20年代出版的《中华全国风俗志》载："广东金花夫人庙最多。"而河南金花庙经这次扩建后，就成了广州众多金花庙中规模最大的一座。相传其鼎盛时，庙里面供奉着80多尊神像及与生育、教养婴儿有关的20位娘娘（一说12位娘娘），如送花夫人蒋氏、保胎夫人陈氏、养育夫人邓氏等。

又过了六十余年，古庙残破，断瓦颓垣。清乾隆二十一年（1756）春，乡人再次修葺金花庙，并进一步扩大庙址，扩宽了四尺，加长了三丈。庙前面修建了琳宫，庙后面加建了桂殿。庙的四周修筑了彼此相连的回廊。庙外又加建了一亭，自亭至江岸，铺砌了石板。其余地拓筑为歌舞之所。庙之西面，筑一室，供尸祝居住。至当年九月九重阳日竣工。十月，吏部主事、南海人冯成修撰《重建金花古庙碑记》纪其事，形容古庙"玉宇庄严，瑞烟缥缈，上荫乔木，下瞰洪涛。兀峙于珠海畔……金碧辉煌，上下与波光互映"②。可见已甚具规模。

金花庙所在的鳌洲岛在清代时是一派乡村景象。清雍正学者杭世骏《舟至游鱼洲访罗秀才精舍》诗形容为"层波覆绿荫，榕树大蔽中。丛

---

① 梁佩兰：《金花庙前新筑地基碑记》，见黄任恒：《番禺河南小志·卷七金石》。碑原在河南金花庙。

② 冯成修：《重建金花古庙碑记》，见黄任恒：《番禺河南小志·卷七金石》。碑原在河南金花庙。

清代后期,从十三行之一集义行楼顶远眺鳌洲岛及珠江江面

祠赛婵媛,蕙帐浓烟收"①。清嘉庆《羊城古钞》描述金花庙"西枕鹅潭,前临珠寺,古木浓荫,三面匝水"②。清光绪二年(1876)进士、番禺人潘宝锁《偃波亭秋望》诗描述古庙是"榕阴如画""花覆楼船""水面霞飞"。③ 可让后人想见当年金花庙北临大江,殿堂、亭台、廊庑掩映于四周一派古木浓荫中的寺观园林景象。

"多子多福,子孙满堂"是中国人传统的文化心态和追求。金花娘娘的一大神职是送子,因而广受尊崇。农历四月十七日是金花诞。人们蜂拥而至金花庙拜神求嗣,届时各庙中香烟缭绕,红烛辉映,禀神声、解签声、庙前吆喝声响成一片,而尤以河南金花庙为最盛。

当年金花庙前江滨一带,建有八音台,每届诞期,画坊歌船,笙歌祷赛,开坛打醮,演戏酬神。庙前还陈列了许多花卉盆景、古董、字画等。清道光《佛山忠义乡志》(卷十四)载:"金花会盛于省城河南。"清同治《番禺县志·卷六·舆地略四·风俗》载:"粤俗尚巫鬼,赛会尤盛……河南则金花会为盛。"

河南金花庙自明代嘉靖初年修建算起,这种热闹绵延了数百年,形

---

① 黄任恒:《番禺河南小志·乡村》,海珠区人民政府1989年编印。

② 〔清〕仇巨川:《羊城古钞·卷三·祠坛·金花庙》,见《岭南文库》,广东人民出版社1993年版。

③ 黄任恒:《番禺河南小志·卷三第宅》引《潘氏诗略》,海珠区人民政府1989年编印。

成独特的"金花文化"。直到民国，香火不绝。当年神诞时还有民间组织的"唱灯花"之会，长达七昼夜。其余歌弦杂耍，亦趁机聚集经营。此种庙会，其实已与神无关，却又借神诞而集市，大概直至抗日战争前夕才停止。

随着鳌洲江岸的向北推进，晚清时，金花庙以北江岸成了河南岛的主要码头，称金花庙渡。此地一带亦成了河南岛最繁华的地区，经济发展、人口激增、街巷修建，河南金花庙一带的园林景观因四周民居愈渐密集而逐渐消失，大约至民国时已基本不存。抗日战争初期，仁济医院被日机炸毁，古庙被医院借用，庙中香火从此中断。有传古庙在抗战时因一场大火而毁，也有说它是经历兵燹洗劫而荒废的。庙荒废后，渐成民居。1957年，填滩扩筑今滨江路，古庙被彻底拆去，故址成了人行道，从此了无痕迹。广州城乡各处的金花诞亦在20世纪50年代逐渐消亡。

**应元宫**

今应元路因应元宫而得名。应元宫故址在粤秀山东南麓，清代时为莲塘北约东段之北侧，所占地域颇大，东至今应元宫道以东（今应元宫道因此得名，其地只是应元宫的东南角），北约至越秀山之半山腰（再北为今越秀山体育场地），西至今吉祥路之西侧，南至今应元路路面，今属广州市第二中学地。

清顺治十七年（1660），平南王尚可喜创建应元宫。① 尚可喜此人崇尚道教，认为自己得以平定广东，全凭道教中的摩利支天尊庇佑。于是他在清顺治十三年（1656）重修和扩建了三元宫，随后又在此地建道观应元宫，祀摩利支天尊者（亦称摩利支天菩萨，亦名天后，即斗

---

① 见《南海县志》（清乾隆）等地方志、《南海续志》（清壬申），康熙七年（1668）建应元宫，疑误。亦有资料称应元宫乃尚可喜之子尚之信特意修建作其姬妾的梳妆楼。亦疑误。

姥），以谢神恩。祀摩利支天尊的殿堂是应元宫中的大殿，大殿前面（南面）建有雷祖殿，祀雷神。大殿的后面（北面）建有泰山殿，后来毁圮。①

应元宫西侧是龙王庙，东侧为大树园（可能因此地树木繁茂而得名）。当年这一宫一庙的亭台楼阁掩映在树丛浓荫中，园林风光连成一片，景观甚佳。宫的北面山上是镇海楼，循石阶而上，南眺广州全城，尽在眼底，"亦登览者一大观也"②。其一大美景，是可以观赏将军大鱼塘的"烟波浩渺，藻荇交横"。

当年越秀山南麓，今大石街、小石街以北，小北路以西及东侧，有着十多口鱼塘，有大有小。最大的那口，据清同治《六脉渠图》的标示，就在应元宫的南面，注明是"将军大鱼塘"。长三十丈九尺（合106.6米），宽六丈五尺（合22.4米）。还有一口大鱼塘在小北门火药局（今小北路东侧局前街北）。所谓"将军"，指广州将军，例为满洲人（旗人）担任。而此鱼塘归属旗人，故名。

清《白云越秀二山合志》描述："登应元宫眺望，烟波浩渺，藻荇交横，春时菜甲勾萌，雨际园丁蓑笠；城里池塘，此为胜概。"③ 可见景色颇美。

康熙二十年（1681）撤藩，尚藩彻底败落。应元宫后来曾做了尼庵，后来复为道观，成了州人的游览地。清道光年间（1821—1850），在应元宫旁建层台幽院，称"小罗浮"。道光辛卯（1831），广东将军庆保在应元宫西侧辟建"灵岩香海"，又筑吟风阁，后为两广总督叶名琛改为长春仙馆。在应元宫之西北隅处，建有三君祠。1918年《广州市图》仍标出此祠，可见民国前期仍存。

---

① 《南海续志》，见《广东历代方志集成》，岭南美术出版社2007年版。
② 〔清〕陈际清：《白云越秀二山合志》，道光二十九年楼西别墅藏板本。
③ 〔清〕陈际清：《白云越秀二山合志》，道光二十九年楼西别墅藏板本。

## 第二章 寺观园林

当年在这一带的山上，修筑了一座座亭台楼阁：摩利支天尊殿、雷祖殿、泰山殿、小罗浮、灵岩香海、吟风阁、三君祠等，掩映于绿树丛中，成为一处占地颇广的寺观园林地。

清同治八年（1869），著名的应元书院建于应元宫之南部，以雷祖殿改建，为广州当时之最高学府，称乐育堂。同时把雷祖像迁到了后殿，并对应元宫加以修葺。1916年5月6日，龙济光在越秀山大兴土木，将应元宫、三君祠均修葺一新。

清末及民国时期，岭南道教走向衰落。1931年（一说1934年），应元宫一部分地为广州市立第一中学借用。当时广州尚存道观七间，应元宫是其中之一。其余六间是：三元宫、纯阳观、玄妙观、云泉仙馆、五仙观、修元精舍。1945年抗日战争胜利后，应元宫仅剩的大殿、西殿和祖堂被省干部训练所占用，该宫道士迁居仅余大殿的修元精舍。应元宫遂渐湮没，直至无存。

### 龙王庙

广州城南临珠江，近海，城中水道纵横，在古代时是水城，水事活动甚多，而民俗认为龙王治水，故不少地方建有龙王庙。其中名声较著的一座在广东巡抚署（今人民公园地）东辕门，故址约在今吉祥路与公园路相交处。雍正三年（1725）建，祭祀龙神。

乾隆元年（1736），改建龙王庙于粤秀山南麓、巡抚署之后①，故址在今中山纪念堂以北山麓。东与建于清顺治十七年（1660）的应元宫相邻，西面则是大片山地，草木繁茂，几十年后才在此修建学海堂。"岁春秋二仲上辰日（农历每月上旬的辰日）致祭，朔、望（农历初

---

① 当年，现在的后楼房地至中山纪念堂地是一大片空地，称沙地，故称巡抚署之后。

一、十五）行香。"①

当年所建的这座龙王庙，规模宏大，占地广阔。与建于靖海门外珠江岸边的龙王庙同为广州城名声最著的龙王庙。这里是越秀山南麓，花草浓密，树木成林，庙周还筑有亭、台，掩映于树荫花草间，成一处寺观园林地，景色颇佳。所谓"亭台花木，皆可旁眺"。在龙王庙与应元宫之间，有一石径，"循级而上，全城皆在目中，亦登览者一大观也"。②这里成了当年广州百姓游览之地。

古人认为龙能兴云雨利万物，故清代时此龙王庙是祷雨之所。雨水不足，农田干旱，地方官就要到龙王庙来拜祭龙王，祈求它开恩下雨，这就是所谓"祷雨"。

第二次鸦片战争时期，英法联军攻打广州城，占领了越秀山高地，龙王庙遭炮击，"毁为平地"。直到同治丙寅（1866）才重新修复。民国前期，此龙王庙犹存。③后毁圮，无复建。故址约为今广州市第二中学西部地。

### 云泉山馆·白云仙馆

云泉山馆在白云山麓今麓湖路东侧一高坡上，属今麓湖公园。清嘉庆十七年（1812），著名文士张维屏、林伯桐、黄乔松、谭敬昭、梁佩兰、黄培芳、孔继勋等七人集资修筑，当年此地是府城北郊之白云山濂泉坑外谷口处，四周没有其他建筑，没有民宅，游人甚稀少。

山馆修成当年，《云泉山碑记》称为"拓胜境二十，靡金钱若

---

① 《广州府志》，见广东省地方史志办公室：《广东历代方志集成》，岭南美术出版社2007年版。

② 〔清〕陈际清：《白云越秀二山合志》，道光二十九年楼西别墅藏板本。

③ 见1918年《广州市图》。

干"①。芗涧松台、环碧楼、南雅斋、清湍、修竹轩、注经窠、枕流阁、绿阴坳、江景亭、横藤墩、坐月坡、北园通泉、索笑檐、穿云径、松竹垄、埋忧冢诸胜掩映于花草繁茂之绿树丛中,"依山临涧结亭阁,丛绿飞起珠江漪。……菖蒲筋竹杂涧翠,木棉花风交荔枝"。② 是一处非常僻幽的寺观园林地。

清嘉庆二十一年(1816),修葺并扩大山馆,黄培芳撰《增修云泉山馆记》,详记山馆的修建、布置、景物如下:

山馆在羊城东北郊六七里,在濂泉、蒲涧之间。③ 这地方"山回谷隐,石洁水洌、松篁幽沓,岚翠葱茵"④。山馆山门就筑在蒲涧岸边,山门上题"云泉山馆",意为组合白云、濂泉二名。

入山门,沿一竹径前行,为北园;过北园,就来到南雅斋。斋中祀奉苏轼、崔与之、黄佐三位先生。他们的文章永垂史册,令人无比景仰。斋的左面是一个池塘,名"自在池",池的四面有回廊环缭;又左面有"清湍修竹轩斋",右面为"注经窠",上面建有楼阁,名"寄岳云",阁中收藏粤岳祠的碑刻。向前到达环碧楼之侧面,有"索笑檐斋",左面筑"江景亭",亭下为"镜华舫",四周潴水环绕,往前到"枕流阁"。江景亭的南面有门,仍署"云泉"。旁通碧虚观与飞霞观,自六真桥入山馆,此又是一条路径。转走月台,有桥梁、庑厩。四周可以通往北园,有一小水池,名"山壑"。流入为芗涧,跨过涧,是一水

---

① 〔清〕李阳:《云泉山碑记》,见《番禺县续志·卷三十七金石志五》(清末宣统)。

② 〔清〕翁方纲:《云泉山馆》,见《番禺县续志·卷三十七金石志五》(清末宣统)。

③ 濂泉、蒲涧在史志中皆称作甘溪,又或文溪。当时人称上段为蒲涧,下段为濂泉;山馆位置,在二者之间。

④ 〔清〕黄培芳:《增修云泉山馆碑记》,见冼剑民、陈鸿钧编:《广州碑刻集·楼台园林类》,广东高等教育出版社2006年版。

洼，名"通泉"。沿涧登上后山第一盘，为"绿阴坳"。一片修竹，十分茂密。登"穿云径"，上第二盘，为"松竹垄""松台坐月""坡狸冢"等，共有二十二境，在此可以隐居，可以修行，可以闲游，可以休憩，各适其适。

这里是碧虚观外的余地，上峻山树，下蹋涧石。创建此云泉山馆者共七人，而真正负责监督劳作的是江瀛涛和黄越尘二位道士。创建于嘉庆十七年，二十一年增修并予扩建。①

从以上这篇《记》可知，当年的云泉山馆是修建得颇有规模的，馆内有亭、台、楼、阁、斋舍、回廊，有桥梁，有池塘，有溪流，有山丘，馆外是蒲涧流经，馆内馆外都是花草树木繁茂，修竹成林，实在是一座非常幽雅的园林式建筑。

云泉山馆初建时，为广州文人墨客雅集觞咏（饮酒吟诗）之地，并自此成为广州名胜，来雅集的诗人络绎不绝。

清咸丰甲寅（1854），广州爆发红巾军起义，云泉山馆毁于兵燹，"名胜之区，鞠为茂草"②。光绪十一年（1885），张维屏之孙、光绪三年进士张鼎华归广州，与书画鉴藏家孔广陶重寻山馆旧址，看到先人遗迹所存，于是决定重修云泉山馆，还未竣工，张鼎华还京病卒，年仅四十余。剩下的工作就由孔广陶独力担当。并于山馆正中建专祠供祀苏轼、崔与之、黄佐三位先贤。

清光绪十六年（1890），黄映奎、陈汝松撰《重建云泉山馆记》述本馆之重建，把重建的年份记在清光绪十六年。文称：云泉山馆隐于山中，山有仙气，花含古香，四周绿荫，水石致佳，清泉古涧，清幽静寂，云溶水冽，林泉趣逸，飞瀑吼壁，激作雨声，可以称得上是蒲涧之

---

① 文中提到的三位先贤苏轼、崔与之、黄佐都曾游息于白云山。今有资料记本馆作"云泉仙馆"，疑误。

② 〔清〕金锡龄：《三贤祠记》，见《番禺县续志·卷三十九·金石志七》（清末宣统）。

幽符，广州城北郭之胜景。奈何经历战乱，风流顿尽，只余残基。孔广陶看到这个样子，在光绪十六年，招集工匠，予以重建。在残芜中搜集断碑，在峭壁上构筑飞亭，重植竹篁、梅花、苍松，修建小径，开凿池塘，池水通出蒲涧，并将先贤的遗像置于房舍。山馆重光，胜宇生辉，登临忘归。云云。可见重建后的云泉山馆仍为一处非常幽雅的寺观园林地。

清末，云泉山馆因供奉八仙之一的吕洞宾，遂改名吕祖庙，由道士主持。民国时期，改名白云仙馆，曾予重修。抗日战争时，白云山大部分名胜被毁，本馆幸存，但已甚破败荒凉。1949年后曾修葺白云仙馆，并向游人开放。"文革"期间受到破坏，杂草丛生，枯枝纵横，残墙败瓦，成了一片荒芜之地。1984年年初，广州市人民政府拨款基本按原样复建，并扩大园林绿化面积，于9月28日重新开放。

今白云仙馆占地1.54万平方米（一说占地面积5500平方米），水面面积3700平方米。是一处翠竹夹道，树木成林，浓荫如盖，水波泛光的市郊园林地。环境清幽雅静，十分宜人，馆外不远处是麓湖，为广州市最大的人工湖公园，可谓休闲之甚佳去处；但由于交通不便，又从不做宣扬，故知有白云仙馆者似乎不多，平时游人亦少。

**蒲涧安期仙祠**

蒲涧安期仙祠故址在今麓湖路白云仙馆的北面。现在麓湖路北段已没有水道，清代时，这里是甘溪流经地（此段甘溪称蒲涧），上接现在白云山的蒲涧水，往南流入今天的下塘。现在麓湖路上车流不断，当年此地却是非常荒僻。清嘉庆十七年（1812），著名诗人张维屏等在此创建云泉山馆，嘉庆十八年（1813），罗浮山酥醪观道士江本源在其北面建安期仙祠，祀郑仙郑安期。因蒲涧水就在祠前流经，故称"蒲涧安期仙祠"。

祠四周的风光是古木浓荫，清泉幽涧，一片园林景色，清静得很。因白云山云岩（今天南第一峰牌坊所在处）此前已建有郑仙祠，故本祠又俗称"新郑仙祠",亦称安期生祠。清末宣统朝《番禺县续志》特意指出：此祠在著名的清同治朝的《番禺县志》中失载。

祠建成当年的九月初九重阳日,当时的诗画名家黄培芳撰《蒲涧安期仙祠碑记》纪建祠的经过与郑仙诞民俗,又作《安期祠》诗,称"神仙不可接,祠宇但凌空"①,可见当年此祠是建于一高岗上。

本祠约在清末毁圮不存,而南邻之白云仙馆幸存至今。

## 纯阳观

广州今存道观,最古老和著名的是位于应元路的三元宫,其次就是位于河南漱珠岗上的纯阳观。前者在城北,后者在城南。老广州称："北有三元宫,南有纯阳殿。"这纯阳殿便是指纯阳观。

在今天中山大学正门西南面不远,有五凤村,古称"凤凰台",现在俗称"旧凤凰"。村南面不远,有个孤岗,海拔20.1米,东西长500米,南北宽200米,面积约150亩。宋代以前名猪鬣冈。冈上多松树,人们以为乃东汉杨孚移植洛阳松树的遗种所生,故宋时称作万松冈,此名直沿至清代。冈顶称凤凰台。

此岗为广州河南最高之岗地,由白垩纪晚期（距今约7000万年）流纹斑岩、玄武岩等构成,实为广州地区的古火山遗址。纯阳观便修建于其上。

这里曾是一派"古松怪石,溪山如画"的风光。若论广州市寺观园林胜景,此地最得自然之美,尤其在民国以前。就是在今天,亦仍不失为河南一处风景游览地。

漱珠岗这地方很早就出了名,可以上溯至东汉时代——相传这里是杨孚的故居。杨孚是一位有成就的博物学者和文学家。大约在章帝年间（76—88）,他写成了广州历史上第一部物产专著《南裔异物志》,这也

---

① 〔清〕《番禺县志·卷四十·古迹志一》,邓光礼、贾永康点注,广东人民出版社1998年版。

是中国的第一部地区性异物志。相传珠江南岸地区"河南"之得名乃源于杨孚移植河南洛阳的松柏于其故宅前的传说。

南宋名臣崔与之在入仕前曾在漱珠岗设帐讲学，使这怪石层叠树木葱茏之地一时名声鹊起。后人亦在此地建崔清献祠以祀之。相传直到明代，此岗上犹存杨孚祠、菊坡祠，后因兵燹历劫，入清后仅剩下断壁残垣。

崔清献后约六百年，某天，漱珠岗来了一位道士，为此地赢得了百年的名声，他便是古代广东著名天文学家、纯阳观的开山祖师李明彻，广州文化史上的一位奇才。

李明彻，号青来，番禺人，自称全真道人。他身为方士，既精通玄学，又在诗词、绘画、数学、天文、历法、测量诸方面皆有造诣，尤以精通天文学著称，并关注民生，近现代漱珠岗的名声可以说是因他而来。他所著《圜天图说》（三卷）一书，是一部以天文、历法为主要内容，涉及气象、水文、地理、地质、地震等多个领域的科技文献。古代广东唯一的一部天文学专著。

当时的两广总督阮元正为自己编修的《广东通志》延揽人才。他读了《圜天图说》的手稿，大为赞赏，于是邀请李青来主理《广东通志·舆地略》的修撰（舆地：地理、疆域、地图）。李青来欣然领命。《广东通志》全书于道光二年（1822）出版，其中李青来主编的《舆地略》深得后人称道，被誉为是前志所不及之善本。

李青来受命主理《广东通志·舆地略》的编撰时，已年过七十了。为修好志书，他亲自四出勘察地形地势，这天便探查到了万松岗，见此处岗头拔地而起，虽不高而景象轩昂，北望白云屏障，珠水荡漾；南可遥瞰远山，境界幽旷；西来五凤（村），东接七星（岗）。"朝云露而印日，暮映月以辉光。"① 岗上苍松遍野，古榕荫翳，郁郁葱葱，远望亭亭如华盖；怪石嶙峋，小径蜿蜒。岗下水曲回环，流水

---

① 〔清〕李明彻：《鼎建纯阳观碑记》，见黄任恒：《番禺河南小志·卷四·寺观》，海珠区人民政府1989年编印。

清澈，一派幽深清奇的气象。不禁慨叹其风光旖旎，秀雅怡人，遂将此岗改名漱珠岗（冈）；并认定此处最宜避开尘世之嚣扬，是建造道场之圣地，于是决意在此建座道观祀奉纯阳帝君①，也作为自己晚年修道养息、观察天象之所。

这便是此岗得名漱珠岗的来历，也是创建纯阳观的缘起。

修志完成后，阮元询李青来有何所求，李便答道："若能在万松岗修一道院，俾能日修道，夜观星，于愿足矣。"阮元听了，欣然称善，给予大力支持，不但带头捐俸，而且多方倡议。这位两广地区的最高官吏，又是知识渊博的大学者，可谓德高望重，号召力极大，地方上很多达官贵人、名绅巨贾以及善男信女便纷纷随缘乐助，于是很快便筹得资金共 3300 余两白银。这万松岗本是无税官山，在征得五凤村村民同意后，便于清道光四年（1824）开始动工鼎建纯阳观，道光六年（1826）基本建成，开光升座，祀奉纯阳帝君。道光九年（1829），观内立李青来撰写的《鼎建纯阳观碑记》，较详细地记录了本观的建筑缘起、经过及规模。

纯阳观依山而筑，先后建成了山门、灵官殿、大殿、拜亭、东西廊房、步云亭、东西客厅、左右巡廊、库房、怡云轩、朝斗台等殿宇二十余间，还有李明彻自己的净室澄心堂。全观坐北朝南，布局严谨，错落有致，占地面积达 2.2 万余平方米，可谓规模宏大。共耗资白银 7600 余两，其超支部分，便由李青来以自己多年积蓄的书画笔墨金、润笔（稿费）及修省志的酬金等支付。没有李青来，广州大概不会有这大片的道观园林。

道光六年（1826），阮元又捐出自己的部分"廉俸"，再凑集一些行商捐资，在观中修建了南雪祠（祀杨孚）与清献祠（祀崔与之）。南雪祠位于大殿前左巡廊的下方，后来毁圮了。清献祠则建于大殿前右巡

---

① 八仙之一吕洞宾，号纯阳子。元代时封为"纯阳演政警化孚佑帝君"，简称"纯阳孚佑帝君"，再简称便是"纯阳帝君"，通称是"吕祖"。

廊下方，与南雪祠相对称，又称菊坡祠。此祠于抗日战争期间被毁。

以上二祠之建，使纯阳观更闪耀出岭南文化的光彩。阮元同时正名万松岗为漱珠岗。从此，这岗名就得到了后人的公认。猪鬣岗与万松岗（山）之名反而不彰，渐为后人遗忘了。

远离尘嚣的纯阳观因其"松石清奇，水曲回环，古木葱茏"之园林胜景而闻名省会，成了南粤的游览胜地，来游览进香者常年络绎不绝，清人岑澂有诗赞曰："翠栋丹甍画不如，扪萝遥上势凌虚。四山木石流尘断，三岛烟霞放眼初。"① 真如一处世外桃源。

道光甲辰（1844）重修纯阳观。善男信女们来此进香拜神，骚客文士更在此酬唱饮宴，视之为诗酒风流的雅地。清同治年间（1862—1874），著名花鸟画家、番禺隔山乡（今广州江南大道中一带）人居巢、居廉曾一度入道纯阳观，吟诗作画，度其优游岁月。高剑父、高奇峰、陈树人等继承居氏风格，开创了一代画风，成为岭南画派的先驱者；民国初年，他们在纯阳观内亲手栽植了梅树数百株，占地约一亩。每当隆冬时节，梅花盛放，幽香阵阵；约同一班文人骚客，在此结诗社赏梅雅集，留下了不少墨宝诗文，可谓兴盛一时。因着这片梅林，1921年在这里成立了诗社"梅社"，后人把这两字就刻在观中的大石上，至今犹存。

纯阳观自创建后，兴旺了百年的香火。宫观地域是

民国时期纯阳观纯阳殿

---

① 〔清〕岑潋：《游纯阳观》，见黄任恒：《番禺河南小志·卷四·寺观》，海珠区人民政府1989年编印。

### 广州古园林志

一派林木荫翳，松榕挹翠，山石荦确，清溪环回的园林景色，没有多少人工雕琢，故而甚得自然之趣。不过岁月无情，沧桑几历，观内许多建筑年久失修，以致逐渐废圮。1920年曾予重修。抗日战争时期，广州沦陷，古观曾被日军炮击，殿宇被毁，只剩下了山门、朝斗台、吕祖像和匾额，文物丧失殆尽。光复后，乡民道侣捐资重建了大殿和杨孚祠，但已与昔日规模相去甚远矣。

1949年后，观中香火日衰。再加经济发展，人口剧增，古观四周的地域渐成民居。1963年，纯阳观被公布为广州市文物保护单位，幸得保存。到"文革"前仍有一二道士，在观前卖鸡蛋以补生计。

1966年，"文革"爆发，横扫"四旧"，古观再遭大劫，大殿被改建为"阶级斗争教育展览馆"，杨孚祠被毁，只剩下了几间破烂不堪的殿屋，幸朝斗台犹在，而其他文物几无存者，全观变得面目全非。后省民政部门在此兴建荣军疗养院，在古岗周围筑起了围墙，才使这块古园林地没有被继续蚕食。1986年，纯阳观恢复开放。

今日纯阳观是广州现存专门供奉吕洞宾的唯一祠观，与全盛时的纯阳观相比是差得远了。很多建筑已毁圮荡然，现仅存山门、灵官殿、拜亭、大殿及部分残破的廊庑，均依山势修筑在大岩石山上。历经沧桑劫难，大殿东侧的朝斗台犹在，这是一件值得庆幸的事。

来游纯阳观，必登朝斗台。站台上举目远眺，四周寥廓，令人顿感心旷神怡。过去可俯瞰大片宫观园林，多间殿宇便隐于一片翠绿之中；遥望古观外田畴无尽，村舍星布。北望珠江如带，横陈东西。再远处，可一览省城市廛风貌；仰望蓝天，苍昊如盖，海阔天空。当年这里曾是一个名胜景点，不少文人墨客、达官富商在此饮宴赋诗，兴一时之盛。阮元曾为之题额"颐云坛"，可惜早已不存。

今天登台，所见与当年大不相同了。既没了"低徊村路隔花深"，也不见"梯航滚滚珠江水"。环顾四周，古观外四周当年的农田早已全成了新时代的楼房大厦，绵延无尽直至天边，珠江比清代时窄了几百米，再被楼宇一遮，影儿也不见了。岗上本来茂林修竹，茂盛得像个小

纯阳观大殿前古树怪石

树林，现在也稀疏多了，竹丛更只剩下了一两处，因为很大部分的地方都砌成平台，又铺了水泥路，绿地面积大为减小；更加在岗上建了好几栋二三层、三四层高的楼房，零散分布，使人感到王灵官殿、"介节为俦"石等处有挤迫之感。

尽管如此，今天仍可见古岗四周是一片古木浓荫，与今存的其他古寺园林相比，更有其天然之趣，在古观外密密麻麻的楼宇中突兀出一片苍绿。而那古岩嶙峋，则是广州其他寺观园林中所没有的。至于此处曾有过的诗酒风流，现在只可供人遐思了。

从漱珠岗这个古名可知，当年岗下必有清溪环绕，可惜现在没有了，却在古岗东麓用花岗岩砌了两个大水池，一方形，一半月形，彼此相连，上建二小石桥以渡。池中游三五金鲤。四周筑有石栏，大麻石铺地，栽种翠柏，曲折回环，范围广而显古朴。跟山涧溪流相比固然失了自然之趣，但背有古岗为衬，在广州寺观中此景也是独一无二的。

古岗、怪石、老榕、青松，今天的纯阳观仍不失为一处寻幽访古、休闲游憩的古园林地。

**吕祖祠·修元精舍**

修元精舍在黄沙北约直街北段西面，今蓬莱路与黄沙后道相交处之西南侧一带。今已辟建为该段蓬莱路之路面，部分故址为今市五十中学地。清代时此地属恩洲堡黄沙乡。

这里原是一座祭祀八仙之一的吕洞宾的祠堂，称吕祖祠，又称吕祖庙。清咸丰二年（1852），有官绅捐钱购地拓建祠地。当时祠前有两个水塘，每岁为精舍提供香火钱，并选罗浮山冲虚观的道士来主持其事。① 同治二年（1863），周明东把吕祖祠扩筑为修元精舍（精舍：书斋、讲学之所。此实为道观），并建有吕祖殿、斗姥堂、祖堂、客堂及客厅等，占地3330多平方米。每年定期举行法事，最盛时有道侣20余人。

至民国前期，修元精舍前（南）面仍有一个大池塘，西有柳波涌支流水道，上建有桥，过桥通黄沙西约中街。四周树丛，浓荫一片，柳波涌支流两岸垂柳依依，一派乡野风光。为当时广州道观"十方丛林"之一。

清末及民国，岭南道教走向衰落。光绪二十九年（1903），修元精舍被警署占去四分之三的观地。1923年，为筹措北伐军饷，广州市政府公告，凡市内各寺庵道观原址及财产收归市有，进行招商变卖，修元精舍以每市井150元的底价被拍卖。1928年，修元精舍被当局占用，拆毁大半，再因修筑马路，又被拆去部分，最后仅余大殿住房一座，已无所谓道观园林可言。

中华人民共和国成立后，修元精舍成为全广州市仅存的三间道观之

---

① 〔清〕郑梦玉、梁绍献：《南海县志》，见《广东历代方志集成》，岭南美术出版社2007年版。

一，有道士六七人，本地居士十余人。1953年，广州市政府取缔反动会道门时，曾查封修元精舍40天，没收宗教文物、法器一批。1956年，修元精舍被征用改建为民房，从此消失。

## 黄大仙祠

黄大仙祠俗称黄大仙庙，在旧芳村区东漖北路北段西面、百花路东段北面。现花地河南岸有花海街，花海街南侧有一条小巷名杜家巷，民国时称黄仙街，因南面曾是黄大仙祠。

黄大仙是道教著名人物，民间尊为"普济劝善，有求必应"的神仙，这种民间信仰大约始于明末清初，至今绵延了数百年。不过广州人建祠以供奉，却是迟至清代后期，相传是建于清咸丰六至八年（1856—1858），亦有确指其建于咸丰三年（1853）或咸丰七年（1857）的。那就是芳村黄大仙祠，地点在当时花地大冚尾，即今芳村新复建之黄大仙祠之西北侧。当年古祠北边是花地河，东畔是花地河的支流桃溪，西边也是花地河的支流名桃湾，南边则是开阔的田园，当时堪舆界人士认为这是"泗水回归，龙盘之地"。意思是说黄大仙祠位于珠江众支流的环绕之中，将来必定香火鼎盛，如龙之腾飞。

据考，这座芳村黄大仙祠是广东境内最早以黄大仙命名的庙宇。不过，在其初建之时，只是一座三进的普通庙宇，亦就是三间简陋平房（亦有传原来只是一幢民居，光绪十五年该祠重建，才建成三进的庙宇），那时民间的黄大仙信仰远非如后来之盛，因而这祠并没有多大的名气，但已有了给穷人赠医施药的义举。因为传说中的黄大仙擅医术，有赠医施药以拯救黎民的种种善行。

光绪十五年（1889）曾重新修葺祠庙。此庙真正风光起来，是在清光绪三十年（1904）。相传当时的广东水师提督李准的母亲得了怪病，遍寻广州城中名医，却俱束手，以致历久不愈。李准偕母亲到黄大仙祠一试，并许诺若母病得愈，必重修庙宇，再塑金身。祠中草医认为李母并无大病，只是进补太多积滞而已，开了几剂大泻大消之药，服后果然奏效，老太太病愈。李准为报谢神恩，发动城中富商和海外侨胞捐资，并请来能工巧匠重修黄大仙祠，完工后捐款犹有剩余，便在院后购得百亩果园，作为黄大仙祠的永久产业。

这座重修后的庙宇颇为壮观，占地达 30 多亩（约合 2 万平方米。一说占地面积 8 万多平方米。一说占地 130 亩，那是把院后的百亩果园也计算在内），成为芳村地区三大寺庙之一（另二处为大通寺和小蓬莱仙馆）。

祠深三进。祠前建一座雄伟的石牌坊，牌坊外立一对深雕达 11 厘米的，雕有云纹、花卉、飞禽的花岗岩石柱，状如华表（今幸存的一柱断为两截，共长 3.8 米，其中刻有对联的半部"暮鼓若晨钟"）；祠额石刻楷书阴文"赤松黄大仙祠"，门两侧嵌一副花岗岩石刻对联："叱羊传晋代，骑鹤到南天"（今幸存半块，上刻三个凸出的楷书大字"叱羊传"，余字缺）。上款是"光绪三十一年乙巳孟秋上瀚榖旦"（光绪三十一年即公元 1905 年）。石联宽 0.9 米，长约 1.6 米，雕工非常精致。联上首正中刻有"万兴店"，右刻"杨教忠"，左刻"李石保"。据传，万兴是当年佛山的一间石店，杨、李则是两位雕石名师。二人各刻一边，互相竞技。这是一件十分珍贵的石雕艺术品。而从此半石联推断，当时祠门墙高当在 4 米以上。

牌坊后是大殿，为第一进，以水磨砖为墙，绿琉璃为瓦。中间供奉黄大仙像，此像之形状及造材，已难确考。像之左供奉吕纯阳，即吕洞宾，道教八仙之一；像之右供奉魏征，乃唐太宗时的名相，后被尊为神。两旁置木架，架上插着十多块高脚牌，上书"黄大仙祠""肃静"等，供黄大仙出巡时使用。大殿柱上刻一长联，上联是"洞中别有乾坤，四周烟雨云山，犹增胜概"；下联已佚，一传乃"祠里自成天地，两岸杏林（花）桔（橘）井，永著仙踪"；或说是"祠里自成天地，两岸杏花杨柳，仙留灵踪"。番禺县晚清进士卢维庆书。上款是"光绪甲辰"，即光绪三十年（1904），而祠门联的上款是光绪三十一年，可知此祠当时至少建了两年。

## 第二章 寺观园林

第二进为中殿，正中供奉如来、弥勒、文殊三佛，右为观音大士，左为护法神韦驮。

第三进即后殿，是二层建筑，底层是道士、香烛杂工起居之所及会客之处，二层是藏经阁。

大殿两侧为青云巷，方便出入；隔青云巷有两庑，一是赠医施药处，内设药房，费用随缘乐助，贫者不收分文，因而此祠实兼有慈善机构性质。另一处是解签及出售香烛用房。

这庙宇建成后即名闻广东，成为芳村地区最宏伟之灰墙绿瓦建筑。当时的黄大仙祠与四周的大通寺、东园、恒春园、合记园、听松园、杏林庄、康园、小蓬仙馆等名胜构成了芳村地区最著名的多姿多彩的园林景区。

辛亥革命后，广东军政府提倡破除迷信，黄大仙祠于是日渐萧条。逐渐荒废。当时陈景华返穗任警察厅长，有感于社会对荏弱女子的摧残，曾在祠中办过广东妇女教育院。辛亥革命志士潘达微亦在黄大仙祠故址上创办花地孤儿院。这是广州较早的慈善机构。后易名为广东省公立孤儿教育院、广州市公立孤儿教养院。据统计，至1933年，在该院毕业的孤儿共有1100多人。

当时祠中院落仍十分宽敞，殿后的百亩果园遍植荔枝。每到年节，仍保留了从前的热闹，在寺前广场办庙会，唱大戏，该院亦同时开成绩展览会及售物，专船迎送，游者络绎不绝。同时举办义卖活动，不少文人雅士也会在当天到此挥毫义卖，筹集社会救济资金。收入用于孤儿开支。

自建孤儿院后，旧黄大仙祠实际上已不存在。20世纪20年代初期，市政府下令取缔市内一切淫祠庙宇，黄大仙庙属取缔之列，香火顿失。1938年10月广州沦陷，旧祠成了日伪宪兵司令部。1939年遭拆毁，青砖、大梁被变卖，旧祠从此消失。黄大仙祠庙会停止举办。抗日战争胜利后，此地又复建为孤儿院。当时犹可见废碉堡和被害者遗骨。

1952年，政府将重修的孤儿院改名为儿童教养院。后废置。1958

年，政府大力宣扬破除迷信，普济坛（黄大仙庙前身）被封闭，建筑物被拆。1967年"文革"期间，红卫兵将其全部摧毁，普济坛变成了耕地，相传当时尚存一块石碑，上书"赤松黄大仙祠"。现尚存几根石柱和几块石雕门饰而已。

一座古祠庙经历了如斯沧桑，彻底消失了。

1993年12月23日，黄大仙祠重建奠基仪式举行。新黄大仙祠坐北朝南，占地面积1.56万平方米，总面阔93米，深两进130米，建筑面积3800平方米。垒土为高台，再在上面修建殿堂，即采用升高建筑，远远便能看到，显得气势恢宏。

新祠于1999年2月6日（春节）对外开放，其位置在旧祠遗址东南侧，大殿位置便是旧祠的门前广场。新建黄大仙祠没有沿用传统寺观三进院落小空间模式，而是引入现代建筑大空间、大尺度等手法，采用纵向中轴线布局。主体建筑黄大仙殿位居中心，宏伟壮观，中轴线两边的建筑结构均衡，疏密有序，整体建筑风格与香港的黄大仙祠相近，但规模比香港黄大仙祠更大。

清代黄大仙祠在民国时成了孤儿院工艺场，门前尚可见"叱羊传晋代，骑鹤到南天"的对联，采自民国《广州指南》

主殿内设一基座，座上供奉黄大仙青铜铸坐像，高达 3.2 米、重 2 吨多，手执拂尘，长须飘飘，颇有道家仙风道骨之气象。左偏殿为吕祖殿，陈设吕洞宾等道教人物像，右偏殿为孔子殿、观音殿。也就是说，新建黄大仙祠禀承旧祠遗风，仍是儒道释三教合一。这在今天广州城的寺庙中可说是独一无二的，是为特色。至于广州城区之新建道观，亦以此祠为最大和最具观赏价值。主殿后面（北面）是占地 3400 平方米的后院，也是今天黄大仙祠的园林景观所在。祠前建有一座高大的门楼。各殿挂有木质额匾，所用之木为南越王宫署遗址所挖出之古木。

2006 年 12 月 20 日，评出"荔湾新八景"，"花地仙缘"排名第三，景点便是重新建成才几年的黄大仙祠。

**郑仙祠**

清代，广州有两座郑仙祠，一在白云山，一在越秀山南麓。白云山郑仙祠在今山顶公园立有天南第一峰牌坊一带，专门祭祀秦代神仙郑安期。附近建有"鹤舒台"，又称"飞升台"，台下有岩，岩下塑郑仙像奉祀，据称十分灵验①。相传此处即为郑安期跨鹤成仙的地方。

郑安期，山东琅琊人，方士，长期在东海边行医。相传秦始皇东游时患病，请他诊治，见其医道精湛，赐许多金银财宝，留他在身边。但郑安期弃之南下广州，在白云山周围村庄悬壶济世，为救活一个垂危病人，他爬到白云山蒲涧泉旁的绝壁上采"九节菖蒲"。秦始皇得知有此灵丹妙药，令他采药进贡。郑安期不愿把这稀世宝药献给秦皇，遂在蒲涧上跳崖自尽，突然一只仙鹤飞出，将他托起，郑安期于是骑着白鹤，飘然升仙。后来，人们为纪念他，遂在相传郑安期跳岩之处的云岩建郑仙祠。云岩因而亦名郑仙岩、安期岩。

---

① 〔清〕黄培芳：《蒲涧安期仙祠碑记》，见《番禺县续志·卷三十七·金石志五》（清末宣统）。

当年郑仙祠所在处一带风光并非今天的样子，没有登山的柏油路，没有石磴径，没有凌空而建的饭店，没有水泥地，而是一片茂密的树林，有花草，有竹丛，平日游人罕至，郑仙祠、鹤舒台隐现其间，附近还有"郑仙洞"，"水声繁会，如迭奏笙簧，林木蓊郁，岩下飞泉奔赴，怪石迭出"①，呈现一片幽僻的园林风光，所谓"石激幽泉响，风排古木号"，"松梢花落，石上芝生"，甚有自然野趣。朝南可远眺广州府城。

民国时，郑仙祠曾驻军。1924年，东路军第八旅旅部驻此。1931年5月，广州市工务局决定收回军队借住的郑仙祠，开放供游人参观。郑仙祠在抗日战争时期毁圮，此后不存。

越秀山郑仙祠故址在今应元路东段北侧之郑仙祠道北端②，郑仙祠道乃因是郑仙祠前之通道而得名。祠祀郑安期，始建年份不详，是清代广州城北著名庙宇之一。祠建于树丛中，寺周木棉成林，高耸天际，虽在酷暑，亦甚阴凉，是避暑的好地方。

晚清名人、洋务运动中坚丁日昌有《咏观音山木棉》诗四首，他在诗序中记述："观音山郑仙祠侧有木棉十数株，亭亭矗立高入云际。花时万枝球放，其光绛天，洵数百年奇物也。"诗中形容为："排空横绝出尘埃，二月风光此地新。""霭霭云中神女下，亭亭天畔彩霞来。"③当年此地还建有亭台，是一片幽静的园林地，而古祠已荒废，至民国后期，毁圮不存。

---

① 《广东通志》，见《广东历代方志集成》，岭南美术出版社2007年版。

② 见《广东省城图》（清咸丰）。

③〔清〕丁日昌：《咏观音山木棉》，见杨资元、黎元江主编：《英雄花照越王台·甲编诗词·近现代诗词》，广州出版社1996年版。

## 鹅峰寺·金华分院·新黄大仙祠

鹅峰寺在芳村区今镇东直街西端、松基河（上市涌一段）畔。建于清代，确切年份不详。后来称四宝寺。寺毁后成为花园，名长林园，是一处私家园林地，在今松基直街。园主冯氏，新兴县天堂圩人。园临水道，南与杏林庄为邻，东北隔松基涌与听松园及小蓬仙馆相望，西北距大通寺不远。环境幽雅，风景秀丽。

1929年（一说1930年），当时主政广东的南天王陈济棠的夫人莫秀英（五姑）钟情于这园林美境，与园主洽商，得以转让，随后在园址新建了一座黄大仙祠——金华分院（原黄大仙祠已办了孤儿院），时称新黄大仙庙或新黄大仙祠，其规模略小于旧祠，但仍保持了慈善传统，内有中医、配药及解签等四人管理，广州一些乐善好施者常给该庙赠医赠药。

金华分院祠宇深三进，绿瓦青砖，颇具规模。第一进中间为祠门，上挂黑底金字匾额，题"金华分院"，大门两侧配有一联："金质玉相·华国安邦。"右边厢房是医药房，为贫苦百姓赠医施药之地；左边厢房是解签及售卖香烛、风车、小玩具之处。中进为正殿，奉祀黄大仙，左右两旁塑有吕洞宾及魏征之神像，神殿两侧高悬一对锦绣长幡，绣着"沐恩信女莫秀英敬送"等字。第三进是两层木楼，是该院住持及道士和管理人员住宿地方。两旁是厨房和仓库，中间是接待香客的大厅。

该祠除无三宝佛外，悉依原黄大仙祠旧制，连主要的神职人员都是原黄大仙祠之人，一般人都称它新黄大仙祠。

金华分院保存长林园的园林布局，花木繁茂，院外水流清澈，为一处寺观园林地。第一、二进之间，保留了原来的将军树（一种大型造型盆景，以人物将军、武士为主；头、手、足配以石湾特制的陶瓷面谱及靴，20世纪50年代后仍有部分保留着）。第三进楼下阶前有一大水井，井水清冽，与大通寺烟雨井相距约 120 米，据传与烟雨井水源相通，不少病者都取此井水回去煲药。据当地住户说，20 世纪 50 年代中期当地居民还饮用此水，后期改建民居，用石板将古井封闭。清末宣统《番禺县续志》卷四十二载："（大通）寺有双井。"可惜没有记明方位，是指烟雨井东约 80 米处的较小的一口，还是长林园的一口，说法不一。

20 世纪 50 年代，金华分院经过维修改做民居，园林景色渐消失。约在 20 世纪 50 年代末期被彻底拆除，今已了无痕迹。

# 第三章　私家园林

私家园林简称私园，又称别业、宅园。

在广州古代园林中，私园比寺观园林分布更为广泛，那是个人或家族修造的，以家宅为主体的，属于某个官僚名士、富商豪绅或其家族的。

一般说来，私园规模相对较小，园周多建有高大的围墙，以与外界隔离，防止外人进入自己的家园。自家的美景自家观赏，这都很符合古代士大夫与有钱人的思想观念；因地域不大，视线阻隔，故私园多不能如皇家园林或寺观园林般大气；而造园者则往往充分利用有限的园址地形以掇山、理水、构石（多用太湖石和粤北英石）和布置各式建筑，故此大多私园都是小巧玲珑，力求精致。

私园一般是以模山范水为基础，得影随形，师法自然，"虽由人作，宛自天开"便是要追求的意境。园内栽种各式花草树木，如木棉、榕、水松、芙蓉、白兰等；筑以亭台楼阁，绿草如茵，花木扶疏，浓荫处处，小路蜿蜒，曲径通幽，且多有泉流水注。全园布局既需统一和谐，又求曲折多变，务使园境富于诗情画意，或隐含某种寓意。成为一个由建筑、山水、花木等组合而成的综合艺术品。这是对中国园林技艺的继承和发扬。

传统广州私园还多具有岭南风格，这是一种地方上的特色，在观感上与北方园林有所不同而与苏杭一带的江南园林相近。今人称中国园林有三大流派：北方园林、江南园林与岭南园林。这岭南园林便是主要指私家园林。"旧时岭南园林,每周以楼,高树深池,阴翳升凉,水殿风来,溽暑全消;而竹隐兰香,时盈客袖,此惟岭南园林得之,故能与他处园林分庭抗衡。"① 这说的便是私园,且以宅院为主。幸存至今的清代广东四大名园(顺德清晖园、东莞可园、番禺余荫山房、佛山梁园)可为代表,其特点是:池湖呈几何图形,沿湖建筑呈对称布局,园林小品精细雕刻,花木丛荣繁茂,建筑畅朗轻盈,在整体布局上形成有别于北方园林稳重华丽、江南园林秀丽典雅的不同风格。其中番禺余荫山房至今尚存旧时风貌,可谓典范。至今幸存的小画舫斋那轻巧、通透、明亮、雅淡的格调对广州当代园林建筑深具影响。今人谈广州园林,所论述及所附照片几乎全为现代的公园,与传统私园虽有传承关系,但几乎是两码事了。

以上是泛泛而论。广州私园中也有气势宏大者,如海山仙馆、云淙别墅和东皋园等都曾有数十亩乃至过百亩的湖泊水面,曲桥卧波,楼阁相连,但这毕竟是少数。

广州历史上曾存在过多少私园,这大概是个无法准确统计的数字。今有资料称可查到的广州历代私园有七十六处,并列出具体的统计是:属三国、唐、宋和元朝所建的各一处,南汉时所建的八处,明朝时所建的十三处,清朝最多,达四十五处,民国时则有六处。以地域分布来看,河北(珠江北岸)最多,为三十五处,其中城西十七处,城北九处,城中七处,城东两处;芳村地区十三处,河南地区二十处,地址不详的八处。

以笔者愚见,这些统计大致可看出广州私园的发展脉络,大致是明代以前私园不多,明代时开始兴盛,清代时达至全盛。但其具体统计数目只能是约数,因为一个园子怎样才算是文人士大夫所谓的私园别业,并无标准;况且还有诸如"南汉时所建八处苑囿该算作皇家园林还是一般意义上的私园"这样见仁见智的问题,因而统计出来的数目会相差甚

---

① 陈从周:《续说园》,同济大学出版社2007年版。

第三章　私家园林

远。比如，笔者据现存历代史地古籍（《南海百咏》《岭南杂记》《羊城古钞》等）和地方志文献（《广东通志》《广州府志》《番禺县志》《南海县志》等）的记载加以粗略统计，广州私园有名可查者当不少于二百。其实这也是不准确的。二千余年来的天灾人祸，岁月沧桑，私园陆续修造亦陆续毁圮湮没，不少是毁于战乱兵燹，毁圮后重建者甚少；不少则是随家族或个人的兴衰而兴衰，当家族或个人衰败后，其私园以后能保存完整者几乎没有。再加各类图书典籍历经多次浩劫，散佚损毁无数，自古至今可说十仅存一二（尤其是明代以前的古籍，这也是明代以前私园不多见于记载的一个原因），也不知有多少有关修园造园的著作因而不存。文献失佚，实物已毁，后人也就无从得知，亦无从细究。再加怎样才算园林，亦无标准。故若要准确统计，实无可能。更不幸的是，这些私园在今广州城区中尚有遗迹可寻者，仅余虞苑、小画舫斋、醉观园等数处而已。

先秦时的广州地域，是越族人的天下；强秦在中原灭亡其他六国

洋人绘 1856 年广州全景。从越秀山镇海楼东侧山坡上眺望广州城，城墙外是山岗田野，树木稀少，城内民居仅见平房，南面天边，玉带般的珠江遥遥在望

时，越人的社会形态大概还处于原始社会的末期阶段，没有私园，自不待言。往下秦、两汉、三国、两晋、南北朝、隋、唐，共十个朝代一千一百余年，广州地域经济发展，文明进步，中原文化逐渐以至完全取得了统治地位，而据现存文献记载，这千年岁月中，广州的私园却只有三国时的虞苑与唐朝时的荔园，这实在令人怀疑其间是否有私园失载了，更大的可能性是相关的文献失佚了，后人无从得知。唐亡后全国大乱，南汉小王朝建都广州，偏安于这物阜民丰之地，大兴土木，建宫殿修园囿，这可以说是广州建造园林的兴盛时期。但可称私园者，大概只有苏氏园，其他的应属皇家园林。以后宋、元、明、清各朝，私园数量越来越多，清代达至全盛，其时修园者，除士大夫外，主要是豪绅富商，海山仙馆、万松园、潘家花园等占地广阔的名园，都是他们的杰作，但传统的园林模式基本上没有突破。直到鸦片战争以后，英法二帝国在广州沙面建立租界，沙面随后出现了西方式园林，其布局为规则式，设花坛，修喷泉，竖雕塑，建泳池球场，有成片的草坪，与传统中国园林大异其趣。直到清末民初，广州才出现了面向老百姓的现代公园，广州园林史终于掀开了新的一页。

珠江把广州城分成三部分：河北、河南、芳村地区。为让读者有个比较清晰的地理概念，兹依这三个地区记述广州历代私园。

## 第一节　河北地区

河北地区是广州老城所在，广州城池始建于此，是历代官衙区。

广州第一座私园在今光孝寺地。不过直到明代，私园修筑才真正开始兴盛起来，至清代达至全盛。园子散布于城内城外各处，而比较集中的区域，一在城北越秀山南麓一带，此地岗丘连绵起伏，花草繁茂，林木交荫，主要以山景胜；一在城西荔枝湾一带，此处池塘遍布，溪流纵横，一派岭南乡野风光，主要以水景胜。

城区私园源远流长，城西私园则主要盛于清代。

清代，荔枝湾的范围拓展至今多宝路广州第二人民医院、荔湾涌、西郊泳场东边一带。堤岸杨柳轻拂，绿影婆娑；河面碧波荡漾，轻舟飘泛；荔枝成林，蝉声如潮；八桥画舫，静谧平和。吸引达官豪绅贵人在此建造私园别墅，形成了较大的私家园林区，也是风景名胜区。到晚清时，随着城区扩展、人口激增，不少私园渐为民居宅舍，渐湮没不存。中华人民共和国成立后辟建荔湾湖公园，碧水红莲，鸟语花香，旧日不少私园故址成了新时代公园的一部分。

**虞苑**

秦连两汉，四百余年，广州找不到有关私园的记载，于是三国时的虞苑就成了广州最古老的私园，其遗址在今光孝寺地，此地本是末代南越国王赵建德登基前的王府故宅；虞苑的得名源于建苑者叫虞翻。

虞翻是吴国名臣，为人耿直，敢于犯颜直谏，以致多次得罪了吴王孙权。公元223年，孙权一气之下，把他流放南海——当年的广州是蛮夷之地，把官谪贬到这里是一种惩罚。

虞翻来到番禺（广州），把第五代南越王赵建德的故宅（今光孝寺地）整理一番，然后安顿下来，潜心治学，著书授徒。"虽在罪放，而讲学不倦，门徒尝数百人。"[①] 同时，虞翻废宅为苑囿，遍植诃子树（即诃黎勒，常绿乔木，叶卵形或椭圆形。果像橄榄，可入药，即藏青果），营造出一片翠绿园地，时人便称之为"虞苑"；因诃子树成片，故又称"诃林"。在今天光孝寺山门背面，悬挂着刻有"诃林"二字的大木匾，即源于此。

今光孝寺地当年并非在州城中，而是在州城外西北二里的郊野。虞翻在此处种植诃林，成为广州历史上第一个私园；授徒讲学，成为当时羊城文化中心。约十年时间，他为偏处南疆、非常闭塞的羊城培养和造

---

① 〔晋〕陈寿：《三国志·虞翻传》，中华书局二十四史校勘整理标点本。

就了大批人才，推动了文化发展。其功不可没。

虞苑是以诃子树闻名的。虞苑的文采风流在虞翻死后消散，诃子树则留传了下来。唐前期时，寺中诃子树还有四五十株；晚唐时，只剩下六七株了。今光孝寺大雄宝殿后面空地的左（西）侧，可见到一棵诃子树，说明牌上称这棵古树相传是虞翻手植的。也就是说，它的树龄将达一千八百年了。而据明末清初屈大均《广东新语·木语·诃子》的记述："（光孝寺）诃树不知伐自何时，今惟佛殿左有菩提一株，殿前有榕四株，门有蒲葵二株为古物。"即当时光孝寺古诃子树是一棵也没有了。今寺中的这棵大概是其后裔。

虞苑之景随着历史光阴的流逝早已烟消云散。虞翻当年并没有在这片诃树丛中搞什么园林建筑，诸如垒石山，筑亭阁，挖溪流，砌池湖之类。他看来是一位粗犷形的学者与名士，不尚精致。虞苑是以茂密的诃子树丛与古朴的幽静而成为广州的第一座私园的。

这是广州私家园林的滥觞同时又是广州寺庙园林的滥觞。

虞翻在公元223年来到广州，233年病逝，享年七十，其遗体由夫人迁葬余姚故里。虞氏家属回归故乡时，捐此地做寺庙，名制旨寺（又称制止寺），这是光孝寺的第一个名称，此地于是成了广州的第一座寺庙园林（详上文《佛寺园林·光孝寺》）。在广州园林史上，今光孝寺地实在是一个具有特殊意义的地方。

**荔园·虬珠園·唐荔园**

说完虞苑，自然要说到荔园，时代是唐，其地在今西关（当年是城外）。尽管笔者相信在三国至唐代这五六百年的时间里，广州城一带应该还有其他的私园①，可惜文献失载——更大的可能性是失佚，以致无

---

① 比如康乐园，那是南朝宋代著名文史家、诗人谢灵运的流放地，在今中山大学校园内。但虽有园名，史志中却找不到谢灵运曾建私园之实，也就无法确定其为私园。

从得知，那就只好认定荔园是广州历史上的第二座私园，而且是整个唐代广州的唯一一座私园。

这座私园的具体位置在今荔湾湖泮塘一带，跟虞苑一样，它与后来追求布局和谐、建筑

渔舟唱晚

精致的园林相距甚远；从现存记述这座园林的文献来看，其园景主要是一大片的荔枝树林及一湾溪水，古称荔枝洲，到唐代时才改称荔枝湾，今荔湾区名即源于此。唐、宋时代，这荔枝湾是广州西郊水运交通的重要码头。至于这唐代荔园园主是谁，建于何时，范围多大，有何建筑等却都已无从稽考。只说晚唐时有位诗人叫曹松，在唐昭宗光化四年（901）始登第，曾游岭南，酷爱岭南山水。有一次他陪岭南节度使（岭南地方的最高官）郑从谠游荔园，写下一首《南海陪郑司空游荔园》诗，对当年荔枝湾的荔枝作了精细的描述，并称荔园为"南国名园"，可见此园在当年是有相当名气的风景胜地。但可惜的是，再难找到当时人写此园的文献资料。

数十年后唐亡，刘氏趁天下大乱自立南汉国，建都广州，辟荔枝湾一带建离宫昌华苑，荔枝熟时有"十里红云，八桥画舫"之胜，成了皇家园林。到北宋兵临城下，此地园林遭了火焚，基本上烧个精光（详上文《皇家园林·南汉皇家园林·城西昌华苑区》）。

芳华旧亭苑是没有了，但此地仍是绿荫处处，浅水漂红，从南宋方信孺诗中犹可想见当年的荔枝湾风光。到了元代，这一带成了"御果园"，种植了许多宜母子，即柠檬，"大小八百株"，用以制成所谓"渴

水",列为上献朝廷的贡品。

明代,荔枝湾一带画船绿荫,鱼虾成群,物阜民丰。纵横交错的河涌,碧水涟漪,漂荡着渔夫的叶叶扁舟;沿河两岸遍栽榕树、松树、荔枝树,有垂柳,有竹丛,浓荫一片,倒映河中,令酷热尽消,清凉宜人,为避暑胜地。鸟儿在树丛中飞翔,渔夫的歌声从水面上悠悠传出。这是当年广州城外乡村的一幅民间风俗画,被定为羊城八景之一,名"荔湾渔唱"。

到了清代道光年间(1821—1850),有个名叫丘熙的南海人氏在荔枝湾中竖起竹篱笆,将树丛作为帐幕,构筑竹亭,搭建瓦屋,筑起围墙,建造了个私园,名"虬珠圃"(亦有称虬珠园)。园内山水花卉、亭台楼阁俱备,还栽种了成片的荔枝林,供游人采荔游玩。

当时的两广总督、大学者阮元得知此事,认为"唐曹松咏荔于此",更可惜"唐迹之不彰",于是就把这"虬珠圃"更名为"唐荔园"。阮元的理由是:"盖以文人所游,乐有古迹,迹之最古者,当溯而著之矣。"① 由此可见经近千年岁月,荔园之名早已湮没,阮元给人家的园子改名,便是为了纪念唐代这个名园。当年唐荔园中有擘荔亭,丘熙在此开诗社征集诗稿,竟累积到千余首,其中有当时的著名文士张维屏的绝句,描写这园子的景色,抒发历史沧桑的感慨。诗曰:

不论节度与降王,伪汉真唐总渺茫。
千树离支四围水,江南无此好江乡。②

可见园景挺美。园中还有曹子礑石、彭殿题字、阮元手书诗及碑记,另有桥六座。这清代的唐荔园范围不小,比唐代真正的荔园要风光得多了。

---

① 〔清〕阮元:《揅经室续集》,中华书局1985年版。
② 〔清〕张维屏:《听松庐诗钞》,清嘉庆十八年版。

荔枝湾唐荔园

民国时，唐荔园渐荒芜。荒亭草萋，野树横斜，一片破败景象。以后无修复。1958 年在荔枝湾辟建荔湾湖公园，部分为唐荔园故地。

## 苏氏园

唐亡后是五代十国。刘氏割据岭南建南汉国，都城广州（时称兴王府）。苏氏园是见于古籍记载中的唯一一座南汉时代的广州私园。

据清史家梁廷楠所著《南汉书》载，苏氏园位于兴王府城外，在城西皇家园林昌华苑区附近；故址约在今西关蕉园大街、龙津东路以北一带。在南汉王大建园林之前，此园已经存在了。园主姓苏，名字失传，但肯定非富即贵。后来南汉王占了大半个广州城西建造园林，此园便与皇家园林相邻。

有关此园的文献资料主要见于北宋初年人陶谷所撰写的《清异录》，这是一部当时人记当时事的杂录之书（陶谷死于公元 970 年，南汉国于翌年被北宋灭亡），书中载："南海城中苏氏园，幽胜第一。"[①]

---

[①]〔宋〕陶谷：《清异录》，清乾隆《四库全书》本。

可见此园景色甚佳。据说那雨打芭蕉相衬着摇红的烛影滴至天明的景色是苏氏园独有的。不过园中有什么建筑，就无从细考了。相传南汉中宗刘晟曾与宠姬李蟾妃微行至此园中，在绿蕉林处闲憩饮宴，一时兴之所至，刘晟在蕉叶上大书"扇子仙"三字。后来有好事者就在该处修建了个"扇子亭"，"以纪胜云"①。也可见此园在当年州城中的名气，否则皇帝哪会来游园。

及后南汉国亡，州城遭火焚，苏氏园与皇家园林一同毁于兵燹，此后不传。

### 南园

南园是古代广州的著名园林，历元、明、清三代，有五六百年的历史，其故址在今文德路以东、文德东路和聚仁坊以北、德政中路以西一带。元代时（1271—1368），广州的南城墙在今文明路一线，这一带是在南城墙的南面，即在城外，属广州城南厢，加以园林美景，因而得名

1922年广州南园诗社同人合影

---

① 〔清〕梁廷枏：《南汉书·卷七·列传第一》，梓宗校点，广东人民出版社1981年版。

南园。不过园主姓甚名谁，早已无从稽考。岭南诗坛上历史最悠久的诗社"南园诗社"活动于此，是广州历史上最著名的一个文人聚集之处、一个文化中心。只不过随着岁月流逝，几许文采风流、多少园林景色都消散了，为世人遗忘了。

元代后期，南园在州城外城南二里，北临玉带濠。玉带濠开凿于宋大中祥符四年（1011），凿成后，行走舟楫，是州城外南面江边的避风濠。岸栽茂林修竹，垂柳依依。"南园蝴蝶飞，绿草迷行迹。青镜扫长蛾，娟娟弄春碧。"① 翠绿一片，蝶舞其间，环境幽美。于是文人雅士常在此相聚唱和。元末明初之际，孙蕡、黄哲、王佐、李德、赵介等五位文士骚客在此结"南园诗社"，号"广州五先生"，后世称"南园五子"，并筑抗风轩以延接一时名士。"高轩敞茂树，飞甍落远洲。移筵对白水，列烛散林鸠。"② 这是孙蕡咏当年南园幽雅的园景风光。

可惜好景不长。朱元璋当上皇帝，为巩固皇权，编织文网，向士林开刀，南园诗社三个主要成员黄哲、孙蕡、赵介先后被杀。王佐、李德幸免。随着主要人物的被害和辞世，南园诗社的文采风流消散。此地成了当时的总镇府，南园被废为总镇府花园。园林景色尚在，不过已从士大夫的宅园别业变成了官府衙门的园林了。

过了百多年，明嘉靖年间（1522—1566），御史吴麟在南园里修建了"三大忠祠"，故址约在今位于文明路与德政路相交处西南侧之文德里（相传文德里之得名，便是由于在这大忠祠旁），祭祀南宋末年的三位忠臣文天祥、张世杰、陆秀夫。祠左建有臣范堂，右有抗风轩，即南园五先生祠所在。随后，又在臣范堂的后面修建了罗浮精舍（精舍：书斋、讲学之所）。那时南园的园林景色已多荒芜。据约成书于明隆庆元

---

① 〔元末明初〕李德：《忆南园》，见杨资元、黎元江主编：《英雄花照越王台·甲编诗词·元明诗词》，广州出版社1996年版。

② 〔元末明初〕孙蕡：《南园》，见《番禺县志·卷二十三·古迹略一·城址 署宅》，邓光礼、贾永康点注，广东人民出版社1998年版。

南园十二子壁画

南园壁画

南园故址壁画

年（1567）的张萱《西园闻见录》记载，当时一帮太史、太常、太守、知县等官僚曾捐资修复南园旧址。

不久，欧大任、梁有誉、黎民表、吴旦和李时行五位诗人在此二结南园诗社，重整废园。史称"南园后五子"。又几十年后，明末期崇祯年间，陈子壮、黎遂球等十二位广州文士在此地三结南园诗社，复兴南粤诗坛，后人称为"南园十二子"。并曾一度修复此地园林旧址。黎遂球有《三月三日同诸公社集南园祓禊即席限韵》诗描写当年的南园景色："流觞接席凭虚槛，曲水依城系画船。晴散暖香花作雨，节当寒食柳如烟。"① 曲水回环，河岸系舟；柳叶轻摆，花丛片片。凭栏观赏，景色甚佳。

清军南侵后，"十二子"中的邝湛若、陈邦彦、陈子壮、黎遂球等人殉国。诗人们先后身死，南园诗社亦随明朝的覆亡而消散。当年清兵攻陷广州城，战况惨烈，血流成河，南园地域位于明代后期嘉靖年间所增筑的新城内，在这场兵燹中遭严重损毁，后随之荒芜；园中三大忠祠、抗风轩、罗浮精舍及园外的山川坛等建筑均毁圮。

清康熙六年（1667），番禺县令彭襄重修了罗浮精舍，不做书斋，而用来供奉观世音菩萨。康熙十年（1671），彭县令又重修了三大忠祠，额题"正气堂"，其右建"臣范堂"，其左建"远风堂"。这些都是对南宋忠臣的纪念和追思。康熙癸亥年（1683），番禺县令李文浩在大

---

① 杨资元、黎元江主编：《英雄花照越王台·甲编诗词·元明诗词》，广州出版社1996年版。

忠祠东偏重修抗风轩,仍是祭祀南园五子。① 第二年(1684),著名诗人王士祯奉命前来广州祭祀南海神,写了一部《广州游览小志》的小书,书中记述南园修湖池,筑楼阁,背枕玉带濠(现为暗渠,当年却是阔近十丈可走船楫的河涌),是一处胜地。可知南园风景当时已得恢复,是州人闲憩游览的地方。

乾隆二十三年(1758),知县彭科修葺南园三大忠祠,额题"日星河岳"。乾隆四十一年(1776),寺僧普三重修罗浮精舍。这时的南园"树带晚风吟叶响,窗开微雨隔虫声。石桥流水依然在,欲向清波暂濯缨"②。园林之景相当幽美。

清中期时的南园,在文明门(今街巷文明门与文明路相交处)以南,北临玉带濠,濠岸杨柳低垂;园中有池榭亭阁,荷花浮莲,几座重修的祠宇隐现于绿树丛中,园林之景幽雅清静,鸟语啁啾,为州城中南厢一胜地。李黼平《南园诗社行》描述:"星移物换速奔蛇,春入南园千树花。罥(缠绕)户游丝穿孔燕,拂檐垂柳噪栖鸦。"③

清后期,时局风云变幻,人口激增,南园又渐荒废,且渐为民众占据。南园前后五先生祠和三大忠祠都在同治六年(1867)曾重修过。同治十一年(1872)又重修南园,著名学者陈澧题额刻石。同治十三年(1874),总督瑞麟和广东巡抚张兆栋在今聚贤坊一带亦即南园旧地创建了机器局,模仿西方人制造枪炮轮船及各式武器装备,这是当年全国洋务运动中的一个组成部分,可惜成效不大,而南园园址因而更为缩小。

---

① 《广东通志》,见《广东历代方志集成》,岭南美术出版社2007年版。

② 〔清〕陈份:《抗风轩》,见杨资元、黎元江主编:《英雄花照越王台·甲编诗词·清诗词》,广州出版社1996年版。

③ 杨资元、黎元江主编:《英雄花照越王台·甲编诗词·清诗词》,广州出版社1996年版。

濠畔风光。19世纪中叶一位佚名画家的油画作品。依稀可见清代南园景色

过了十余年（清光绪十四年，公元1888年），两广总督张之洞重修抗风轩，同时另外辟地建祠祭祀南园前后五子，又把罗浮精舍改建于抗风轩的东面，而把轩内佛龛撤除，名则仍其旧。这时的南园，地域已不大，却也"茂林修竹，流泉映带左右，为士人休息胜地。自后郡人屡加修理"①。"楼台临水，两岸垂柳，小作勾留，令人想见秦淮风景。"② 可见其景色仍美得很。

清宣统三年（1911）夏历闰六月十七日，梁鼎芬、吴道镕、汪兆铨、黄节等八位当时的名士诗人在抗风轩重开"后南园诗社"，号召振兴粤东诗学，这是此地第四次结诗社，与会者达百数十人，为广州文坛一时盛事。可惜这诗社几如昙花一现，对后来也没什么影响，而那时的南园已趋废芜，并渐成民居。进入民国后更是园林景色尽去，全为街巷居宅，痕迹全无，只留下了一个地名：聚贤。

今文德东路以西有条聚仁坊，原名是叫聚贤坊的，为避免重名，在1931年改今名。在其西段北面的那条街，至今仍称聚贤北街。所谓"聚贤"，即源于此地的文采风流。

### 清泉精舍·玉山草堂

清泉精舍在清泉街。清代时，清泉街又称儒林坊、清泉巷，在越秀

---

① 《番禺县续志》（清宣统）。

② 赵起鹏：《锡麓归耕图唱和诗·附录》，见黄佛颐编：《广州城坊志·卷四·新城·聚贤坊》，仇江、郑力民、迟以武点校，广东人民出版社1994年版。

山南麓，今粤王井北侧应元路之西段（约今连新路至解放路段）。"越井一名清泉。今越井南衢犹以清泉名。"① 这是其得名由来。

精舍，是不以书院命名而实际上属于书院性质的讲学处所，亦是书斋。清泉精舍，明代正德（1506—1521）进士、御史黎贯建。② 又或说是明万历诗人、黎贯之子黎民表建。③ 清乾隆·檀萃《楚庭稗珠录·二》称："清泉精舍，在粤秀之麓，从化黎（民表）秘书归田，筑山房于此。"做讲学之所。当年此地林木繁茂，非常幽僻，"寂历人烟连浦树，萧疏风雪静柴门"④。是一处私家园林地。

清代前期精舍尚存，清乾隆年间（1736—1795）废圮。故址后为梁氏别业（私园），更名玉山草堂。其附近有祠，名一山祠，祀明御史黎贯，清雍正年间已废。清末，玉山草堂已毁圮无存。民国时期，清泉街扩建为马路，仍称清泉街。1982年扩建后与东段的应元路合称应元路。即为今应元路之西段。环境大变，私园痕迹无存。

## 湛家园

湛家园在明代小北门内，位于今法政路北侧、越秀北路（当年此路是城墙）西侧。修建年代约在明嘉靖中后期（1536—1560），为当年广州城北著名宅园别业。其主人是湛若水，明代大学者，曾任南京吏、礼、兵三部尚书。

明嘉靖十五年（1536），湛若水告老南归。在州城北修建了这座私

---

① 《南海县志》（清乾隆）。"南衢"应为"北衢"之误。

② 〔明〕黄佐：《广东通志》，见广东省地方史志办公室：《广东历代方志集成》，岭南美术出版社2007年版。

③ 〔清〕《广州府志》，见广东省地方史志办公室：《广东历代方志集成》，岭南美术出版社2007年版。

④ 〔清〕瑶石：《除夕前携子侄步自玉山登大士阁》，见檀萃：《楚庭稗珠录·二》。

家园林，作为自己退休后居住、游憩和讲学之所。此后，他就专门从事教育活动，直到逝世。在府第的南边，又建造了一座书院，取名"天关精舍"，由另一位学者庞弼唐（庞嵩）主持讲席。著有《岭海舆图》的巡按姚虞后来在此地修建了天关书院，"四方来学者聚会。后为第，子孙居之"①。这姚巡按可能是在天关精舍旧址处重修了天关书院。

当年的湛家园占地广阔，清同治《番禺县志·舆图》标出"湛家园"的地理方位图，据此对照当代《广州街巷图册》，今"湛家大街"及"湛家一至五巷"都是湛家园故址所在；而今小北路东侧、法政路西段北侧之内街马庄一、二、三巷，相传就是湛若水当年的养马房，并因而得名。也就是说，东至湛家巷，西至马庄巷，包括现在的市委大院地域在内，当年的湛家园广达数十亩。引东面城外的东濠水入园，筑溪池，修石桥，花草繁茂，树木葱茏，亭台楼榭，隐现其间。其园林景色，为城北一胜。

湛若水去世后，庞嵩与黄莱轩等广州名士骚客仍不时相聚于天关书院，后在天关书院和水隅洞（约在今湛家大街）均建有文简祠（湛若水谥"文简"），整个湛家园则渐成湛氏家族的聚居之地，并建起了街巷。

今东风中路一段和人民后街一带当年统称作"天官里"。何为"天官"？相传是由于湛若水曾任吏部尚书，吏部俗称"天官"，而这一带又是天关书院所在，故人们遂将"天关"谐音为"天官"。今有资料称湛家园存在了数百年，直到第二次鸦片战争时被毁。其实不然。清末《番禺县续志稿》载：明末时，行人（明代官名，掌传旨、册封等事）梁万爵就住在天官里，清初顺治三年（1646），广州城被清军攻破，梁跑到后园濠上跳水自杀。可知那时湛家园至少已是部分成了非湛氏家人居住的街巷，园林风光大不如前了。

---

① 《番禺县志·卷十七·建置略四·坛庙（祀典礼节附）》，邓光礼、贾永康点注，广东人民出版社1998年版。

清乾隆时，湛家园已多为民居所占，到清代中期这一带拆建，便命名为湛家大街，今同名。几十年后，清嘉庆二十三年（1818），黄芝撰成《粤小记》，书中这样记载："会城内东北里许，有旷地数十亩，乃前明湛文简退休之所，今呼为湛家园，里曰天官。虽荒废，而树木依然，石桥仍在。"① 可见直到那时，湛家园园林景色犹有残存。

又过了几十年，清道光二十六年（1846）举人、曾任湖南知县的番禺人江仲瑜在所著《掷余堂吟草》中收有《新辑羊城竹枝词四十四首》，其开篇之作是："任嚣城北绝尘喧，佳节关心届上元。灯火辉煌明月上，采青争到湛家园。"

这可能是描述湛家园的唯一一篇文艺作品。"任嚣城"即广州城（任嚣是秦朝大将，率兵南下统一岭南，在今仓边路一带修建了广州的第一座城池，后称任嚣城）。诗的第一句说明了湛家园的方位：在城北。一个"绝"字点明这是一个非常宁静的地方。到了正月十五上元节却是另一番景象了：元宵之夜，灯火辉煌，一轮明月悬挂天空，人们到湛家园来参与游园、采青活动，欢度佳节。这是当年的闹元宵民俗，可知在道光、咸丰年间的湛家园仍是州人的一处游览地。

可惜这一切没过多久就结束了。咸丰六年（1856）十月，第二次鸦片战争爆发。咸丰七年年底，英法联军攻陷广州城。在这场"夷乱"中，湛家园被炮火夷为平地。后来人们在这废墟上重建街道，为纪念湛若水，故仍以"湛家"命名之。而湛家园园林之景遂湮没。

**晚景园**

晚景园在西关旧带河路（现已扩建为康王中路）东侧晚景里一带。晚景里及附近晚景东、晚景西、晚景新街等皆因此地曾有明代私园晚景园而得名。

晚景园园主名黄衷，南海人，明弘治年间（1488—1505）进士，

---

① 〔清〕黄芝：《粤小记》，清道光十二年（1832）刻本。

官至兵部右侍郎。著有《矩洲集》及《海语》。黄衷致仕（退休）归穗，在西关选中此地做居宅建私园。因年事已高，故题园名"晚景园"。

当年晚景园景色幽雅，西临荷溪，周围环境一派乡野风光。据黄佐《泰泉集·矩洲书院记》的记述，晚景园绕以篱笆、竹丛，园中有十余房舍，园门高耸。入园门，一条直道，两旁栽种荔枝树，四周田畴，"云萝烟水，远混天苍"。园之西偏，建矩洲书院。黄衷与其弟一起在此讲学授徒，游咏为乐。荷溪岸边，用似玉的美石筑成堤围。园中有一湖，名石虹湖，湖水与荷溪相通，水道上建石桥。湖水深绿，湖岸修竹成丛，松柏成林。有一房舍，"窗牖珑玲，宇庭靓深"，名"浩然堂"。堂之左面有房舍，名"天全所"。庭中建二轩，东面的名"青泛"，西面的名"素华"。前面是草堂，名"鸥席"，又建榭，名"后乐"（后天下之乐而乐之意）。园中小径曲折，连通各处。一派南国水乡的园林景色。

明代后期，在晚景园的南面，建有一座梯级半月形小木桥，名顺母桥。桥身不高，桥两边围栏上雕有精美的花草图案。桥头上有副对联："顺母桥头观晚景，潮音寺内听潮音。"（晚景一词二义，一指晚上之景，一指晚景园）。桥下为荷溪南源流经。

明嘉靖三十三年（1554），黄衷去世。晚景园后渐荒芜，大概在入清后渐废，演变为村名，名晚景园村。① 矩洲书院大概在清初尚存，后亦毁圮不存。

清中期，广州纺织业发展迅速，西关地域，包括晚景园村，被开发成机房区，农田渐成房屋、作坊、店铺、机房等。② 至晚清时，晚景大街自北往南穿过晚景园故址，附近已建成车公巷、成金巷、福巷、晚景

---

① 〔清〕谭莹：《乐志堂诗·自注》，清咸丰十一年吏隐园刊本。
② 《广东省城图》（清咸丰）。

东、晚景西、晚景新街等街巷。①

1921年，晚景大街扩建为带河路所在段，因北面原为带河大街，故统称带河路，即为带河路之南段（带河涌边街以南段）。晚景大街从此不存。21世纪初扩建康王中路南段，此段带河路部分成了人行道，部分用于建筑大楼。今天人们走过此地，一派繁华都市景象，很难想象此地曾是一派乡野风光的私园别业所在了。

## 后乐园

明清两代，广州各有一座名叫"后乐园"的私园别业，均在城外。清代的那座在河南，明代的那座在西关。今天广州的人民路，南北走向，大约自市一医院门口至今上九路口一段即为明代广州西城墙所在，此段城墙以西即为西关，地域大约即今荔湾区大部（不包括原来的芳村区）。明代广州的后乐园在正西门（今西门口即其当年城门所在）以西200余米处，即浮丘石所在。

这座后乐园的建造时间大约是在明隆庆年间（1567—1572）或稍前。园主人是位姓王的光禄大夫，因为人耿直，在官场混不下去了，便归故里，就在这"城西郊外浮丘之址"处购买了一个园圃，着意大加经营。

园内栽种花木，嘉树葱蒨；筑一曲池，池中间构一小亭，名"一鉴亭"。在亭的西边垒筑石山，成一洞穴，称"元览室"。园北建修竹轩，轩之东建茂林精舍（书斋），于是一个平常园圃被整治成一座颇具规模的宅园别业，亭台楼阁、水榭曲池一应俱全，"大增胜焉"成了当地名胜。那些平日跟这位前光禄大夫酬诗唱和的文士骚客把这园主人比作范仲淹，为他题了"后乐"匾，做了园名②。

---

① 《广东省城内外全图》（光绪三十三年）。

② "后乐"取自范仲淹《岳阳楼记》名句："先天下之忧而忧，后天下之乐而乐。"

有关这座私园的资料主要见诸明隆庆年间进士袁昌祚《东莞集·后乐园记》。以后就没见其他记载。后乐园建成后不久,明万历八年(1580),赵志皋被贬官来到广州,在浮丘石上大兴土木,"辟而拓之"(详上文《浮丘石·浮丘寺·浮丘丹井》),在这过程中,后乐园可能被"兼并"了,从此消失。

**龙津园**

龙津园在城西郭外龙津桥一带,园主是明代隆庆戊辰(1568)进士,曾任南京湖广道监察御史、四川参议的陈堂。

龙津桥在今龙津路与康王路相交处西侧。当时此地有水道,故有此桥。桥之始建年份不详,约在明代中期。明万历二十三年(1595)郭棐《广东通志》载:"龙津桥,在城西荔枝湾。"由此可知当年此地属荔枝湾。桥旁有水井,井水清甜可口,故名龙津。井未知湮没于何时,桥却是因之得名,今龙津路亦因之得名。

陈堂为官耿直遭贬,回到广州城奉母家居,在龙津桥一带建祠构第,筑敕书楼、逍遥楼、藕花庄、龙津别墅,又建祖德祠、世恩祠等。陈堂又是浮邱诗社成员,故又筑亭馆于浮丘山麓,称朱明洞。

1930年扩建龙津桥马路的情形。明代龙津园在此地一带

"往来寄傲其间。"① 有《朱明洞稿》存世。

世恩祠是园中主要建筑,在龙津桥右侧,有一亭一厅。亭名南熏,前厅名止足居。二楼名御书楼,用以收藏诰敕。二楼之厅名贻谋,藏石刻小像。

祖德祠在城西沥水巷陈氏祖地,后有朱明洞、眠云阁、青樾斋、观窍亭、洗砚池、菊径诸胜堂。可见这龙津园占地颇广,是一处具有一定规模的私家园林。当年龙津园四周,池塘片片,多种莲,一派田园风光,亦为民居之地。陈堂在此栽树种花,建筑亭台楼阁,又有河涌流经,景色颇佳,而成当地一私园名胜。

母亡,陈堂离开广州复出为官,龙津园渐废,终至湮没。后人在龙津桥旁建陈光禄公祠,祀陈堂。后亦毁圮不存。

## 小云林

小云林在城北越秀山南麓,晚明官宦李待问所建私园别业。故址在今继园东(巷名)以西,十九洞以南地。东邻明代中期的粤洲草堂故址。

李待问是南海人,万历三十二年(1604)进士,历官至户部尚书,为官有政声。尤致力于河渠漕务,为崇祯皇帝所器重。患痿疾,于万历戊申(1608)初冬归里,翌年(1609)春,在广州城北买了一块地建私园,辟湖池曲溪,湖广五亩左右(约3300平方米),湖岸种植槐树、柳树,间种芙蓉、桃、李之类。筑亭台楼阁,景色相当幽美,称小云林,是当年文人骚客相聚唱酬之地。每当池水漫溢,黄昏斜阳,明月东升之际,李待问便与三五文友,泛舟湖中,酌酒酬唱。又命童子吹箫,李待问边扣舷和之,边放声高歌,"声振林木"。

湖池种莲,荷香袭人,凫鹭飞止,池影上下,虽酷暑仍十分清凉。湖池西南隅,建酒楼,兀起树丛之中,楼上树起旗帜,迎风招展,文友

---

① 《广州府志》《南海县志》《粤台征雅录》(清乾隆)。

泊舟其下，任意取醉。湖池正北面，建一亭，名"湛碧"，与城中的光塔、花塔遥遥相对。在亭后垒土筑台，相隔大片树丛，亦与朝汉台遥遥相对。台之左右两边，叠石为山，栽种时花、修竹，非常浓密。台左面，有古榕一株，如盖如伞，浓荫可遮数十人。筑石磴，与亭台相连通。湖池的左面建桥，名月波桥，桥外建亭，名招鹤亭，因为园中养了两只仙鹤，客人招之，二鹤便飞舞蹁跹，久之乃去。湖池右岸，建驭风亭。意取自《列子》。坐亭中，有如坐在船上之感，小云林在粤秀山主峰之下，四望苍翠，幽胜异常。正南面为水云居，与湛碧亭相对。水云居内设钟磬、蒲团等禅具，藏《楞伽》《法华》诸佛经。世事烦扰，则可在此入定。

自招鹤亭前行数十步，为山坳处，别有一洞，洞前万竹森列。又植名菊数径，香色错落。中建一楼，名"影山楼"。登楼眺望，只见前方苍翠青山，天上白云悠悠。楼下开诗社，李待问时与十数诗友，在此小酌，分韵赋诗。焚香散帙，说是仰慕莲社之遗风（莲社：佛教净土宗最初的结社）。

湛碧亭右面建有元同轩，别设药室，室中设丹炉月鼎，留心摄炼之术，取方外之意。亭左面建青霞精社，窗牖牢密，可避风雨，隆冬邪寒，就在此处习静。湖池岸又修钓月台，闲暇时在此钓鱼。整座园林称"小云林"，四时之景俱备。

园子虽在城中，幸而距市廛颇远，人居稀少，故绝无喧嚣杂沓的烦扰。宾客不来时，关了园门，倚着几案，只见园中小径上飘荡着烟霞，一派绿荫掩映。又或在园中闲庭信步时，只见白云飘过，小溪清流，如在桃花源般，顿忘世事。本园无旷野大川，亦无流泉岩谷之胜景，然而云动水静，一任自然，人在此中，可以颐养天真了。

以上主要据李待问撰《小云林记》（载于清乾隆《番禺县志》卷十九），从中可见当时士大夫的情趣及私家园林的建筑风貌。

小云林在当时是广州城北著名私园，至明末时破败。清代，故址建为继园。今此地一带遍筑高楼，古园林痕迹无存。

## 北园

北园是明代后期广州城北私园，故址在今小北路西侧大石街一带，那里地处明代小北门内①，亦即在城内。当年此地处越秀山之东南麓，山坡逶迤，林木葱茏。明代广东贡院（科举考试场所）就在此地。

明嘉靖十二年（1533），巡按周煦在粤洲草堂的南面为黄畿、黄佐父子建造了一座"逸士坊"，位置在贡院的右（西）边；而北园则位于贡院的左侧。据史乘记载，这宅园别业属"原黄文裕书院"（黄佐死后谥"文裕"），也就是说，这别业是原粤洲书院（详下文《学院园林·粤洲草堂》）的一部分。

黄佐在此授徒时的粤洲书院占地广阔，风光甚佳；嘉靖四十五年（1566）黄佐病逝后，书院便渐废圮。北园幸得独立成园，保存了池子、楼榭，也保住了优美的园林景色。明万历年间（1573—1620），广东顺德女诗人刘雪兰曾游此园，写诗称北园"云破数峰浓似墨，风摇一水绿于萝"。环境雅致幽静，是士大夫们吟咏酬唱、闲憩游乐之所。

明末崇祯年间（1628—1644），"南园十二子"之一的广州著名诗人黎遂球重整北园，修葺荷池，建造凉亭，栽种花木，绿树红花，碧池浮莲，北倚粤秀，为一时之胜。可惜好景不长，几年后清军攻占广州城，战况惨烈，北园遭了兵燹之灾，亭台楼阁均毁圮，随后荒芜，再无恢复。

## 东皋园

东皋园又称东皋别业，是明末南海举人陈子履、陈子壮兄弟所建私家园林，规模宏大，在广州私园史上有重要的地位。园始建于明崇祯四年（1631），故址在今中山四路北侧东皋大道一带。今东皋大道即因而

---

① 今越秀公园东门对出的原小北花圈即古小北门所在，因阻碍交通，修筑在那儿的圆形水池及假石山均已拆除。

得名。

当年此地乃广州城大东门外郊区，松林成片，翠竹夹道。陈子壮的伯父陈熙韶（任南户部员外郎）在崇祯三年（1630）撰《玉带桥记》，记述此地状貌。

出东城门数十步，折向北，便是山口。过去这里榛莽一片，西面有薄田数亩，抵长春庵。有长者说，此地名"玉带"，未详其来历。可能是由于有水道环绕。山口外，是车马往来之古道。入山口，筑一石桥，可走车马。东皋水下是锦袍湾，穿过九龙井，委折向西，有画舫，湖池涟漪，水域广阔，筑有玉带桥。桥周栽花，鸟鸣啁啾，是一处游乐的地方。

可见当年此地已有相当幽雅的园林景色。翌年（1631），陈子壮兄弟正式在此处建私园，修整湖泊，引入白云山文溪水，集池亭楼阁、山林陇亩于一园，面积达数十亩。

清初屈大均曾在此园中主持东皋诗社，他所著《广东新语》记述当年的东皋园是这样的（括号文字为笔者所加注释）。

园门南向，入门，迎面一湖，名"蔬叶湖"，据传曾有蔬叶自罗浮流至湖来（这纯属传说，不可能的事），湖中有楼，环植芙蓉、杨柳。楼前有三座白色石峰矗立，高达数丈（十余米）。

湖岸栽种榕树，堤有竹坞，步步萦回，小汊穿桥，若连若断。筑挹清堂。一路走来，奇石起伏，又有陂陀岩洞与花林相错。其花不杂植，各为曹族，以五色区分。林中筑亭、榭，以所植之花命名。器皿、几案、窗棂等亦各肖其花之形象。

明末时，今永安横街一带以南即为珠江江岸，而东皋别业的南面为东较场（当年的较场比现在的省人民体育场要大得多），四周又是田畴之地，故登园中之台，可眺珠海前环，水天一色。往北望，白云山逶迤起伏，蒲涧、文溪诸水被引入园中，曲折交流，悉贯玉带桥而出，穿园南流而去。

湖上有四只彩舟，称只在、弄碧、渔长、浮家。客人到来，随意在湖上泛舟，主人不问。

　　河溪夹岸桃树，建有一座牌坊，上书"桃花源里人家"六字。走过一处曲流，到锦袍湾，湾曲处有九龙井。转向西走，见湖上凫鸥相逐，"湖广不知其几十里"（由此可知当年东皋园占地甚广，但不可能几十里）。湖的尽头为一片松林，苍劲挺拔，直接赤岗山径方止。桂丛藤蔓，缭绕不穷，回环曲折，很易迷路。陈子壮有诗咏："山水经营始宁墅，画图二十孟城坳。"①

　　清末民初《番禺县续志稿》对东皋园的记述又有所不同：

　　东皋园在东门外。崇祯四年（1631）辟建。北倚白云山，南望东教场，东北望镇海楼（应是"西北望镇海楼"），为粤秀山之胜。有孔道称"山口关"，东西稍南建有玉带桥。依山委折，路径称"干霄"，路两旁种着高高的竹丛。园门称"虽设"。入门，有堂三间，建于湖岸，名"浣青"。并立两石，棱骨高耸，湖岸竹丛尤密。东出庑外，木樨丛径，为"金粟馆"，馆旁蹑级登山，右有台名"浸月"，境极幽辟。循级下，为"浴鹤池"。池外有花坞一区，四面环水，遍植藕花。有亭名"十丈"，护以朱栏。坞中建竹屋，不用砖砌，以茅草为盖，疏棂豁牖，湖面荷花飘香，陈子壮题名"绿云堆"。东面有田数亩，建农舍数间，为耕夫居处。

　　南出洞门为"梅岛"、鹤径亭，其上筑台，名"元览"，登台可南望珠江，看风涛帆樯之出没。西面有"怀新轩"，取陶诗"良苗亦怀新"之意。后面有池沼，种朱鱼百尾，称"戏鳞"。前面则菜畦交错，田尽有堤，堤上种满荔枝树。临岸建"泛花亭"，亦是陈子壮题字。由亭经锦袍湾，出玉带桥，与西堤水汇合。湾的南面有"锄经馆"，碧阴如幄，茶寮基墅钓矶互映。花间有一坎，径八尺有余，掘土得泉，底砌纯石，泉旁立"九龙井"碑。湖岸系四只彩舟，称恰受、只在、弄碧、

---

　　① 〔清〕屈大均：《广东新语·卷十七·宫语·名园》，见《清代史料笔记丛刊》，中华书局1985年版。

渔长浮家，可在湖上荡舟。约十步外有月门，称"碧丛"，"最胜楼"当其处，楼磴曲折。

西面为蔬叶湖，曾有蔬叶自罗浮流至湖中，因而得名。湖岸筑堤，以时蓄水。湖心有楼名"舒啸"，楼下建柳浪亭。南面为开镜堂，松林成片，苍劲挺拔，远望一片翠黛，清泉如鉴。又有"话雨窗"，悬榻可供客留宿。折向西面，有老榕一株，浓荫蔽地。又建有长春庵，不时响起敲钟与木鱼之声，梵音袅袅，真是一处清凉的境地。有亭名"消夏"，门上题"桃花源里人家"六字。词客名流汇集此地觞咏，更为胜景。

以上两段记述，写尽陈子壮这大官僚兼大文豪所建私园的风光。简而述之，这园林的建置大致是：入园门，迎面有堂三楹，堂前筑假山，东西两面为金粟馆、园桂苑、浸月台、浴鹤池、荷花池。园南有梅岛、鹤径亭、元览台。园西有怀彩轩、金台池、荔枝林、舒啸楼、开镜堂、长春庵等。整座园林以模山范水为基础，师法自然；布局统一和谐，曲折多变。园中湖面宽阔，达数十亩之广，楼、堂、桥、榭、奇石、花木相间。又有山林陇亩，可说是一座典型的岭南私园。

明亡，陈子壮死难，东皋园随之池馆荒废。清康熙年间（1662—1722），驻防镶黄旗参领王之蛟修葺东皋园，成了他自己的私家园林，同时聘屈大均、陈恭尹、梁佩兰等人主持，在园中成立了东皋诗社。四方文士闻讯，纷纷前来加盟，一帮士大夫便在园中的东皋草堂内互相酬唱，饮酒吟咏，热闹时竟至门庭若市，与南园诗社不相伯仲。"四方投篇赠稿者，门不停轨，与昔之南园颉颃。"①

清乾隆年间（1736—1795），东皋园已荒废，渐有民居。清乾隆《广州府志》载："东皋，在东门外，御史陈子履建。池、亭、楼、阁、山林、陇亩悉具，为一时名园。今废。"不过直到道光年间（1821—1850），园林之景尚有残迹在。清道光二年（1822）《广东通志·广东

---

① 〔清〕梁鼎芬：《番禺县续志稿》，清末宣统三年刻本。

省城图》仍在此地标出"探花桥"(即园中的玉带桥。因陈子壮廷试中一甲第三名,俗称探花,故玉带桥后来称探花桥)。直至民国初年,此地一带仍多池塘。今园迹已无可寻。附近街道因园得名,东皋大道名相沿至今。

**云淙别业**

明代末期,在广州城北白云山上,有一处颇有名声的私园,名"云淙别业",亦名"云淙别墅",园主也是陈子壮。园址在今白云山九龙泉、双溪古寺以至南麓濂泉坑一带,园地甚广。

云淙别业的修筑是因为陈子壮被罢了官。明末崇祯六年(1633),性情耿直的陈子壮上疏指陈弊政,得罪了权贵,不久被除名下狱,再后罢官归粤。他回到广州,便在此处蓄池修筑私园,园中建有云淙书院,故名,时人亦因而称陈子壮为陈云淙。陈子壮在书院前挂着唐代大诗人杜甫的联句:"天下何曾有山水,老夫不出长蓬蒿。"以表达自己忧国忧民之心。

清嘉庆仇巨川《羊城古钞·卷三·书院·云淙书院》记云淙书院"在城东二十里白云山之麓月溪之上"。"城东"的说法是错的,应是"城东北";"山麓"的说法也不准确,应是半山腰。白云山上有滴水岩(今"天南第一峰"牌坊所在),为白云山最主要的水道菖蒲涧(简称蒲涧)的源头,当年山上水量比现在大得多,故有宋代羊城八景之一的"蒲涧帘泉"。泉水从滴水岩流下,汇成溪流,称月溪。清初屈大均释其名曰:"群峰掩映,若云间之月,故曰月溪。"[①] 因"二水夹流",故亦名"双溪"。

溪侧有九龙泉(今在"广州碑林"内),当年人迹罕至,环境是

---

① 〔清〕屈大均:《广东新语·水语·月溪》,见《清代史料笔记丛刊》,中华书局1985年版。

"峨峨白云，梯天直上。下有灵泉，飞光结响"①。其幽深之胜，跟现在大不相同。南宋绍兴年间（1131—1162），太尉苏绍箕（有古籍写作"基"）在此建有月溪（禅）寺，并"舍田以供香灯"，②后病逝，就葬在寺的后面。明代嘉靖年间，月溪寺被改建为铁桥精舍（书院），寺前曾建有文昌庵，俯瞰月池。可惜这些建筑后来都毁圮了，而苏绍箕墓至今犹存。

陈子壮在此地建云淙别业时，月溪一带阴壑幽岩，茂林修竹，云岫山岚，灵泉绕地，可谓野趣盎然，如一幅迷人的山水画。"溪参灌木入，行并修篁转。禅界（指月溪寺）稍歇堙，灵泉犹清浅。"③

陈子壮罢官隐居于此，正是看中这样的幽景灵泉。与他同时代的屈大均撰《广东新语》如此描述当年云淙别业的景色：

白云山巅，为摩星岭；半山腰筑有白云寺。寺左面有一溪流，名"归龙"；溪流上面是一道高百仞的瀑布，山水喷薄而下。陈子壮潴水为湖。湖东北筑楼馆数十处，环植荔枝、梅、竹等，这就是"云淙别业"。下面有两座古寺：右面的是景泰寺，左面的是月溪寺。小径树木成林，水清洌，石奇异。不染一丝人间烟火气。

当年的云淙别业便是在如此幽静、人迹罕至的山谷中依山势而修筑的。陈子壮潴瀑布水为湖，名宝象湖，湖水面积甚广，清嘉庆《羊城古钞》称："每风起，波涛荡漾，与帘泉争响，洵快境也。"但《羊城古钞》记湖水面积为数百亩，今人亦有臆测为百余亩的，其实都是夸张之

---

① 〔清〕张其翻：《白云山九龙泉铭并序》，见《学海堂二集》卷一六，清道光十八年启秀山房刻本。

② 《古今图书集成·方舆汇编·职方典·广州府部·广州府古迹考·陵墓附·番禺县·太尉苏绍箕墓》，见《古今图书集成》，中华书局、巴蜀书社1985年版。

③ 〔明〕吴旦：《月溪》，见《番禺县志·卷五·舆地略三·川》（清同治十年）。

词。一亩为 666.66 平方米，百亩为 66666 多平方米，比现在的整个人民公园面积还要大。以山腰地势，这是不可能的。

宝象湖东北建楼馆数十，包括云淙书院、兼山草堂、邀瀑亭、镜机堂、海曙楼、余啸阁、清冷庵等园林建筑。

当年的云淙别业，园中种植了大片的松、梅、竹、柳和荔枝，亭台楼阁隐现其间，真是一处很适合当年士大夫审美观感的妙园。南园与云淙别业都成了当时岭南文人的雅聚之地。与此同时，被称为孝廉的崇祯十五年（1642）进士梁朝钟与山人苏秩秋在月溪旁修建了"双溪禅院"，清乾隆朝《番禺县志》描述此禅院："二水夹流，中开放生池，环抱开豁。"成为云淙别业范围内的又一处名胜。

云淙别业建成没几年，明朝覆亡。陈子壮毁家纾难，抗清死节。此后云淙别业无人打理，大片园林走向荒芜，园中的楼宇亦随之毁圮。所谓"云淙沦于烟草"，"日就荒芜，兹所存者仅故址矣"①。月溪一带的景色更显幽深沉寂，冷落异常，月溪寺、双溪禅院虽犹在，而更为人迹罕至了。

过了八十年，乾隆二十九年（1764），大学者翁方纲来广州出任广东学政，据其《云淙别业》诗描述，当时月溪一带尚存云淙别业的部分池亭残迹。又过了约百年，即清咸丰、同治年间，此处修建了双溪古寺（修建于明末清初的双溪禅院以后再不见记载，双溪古寺可能即以双溪禅院改建）。寺周环境清幽。有楹联咏："拨开乌云见青天，千百年林莽迷离，复睹庐山真面目；坐揽江山看胜地，一二点尘埃不见，好沿泉水悟真心。"全联触景生情，充满禅机。

可惜双溪古寺在抗日战争期间被毁，再无修复。原云淙别业的池亭遗迹则到民国时期已全部毁圮，几乎是了无痕迹。时至今日，白云山中尚可使人想起这座闻名一时的私宅园林的大概是"朋泉"遗迹。

---

① 〔清〕仇巨川：《羊城古钞·卷三·书院·云淙书院》，见《岭南文库》，广东人民出版社 1993 年版。

今朋泉在白云山双溪古寺遗址内，因井为五口，故易名为"五宝泉"。游人所见，是五个平面方形井口，乃20世纪50年代时重新砌筑的。井口边长0.80米，深1.6米，泉水甘冽。井泉旁之双溪古寺遗址早已夷为平地，铺了石板，现在更成了茶市饭馆。四周浓荫匝地，景色颇佳。可惜游人太多，时时人声嘈杂，当年云淙别业的山谷林川野趣便几乎没有了。只墙壁上嵌着的四个横书正楷大红字"双溪古寺"，还可使有心者发发思古之幽情。不远处的陡坡上有双溪旅舍（又称双溪客舍、双溪别墅），建造于20世纪60年代，颇具山林别墅意境。不过跟三百多年前的云淙别业相比，不论园林建筑样式还是四周环境，都几乎是两码事了。

### 洛墅

洛墅也是陈子壮的私园，其故址在今广州市东川路西侧元运街一带，建园时间也是在明代末期。当年广州的东城墙在今越秀路，今天的东濠涌便是当年东城墙外的护城濠，元运街这一带是城外东濠以东郊野地，现在此地楼房连片，当年却是低矮小丘起伏，田畴菜地连片，池塘处处。

陈子壮就在这片郊野上建起了园林，占地广达十余亩，也就是过万平方米，自题"洛墅"匾挂于园门上。园中有池塘三口，后建成湖，广十余亩；湖周广筑精舍，建造亭阁水榭。湖上斜跨弓桥，画舫荡于水面，舫额"此花身"三字，取自唐人诗句："几度木兰舟上望，不知原是此花身。"湖水荡漾，岸边垂柳依依，亭馆隐现，风景颇佳，故又曾在园门挂"虫二"匾，看到的人不明其义，问陈子壮，陈子壮答道："此雅谜也，寓'风月无边'四字耳。"[①]

每到春秋佳日，风光明媚，陈子壮便在洛墅里大集名士，歌裾舞

---

[①] 丁仁长、吴道镕等：《番禺县续志·卷六东关·元运里》，梁鼎芬修，广东人民出版社2000年点注本。

扇，盛于一时。数年后，清军攻陷了广州城，陈子壮死难，洛墅没了主人，便"亭池荒芜"了，幸好园中的九曲池、玉带桥尚存。过了十多年，即康熙初年，镶黄旗参领（正三品的军官）王之蛟把这处地方占为己有，大兴土木，修亭阁楼馆，建成了他自己的私园。

清代中期，今元运街称元运里，当年洛墅园林犹有故迹在，而文采风流不再，更越渐荒废。到民国拆城墙时，洛墅故园早已变为民居，曾闻名一时的名园已了无痕迹。现在这一带是市区商业旺地，行人熙来攘往，店铺相连，热闹得不得了，令人很难想象这里曾是城外郊野，曾有过一座风光秀丽的私园了。

**磊园·颜氏别墅**

颜氏别墅在今西关蓬莱路北段西北侧之颜家巷，清代时，曾为西关地区的著名私园。园以石胜，故名磊园。

园约建于清代乾隆年（1736—1795）前期。园主颜时瑛，号肇斋，经营洋行，颇有成就。其兄名书巢，喜欢招朋引类，经常与一帮风流墨客在磊园的画影堂饮酒咏诗。清前期文人吕坚《迟删集》有《游磊园同张药房、周松压、颜菊湖》诗，自注："绮红小阁，最幽处也。"① 可见当日这些文人墨客游眺之盛。

颜时瑛是颜嵩年的祖叔父。颜嵩年写了部《越台杂记》，讲述清代广州的传闻逸事，书中颇为详尽地记述了颜时瑛发迹后建磊园的景况，大意是说：磊园在城西十八铺，是先曾祖的故宅。先曾祖去世后，颜肇斋便承继先业，经营洋行，结广交游，好画工诗，将先人故园增修扩建，大兴土木。落成后，景致幽雅，超凡脱俗。园中多垒英石为山，故名磊园。②

---

① 〔清〕吕坚：《迟删集》，清滋树堂刊本。

② 〔清〕颜嵩年：《越台杂记》，见《清代广东笔记五种》，广东人民出版社2006年版。

不少文人雅士有诗咏磊园，其中陈缬芳的《磊园百韵》吟咏得尤为详尽，被收入《岭海诗钞》一书中。

磊园不但是西关名园，而且也是羊城名园。园中辟有十八境，为一时之巨观。眷宅前厅为四箴堂，堂的东面是辉山草堂，堂阶前叠蜡石为丘，看上去温润如黄玉，令人咄咄称奇。草堂的东面有条小径，称"桃花小筑"，由径往北行数十步便来到"遥集楼"，这是进园后的第一境；北面有"静观楼"，二楼相对。楼上贮古今书画、金石玩器，凭栏环眺，全园的景色一览无遗。楼的东面有小径通往倚虹小阁，阁旁环植花木；又有一桥，连接英石假山。日落之时，阁上红墙与晚霞辉映，突出在一片绿树之上，景色甚佳。阁前是一路假山，峰峦向背，岩洞幽深，皆以英石垒成，玲珑臻妙。山腰处筑"留云山馆"，清乾隆乙卯年（1795）举人李文藻《寄张药房诗》咏："磊园曾共到，泉石最怜渠。"便是指的此处了。

留云山馆下面为松径，一片青松，前临水，后依山，至山尽而止。远望，可令人忘记此是城廓之地。走松径度过一道石梁，建一厅，样子如莲花瓣，匾题"一瓣"。

园子的北面，有一池塘，塘坳造一船，不能动，名"自在航"，悬白沙子所书一楹联："不作风波于世上，别有天下非人间。"航北为箭道，道之东树侯设鹄，鹄上建一亭，名"跃如"，文士聚会、集射于此。由箭道西行，便来到临溯书屋，厅事三椽朝南，在此讲经会文。上层是藏书阁，环书三十六架，东、西为耳室，是肄业者起居之处。书屋前通一门，前为"海棠居"，有海棠二株、玉兰一株，余花绕砌，为主人与诸文士雅集的地方。清乾隆、嘉庆年间的著名学者李南涧、冯鱼山、李载园、张药房、黄虚舟、黎二樵、吕石帆、冯箕村、吴竹函、陈季常等人，常在此煮酒联吟，几无虚日。

海棠居的南面有留春亭，在遥集楼的西畔，环栽梨树、柳树，亭挂楹联："梨花院落溶溶月，柳絮池塘淡淡春。"

自留春亭往东行，过静观堂。堂的东面有理塞轩，前后临莲池，左右开两个大窗,环轩种葡萄树,枝蔓下垂以作帘幕。结果时,一串串葡萄如贯珠一般,在日光下红绿相映,夏日之时仍觉凉风习习,暑气不染。

园内有荷塘,湾曲环绕,名"碧荷湾"。东岸在留云山馆,西岸在留春亭。湾前有两只小船,荷花开时,命两小丫鬟扮采莲女,放歌采莲。

园之北隅有"酣梦庐",十分幽静;庐中设一床榻,需用之物悉备。

静观堂在园子的中部,为园中最高最大的建筑,四面皆池,设朱栏木梁,以通往来,人们在此堂聚会。当时城中各官宦都知道此园景色好,因而常在此摆宴,一月必有数次。届时冠盖一片,热闹非常,围观者堵塞了园外的道路。来者自桃花小筑入园,一路上结彩帘,张锦盖,八人大轿直抬到堂前阶下。主人鞠躬,款接大吏。宴会进行时,演戏剧,玩杂耍,呈巧献技,离奇诡异。堂中琉璃璎珞,锦缎纱橱,檐前管龠之音,曲拍之声,洋洋盈耳。宴会毕,已是下午,大吏起驾回府,其他人还想继续在园中游玩,主人亦会慷慨应允,因而肇斋之名声就越来越响。

这是清乾隆四十四年(1779)以前的事。可见这磊园是规模颇大的园林,在海山仙馆建成之前,可能是西关地区最大的私园,在官府、民间均名声甚响,可谓盛极一时。不过,灾难降临了。乾隆四十五年(1780),这时颜书巢已经去世,颜氏家族被怨家暗陷,坐事发遣,颜肇斋被判戍边新疆伊犁,当年来相聚的文士就四散零落了。磊园被没收充公。后几经易主,最后成了著名行商伍崇曜的产业。

颜嵩年最后写道:"旧日雅观荡然无存,今归伍紫垣方伯(注:即伍崇曜)。抚今追昔,不胜乌衣巷口之感。"[①](颜嵩年与伍崇曜有姻亲

---

① 〔清〕颜嵩年:《越台杂记》,见《清代广东笔记五种》,广东人民出版社2006年版。

183

关系，他称伍崇曜为姻丈）。而据清壬申（1872）《南海续志》的记载，在清同治年时（1862—1874），磊园"久易主，唯故址略存耳"。一代名园遂渐湮没，到后来此地形成街巷，便称颜家巷，今存。

## 南园别墅

南园别墅故址在今文明路南侧文德七巷南段一带。园主黎简。

黎简，顺德人，著名书画家。乾隆时拔贡。为人轻狂，傲歌狭邪。擅诗、书、画，世称三绝。南园别墅在当年广州府城南厢，文明门外文德里，玉带濠北岸。此地有座慈度庵，未知始建于何年，却是座道观。与在玉带濠南岸的南园隔濠相望，所谓"与南园一水遥通"。

黎简寓居于此地，道人拒绝他入庵中游览观赏，黎简于是就在庵的附近辟建了这座私园别业，名南园别墅，南临玉带濠，以诗画自娱。乾隆年间的玉带濠濠水清澈，两岸栽种杨柳，风景甚佳。黎简去世后，南园别墅渐废。清光绪十四年（1888），张之洞拓建广雅书局，把慈度庵地并入，慈度庵遂废不存。[1] 南园别墅故址亦成了广雅书局的北缘地。

## 小囿园

小囿园在今长寿东路东段南侧一带。此地原是围田村落，在明代所筑高基围的东面。

据同治十三年（1874）进士、谭莹之子谭宗浚《荔村草堂诗钞·六·自注》的记载，小囿园是他的外祖，道光戊子（1828）优贡，著名藏书家、词人、鉴赏家梁梅（号子春）的居处，"地颇修洁"，刘寅甫诗《访梁二子春不遇》有"棠梨花下墨衣寒"句[2]。

这是一座规模不大的私园，地在广州西关偏僻之处，四周是菜田。

---

[1] 丁仁长、吴道镕等：《番禺县续志·卷六东关·元运里》，梁鼎芬修，广东人民出版社2000年点注本。

[2] 〔清〕谭宗浚：《荔村草堂诗钞》，清光绪十八年羊城刊本。

高要黄德峻《三十六号鸳鸯馆词》有《赠子春·满江红》词:"小囿园深,叹种菜人甘幽独。"(自注:子春居城西小囿园,地颇偏僻。)

清咸丰四年(1854),红巾军举兵,珠江三角洲地域一时烽烟四起,文士叶觐光从佛山出走,来到省城广州,便是居于小囿园以躲避兵乱。当代资料多称小囿园为叶氏小囿园,但从上引文献来判断,园主当为梁氏,而非叶氏。

不久,小囿园一带被建为机房区,菜田变成房舍,小囿园遂湮没。但留下了地名,清同治《南海县志》载西关街巷,其中有小囿园。21世纪初存,称仁凤里。而今天的街巷小甫南,原名小囿南,便因在小囿园南侧而得名。

1928年,由旅美华侨潘壮修、潘永刚创办的兴华电池厂(广州市第一家电池厂)在德星路小囿园发福巷5号开业。这时的小囿园故地已全是街巷,这座私园没有留下丝毫痕迹。

## 寄园

湛家园在清代中期渐荒废,当时在其原故址的天官里则建成了另一座私园,名寄园,又名"评香小榭"。过去小北路与东风路相交处之东北侧,有寄园巷、寄园一横巷、寄园二横巷、寄园三横巷,均为寄园故地,亦因此园而得名。寄园园主姓甚名谁今已无从稽考,只知那里本是"秀鱼"旧址,原主人以鱼苗为羹,称"秀鱼羹",据说味道极佳。

寄园内花木繁茂,开凿有湖池,池中种莲,荷花飘香。池上构筑小亭,于是具池亭之美,风景颇佳。临池则建楼阁、水榭。园筑成后,园主邀请了当时的著名文人张维屏前来饮酒并题咏,张把小亭题作"小浪舟"。此后,张维屏与岭南其他诗人文士杨荣绪、黄培芳、谭莹、陈澧、陈良玉等时在园中饮宴,赋诗雅集;农历三月初三日,众人更来此"修禊"(到水边嬉游采兰,以驱除不祥,称为修禊)。这是清道光年间(1821—1850)的事,寄园亦成为当时的城中名园。

寄园后渐荒废,到清末时已崩塌,杂草丛生,终至湮没,"寄园为张南山、黄香石诸老修禊之地,今已鞠为茂草矣"①。后来此地渐建民居,辟街巷,为寄园坊,后称寄园巷。1918年《广州市图》标出寄园巷,在天官里北侧,巷之北段,标出"寄园别墅",那就是旧寄园所在。过去寄园巷口有牌坊,额题"秀禺古道",到清末时已毁圮不存②。

20世纪末,这一带已被夷平,或被开成马路,或是建了高楼,旧寄园地影迹全无了。

**鲍逸卿别墅**

鲍逸卿别墅,私园,又名庸堂,在城内芳草街。园主乃清代道光年间香山(今中山)人、翰林院庶吉士鲍俊(号逸卿)。此人书、诗、画被誉为三绝。

园有老榕一株,古干参天,浓荫蔽日。榕之下为榕堂,堂之下为榕塘。故又名榕堂、榕塘。塘水通东城濠(清代后期芳草街一带有水道接通东濠),濠水应潮汐,有长有消,故塘水有深有浅。塘之上建有楼阁,园中建有亭、轩、室、桥、廊。春秋佳日,榕塘主人便置酒邀朋,弦诗读画。

鲍逸卿有《临江仙·榕塘即事》词咏榕塘春夜之景,清幽雅致:"入夜榕塘花气重,香风徐透疏棂。梅窗月坠梦忪惺。响闻鱼唼水,影觉树筛星。灯施商星明日事,莲须阁畔携瓶。牡丹遣韵戛珑玲。问谁吹玉笛,和我护花铃。"③

榕塘内植有多株红棉,冬去春来,红棉绽放,红彤彤一片,其景色是其他私园中少有的,颇有名气,被形容为"十里红棉绕画楼","二

---

① 文星瑞:《啸剑山房诗·自注》,见黄佛颐编:《广州城坊志·卷一·内城·万安里·寄园巷》,仇江、郑力民、迟以武点校,广东人民出版社1994年版。

② 见《番禺县续志》(清末宣统)。

③ 杨资元、黎元江主编:《英雄花照越王台·甲编诗词·清诗词》,广州出版社1996年版。

月登楼,四山如烧"。①

鲍逸卿别墅约在清代后期湮没。有资料称后来被改为芳草精舍。考芳草精舍乃明代末年邑诸生陈虬起等人在芳草街结诗社之地,既是明代事,故此说不对。另据《番禺县续志》载,鲍逸卿还建有别墅"也园",具体地点不详,"今园已易主,门额犹存"②。后毁圮,再不见记载。

## 海山仙馆

海山仙馆是清代广州西关著名私园。园址范围甚广,约东至今南北向段的龙津西路,西、南至黄沙大道,北至今荔湾湖公园南部一带,大致包括了唐代时的墨砚洲、郑公堤、荔枝园等处。今广州市第二人民医院一带即其故地。园主乃当时广东四大豪富之一潘仕成。

潘仕成是"十三行"同孚行盐商,番禺人。曾担任广东盐运使之职。约在清道光十年(1830),他在此地修建私园别墅。落成之日,以"海上神山,仙人旧馆"八字成联,因而园额为"海山仙馆"。其规模之大为当时全广州私园之冠。

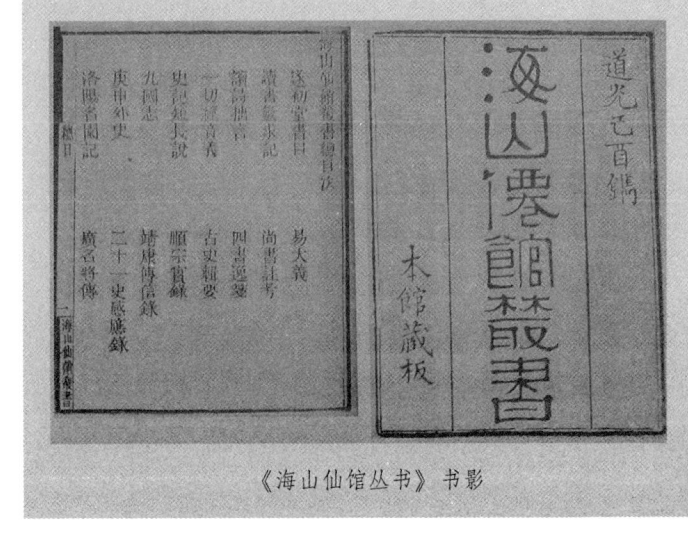

《海山仙馆丛书》书影

---

① 〔清〕刘嘉谟:《听春楼诗钞·自注》,清道光二十九年(1849)刊本。

② 丁仁长、吴道镕等:《番禺县续志·卷四十·古迹志一·城址署宅园林诗文词画址附·寄园》,梁鼎芬修,广东人民出版社2000年点注本。

1844年拍摄的海山仙馆全貌

海山仙馆湖上凉亭

清代前期，泮塘一带基本上是池塘成片，水网纵横的地貌。池塘以种植慈姑、菱角、莲藕、茭笋、荸荠为主，因其质优，被誉为"泮塘五秀"，遐迩闻名。到了清代中后期，此地才渐成富商大贾及归田官僚们营造园林别墅的集中地，并成为此地最大的特色。潘仕成在此建海山仙馆，便是利用了这种地貌。

馆内除亭台楼阁外，景色主要以水胜。"水广园宽，红蕖万柄。"[①]湖域宽广，阔达数百亩，是其一大特色。湖水经溪涧通珠江，可以泛舟。环湖游廊曲径，与厅、堂、轩、榭相接，到处林木交荫，松柏苍郁，环植荔枝，遍湖菱藕，清幽雅静，似蓬莱仙境。

据晚清光绪年俞洵庆《荷廊笔记》及其他文献的记述，当年海山仙馆的建置与规模大致是这样的：

馆内有一山冈，坡道颇陡，亦有坦地；岗上遍栽松树、桧树，浓荫匝地。修石径一道，自岗下直上岗顶。据传此山岗本来是一处高高的土阜，当创建这座海山仙馆时，相度地势，担土取石，将这土阜垒高。清晨烟雾弥漫之际，或雨过将晴之时，望这山岗，俨然苍岩翠岫一般。

山岗前是一个大湖，广达百余亩，可以泛舟。湖水直通珠江，隆冬不涸。湖中植荷藕等水生花卉。登岗眺望，微波渺茫。有精致游船一

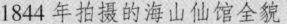

① 〔清〕张维屏：《艺谈录》，清咸丰番禺张氏刊本。

海山仙馆故地,今广州市第二人民医院中北部

十三行画商庭呱绘海山仙馆图

艘,名"苏舸",供游湖用。湖岸修建一堂,实是一座大殿,非常宽敞。左右有廊庑环绕,廊上栏檐,雕镂藻饰,十分精致。堂前十数步湖中筑起一台,是演戏、奏乐、歌舞的地方。表演时,乐音荡出水面,飘渺回环,十分美妙动听。

由堂向西行,有小桥一座,过小桥,筑有凉榭(建筑在台上的房屋),为舟形,宽大的窗子向四面打开,望湖面,一片空碧。三伏天时,湖上荷花开放,香气随清风徐来,顿感燠暑消散。

馆内果树成林,尤其以荔枝树最为繁盛。有楹联:"荷花世界,荔子光阴。"另有一联:"海上有三山,风景依然,玉箫何处?岭南第一景,黄梅时节,红荔湾头。"还有一联写得更形象:"荷花深处,扁舟抵绿水楼台;荔子阴中,曲径走红尘车马。"这些妙联都是纪实的。

馆东面有白塔,高五级,全用白石堆砌而成。馆西北一带,有高楼层阁、曲房密室,达十多处,高低合宜,掩映在绿树丛中。景致既富丽堂皇,又清幽绝俗。

《荷廊笔记》称:海山仙馆的胜景,是因为有真水真山,而不是只以有楼阁华整、花木繁缛而闻名的。若论宏规巨构,独擅台、榭、水、石之胜景的私园,大家都首推潘氏海山仙馆,可见其名气之盛,不愧岭南一代名园。

因潘氏与官府关系密切,海山仙馆还曾作为清钦差大臣接待外国公使的外交事务场所。其风景秀美自不待言，难得的是潘仕成平生乐善好施，还是个有成就的学者，出版有碑帖拓本、医学书籍等。海山仙馆成为当时的文化中心，馆中藏书之丰为南粤之冠。馆刊大型丛书名《海山仙馆丛书》，道光二十八年（1848）成书，为研究广州经济史、科技史和中外交流史的重要文献。

潘仕成还收集晋唐以来名书法家、当代名流笔迹千余件镌刻上石（这些石刻现已大部分散失）。在园中回廊墙壁上嵌着长34厘米，宽23厘米—90厘米大小不一的1000多块书法石刻，称"海山仙馆丛帖刻石"。刻石始于道光九年（1829），迄于同治五年（1866），历时38年。方溶欣《二知轩诗钞·自注》载："海山仙馆筑回廊三百间，以嵌石刻。"这是海山仙馆的一大特色。

潘氏破产后，丛帖刻石散失。抗日战争广州沦陷期间，嵌于法政路汪公馆（陈璧君住所）"湖海亭"。20世纪50年代，所余刻石400方由广州博物馆收藏，"文革"期间遭毁，幸存完整的仅80余方，残断的约190方。1996年全部移交广州美术馆。其中108方（作者由晋至清）嵌于馆前新建的碑廊。荔湾湖公园新建"海山仙馆"，曾到广州美术馆拓片，在回廊处以端州石复制嵌墙，供游人参观。

潘仕成晚年因亏欠饷款被革职，家产和海山仙馆全部被没收入官，时在清同治十二年（1873），一说清同治八年（1869）。相传海山仙馆被抄家时，呼喝声啼哭声一片。官方发给每个婢仆白银十元做遣散费。海山仙馆随后被拍卖，以抵官债。因园址太大，竟无人领售。官府于是招商开标，"人出洋番三饼，集一万条，夺标者得园，收价充公"①。后来听说被一位姓余的三水人氏所获。

清末民初《清稗类钞·园林类》对此事的记述有所不同，文曰：

---

① 孙橘：《馀墨偶谈》，见黄佛颐编：《广州城坊志·卷五·西城·荔支湾》，仇江、郑力民、迟以武点校，广东人民出版社1994年版。

潘园,一名海山仙馆,在广东省城西关外宝珠炮台西南隅,为盐商潘德畬字海珊之别墅,颇具邱壑。至其裔仕成,奢汰愈甚,同治季年亏公帑三百万,没产入官,是园遂由南海县收管。园价昂,一时不能售,乃用开彩法售之,券共三万条,每条银币三角,既开彩,为香山一蒙师某所得。某骤得巨产,恣意嫖赌,全园不能即鬻,则零碎拆售,先售陈设古玩器物,次售假山石,次拆门窗,次锯树,未一二年,则全园已犁为田,惟颓垣败瓦,犹约略可数,得彩者已潦倒死矣。又潘尚有《佩文韵府》板,则抵与山西某票号。①

后来有好事者对园额"海山仙馆"四字用拆字格解为"每人出三元官食"。意思是:"海"字的三点为"三元",剩下的是"每"字;"山"字为一山,"仙"字为一人一山,二山为"出";"馆"字为"官食"。每、人、官、食,都是半字。馆名即"每人出三元官食"。"其谶伏于名园之始,亦奇矣。"②

海山仙馆被拍卖后,呈现一派残破之象。以后在海山仙馆的旧址上新建的园林,先后有彭光湛的彭园和陈花邨的荔香园,附近又有黄氏的"小画舫斋"(今幸存)。晚清金武祥《粟香随笔》载:"广州城西半塘为荔枝湾……旧有潘氏海山仙馆,道(光)咸(丰)间最称繁盛,今则亭台渺矣。烟水茫然,燕麦兔葵,只增怊怅。近有彭氏、陈氏另辟小园以为别业,携朋选胜,借作勾留。"③ 这即为在海山仙馆旧址上建的彭园、陈园。

随着河涌淤积,湖水面积缩小,到清末光绪后期,原海山仙馆地多已成陆,清末光绪三十一年(1905),美国人夏葛捐款于其故地建造夏

---

① 徐珂:《清稗类钞》,中华书局1984年版。

② 孙橘:《馀墨偶谈》。

③ 金武祥:《粟香随笔》,清光绪七年刊本。

葛女子医学校及其附属医院柔济医院，故址为今市二人民医院中北部地。

此地后来所建之私园别业如"彭园""凌园""荔香园""陈廉伯大厦""小画舫斋""静园"等，以及"端拿护士学校""路得学校""坤维女子中学"等，亦属海山仙馆旧址地。十几年前在荔湾湖公园修建新海山仙馆，规模比不上旧馆，风格亦异。

### 彭园

彭园在上西关涌与下西关涌交汇处之东南侧。今为市二医院西北部地。园主名彭光莹（也有资料写作彭光湛），字寿民（也有资料写作寿文），是晚清一个有权有势的官僚。此人一大特色是娶妻妾三十多位，儿女有五六十个，当年有小报名《探海灯》，称他为"西关多仔公"。总之有能力在西关荔枝湾建私园者，都是非富即贵的人物。

彭光莹所建彭园原为海山仙馆的西南部地。海山仙馆于清同治十二年（1873）被官府籍没，随后被拍卖瓜分，日趋残破。彭氏于是在此地修园，时在光绪年间。彭园前门正对是西关涌，后门通逢源正街。园之客厅，"海山仙馆"四字之匾额犹在。园中的亭台楼阁，不少是海山仙馆旧物。

那时的西关荔枝湾，河涌纵横，水网交错，舟船穿梭，是一派乡村景象。至民国前期，彭园西侧仍有一个大水塘，且为下西关涌流经（这段河涌至21

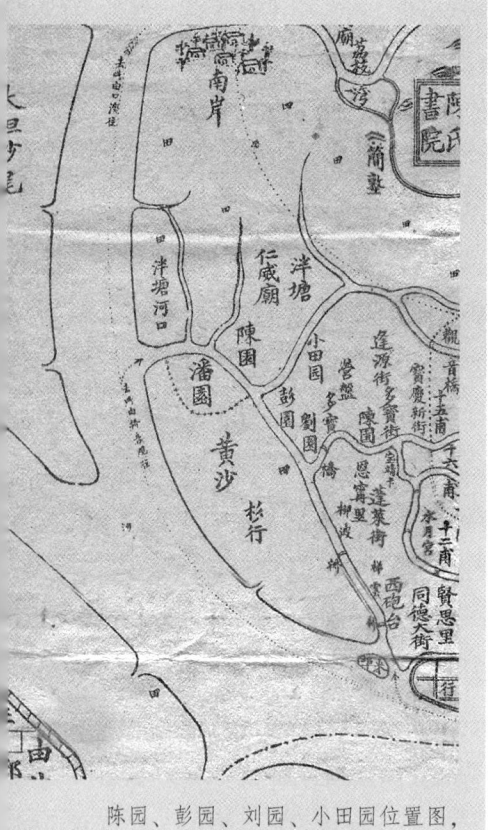

陈园、彭园、刘园、小田园位置图，采自1888年《广东省城全图》

世纪初尚存,今已覆盖为暗渠),而此段河涌以西为河滩地,并无楼房,故此园有湖泊、溪流之胜,园中一联写出此地风光:"楼台三面水,花木四时春。"

长善在清同治七年(1869)至光绪十年(1884)任广州将军,所著《芝隐室诗存·自注》载:"荔枝湾夹岸多园林,潘园海山仙馆极盛,今已荒落。继起者彭园、陈园,亦非复昔日之繁美矣。"

可见彭园是曾经名噪一时的。可惜园中有何建筑,史志中没有留下具体的记述。到清末,此园已渐衰败,且非完全的私家园林了。如清光绪三十四年(1908),革命党人和粤剧艺人在彭园成立了"振天声"剧团。

入民国后,彭园渐荒废,陆续建起民居。著名学者梁鼎芬《彭园》诗称为"仙馆消沉一局终",[1] 完全不是昔日景况了。抗日战争初期,日寇轰炸广州,彭家人在彭园自筑避难所。1938年5月28日上午8时许,彭园遭到日机轰炸,彭寿民之子彭少民与其家属16口及前来临时避难的市民共40人惨遭2枚炸弹击中,除救出伤者十余人外,28人遇难。[2]

1942年香港沦陷,彭寿民卒于港。其后彭之子女将彭园割裂分售与相邻之柔济医院(今市二医院前身),使"柔济"得以扩大数倍。彭园到此彻底湮没无存。

### 陈园·荔香园

陈园是清代后期广州西关私园,与彭园隔河相望。海山仙馆被拍卖瓜分后,一个完整的私园已不复存在。在清代光绪年间(1875—1908),新会人氏陈花村(汪精卫老婆陈璧君陈氏家族的成员,亦有说

---

[1] 〔清〕梁鼎芬:《彭园》,见杨资元、黎元江主编:《英雄花照越王台·甲编诗词·近当代诗词》,广州出版社1996年版。

[2] 广州市档案馆:《侵华日军在广州暴行录》,中国档案出版社2005年版。

清末民初荔香园

民国时期荔香园

是陈璧君之堂兄弟）在其故地"另辟小园以为别业，携朋选胜，借作勾留"①，是为陈园。园内有大片荷塘和荔枝基，建有门厅、花厅、船厅等。园中白荷、红荔，花果芳香。九曲河湾环曲折，锦槛朱栏，荔堤柳岸，衬以楼阁，小桥流水，景物清雅。陈花村榜其门首曰"荔香园"，故又名荔香园。

园址在仁威庙南面，当年荔湾上支涌与荔枝湾交汇处之西北岸，今为荔湾湖公园小翠湖一带，其东南面是彭园，两园隔河相望。②当年的荔枝湾是池塘相接，水网纵横，烟水苍茫之地。陈园园景亦以水胜，但规模、景观均不及原来的海山仙馆了。

陈园有一楹联，写得甚佳：

闭门宛在深山，好花解笑，好鸟能歌③，尽是天性活泼；
开卷如游往古，几辈英雄，几番事业，都成文字波澜。

---

① 〔清〕金武祥：《粟香随笔》，清光绪七年刊本。
② 见《广东省城全图·陈氏书院地图》（清光绪十四年）。
③ 或作"好鸟怡情"。

陈园曾名噪一时，到清末已渐残破。民初，荔香园对外开放，游客可入园赏荔。付钱数角，便可恣意游憩饱啖荔枝。但只准吃，不准带走。

当年此地仍为池塘区，其间池沼甚多，是一派南国水乡田园风光，景色秀丽，空气清新，湾有小河溪，雇小船游览，可直通西郊珠江。荔香园、彭园等名园都是利用池塘地形兴建，并有船入城。

荔香园的门口在荔枝湾畔，建有石级上落，园门联是用灰雕的，联云："临水竞张云锦画，迎凉齐唱火珠词。"抗战爆发，广州沦陷后，此联犹存。当时彭园与荔香园之间还有一座木制的长拱桥相连，桥横跨于西关涌上。桥下的石臿，据说是海山仙馆的遗物。

约在1919年，荔香园招紫洞艇泊于园前营业。园内辟有小涧，湾环曲折，堤岸栽荔枝、垂柳，建楼阁亭台，饰以朱槛红栏，并于后堂开设酒家。不少文人雅士、公子王孙前来游园饮宴，流连忘返，可谓兴盛一时。但作为私园的荔香园，此时可谓已名存实亡。迨后荔香园主因其他商业失败，只好将荔香园出售。广州有名的官僚地主购买了荔香园一大部分（仅余三丫涌口之一角），填为平地，以炒地价。抗日战争期间，荔香园终至湮没。留下一片旷地、池塘和沼泽。

1958年，将荔枝湾、泮塘一带坑坑洼洼的水田、鱼塘、烂地开挖建成四个人工湖，通称荔湾人工湖。1960年命名荔湾湖公园，荔香园故址即荔湾湖公园南部边缘地。

**凌园**

凌园是清末西关私园，园址位于彭园对河，与三丫涌口陈园（荔香园）遥遥相对，为海山仙馆旧址的一部分。约今荔湾湖公园小翠湖东南部边缘地。

园主名凌润台。此人是清光绪年间进士，曾任顺天府尹，出使过日本。海山仙馆被分段拍卖，凌氏购置其一部辟建为自家私园。辛亥革命推翻清朝时，凌润台携家眷逃往日本，凌园无人打理，遂至荒废。后来

1938年6月荔枝湾凌园遭日机轰炸后的情形

凌园为其婿潘寿稚以贱价购得。潘寿稚善于营谋，广有财富，但他得凌园后，却没有加以修葺，致成断壁颓垣，时人咏之："于今腐草无萤火，终古垂杨有暮鸦。"

抗日战争初期，此地遭日寇轰炸，死27人，伤17人。① 此时的凌园实已不存。

### 灵岩香海·长春仙馆

灵岩香海在越秀山南麓，今应元路与吉祥路相交处以北，今属广州市第二中学地。清道光十一年（1831），广东将军庆保在当时的应元宫西侧辟治园亭，题曰"灵岩香海"。"回廊窈窕，岩石参差"，上方建有群玉山房，栽种梅花数百，高下环绕，花盛开，香袭襟裾，"颇饶登览之胜"②。又筑吟风阁，阁之四周林木葱茏，并筑台榭。园景甚佳。梅花开时，宴请文人骚客、名流雅士宴集于阁中。一边观赏园林美景，一边互相酬唱。

咸丰初年（1851），当时的两广总督叶名琛的父亲叶志诜住在总督署，父子俩都崇信卜术，喜扶乩。③ 叶名琛于是把吟风阁改称为长春仙馆，装饰得金碧相辉，倍极伟丽，让叶志诜居住。馆内祀奉吕洞宾、李

---

① 《逢源辖内被炸灾区死伤报告》，见广州市档案馆：《侵华日军在广州暴行录》，中国档案出版社2005年版。

② 〔清〕长善：《驻粤八旗志》，清光绪五年（1879）刻本。

③ 扶乩，一种占卜方法，又称扶箕、扶鸾、降笔、请仙等。在扶乩中，某人被神明附身，写出一些字迹，以传达神灵的意思。

第三章　私家园林

太白二仙的牌位，有什么大事待决就在这里扶乩以占吉凶。"一切军机进止咸取决焉。"当时有"绅士之无赖者，簪冠道服，钻营住持其间，以诱惑愚民，铙鼓不绝"①。仙馆东面有高台，称瑶台。

第二次鸦片战争爆发，英法联军兵临广州城下。叶名琛不备战，而是在长春仙馆里扶乩问神。得到的乩语是，过了十五日就平安无事。于是英国人致书与他要求谈

清两广总督、长春仙馆主人叶名琛

判，他不予理睬；部下僚属见形势紧迫，请求调兵设防，他不允许；请求招集团练抵御，他亦不允。众人不断请求，叶名琛说："姑待之，过十五日，必无事矣。"结果，英法联军攻陷广州城，叶名琛被英法联军俘虏，后被囚死于印度加尔各答。长春仙馆在这次"夷乱"中毁于兵燹，并为洋兵占据。

战乱后，清同治六年（1867），广东巡抚蒋益沣将长春仙馆旧址建为菊坡精舍。

## 小田园

小田园在西关荔枝湾，比邻海山仙馆。建园者名叶梦龙，字兆萼。

---

① 〔清〕长善：《驻粤八旗志·卷二十四·杂记·灵岩香海》，清光绪五年（1879）刻本。

197

"予小田园也,潘园比邻。"①

叶氏家族,原籍福建。来粤较早,居广州西关。叶上林开设商行义成行,在清嘉庆初期,成为洋行十三行的四巨商之一。当年潘、卢、伍、叶四家族名声最著。嘉庆七年(1802)后,叶氏转营其他行业。后人叶兆萼在西关建"小田园"私园别业,园极精致。为当年广州名园之一。

据《叶氏四世诗钞》载,小田园有风满楼、醉月楼、鹿门精舍、水明楼、梅花书屋、心迹双清轩、耕霞溪馆、伫月楼、借绿楼诸胜。南海人、民国初期曾任番禺县行政长官的陈樾撰《小画舫斋记》,称小田园"楹栏树石,皆雅流指画,令各抱地势。同时海山仙馆,隔水为邻,犹极园林之胜"。可见是一座景色颇佳的私园。其中风满楼以觞咏雅集著称。叶兆萼自命为"风满楼"主人。当年这园林有丘壑,有湖池,秋水烟波,鸥鹭低飞,园中植芭蕉、竹丛,凉风轻拂,真是幽雅。清道光著名诗人张维屏有《游荔湾诗》咏:"诗人指点潘园里,万绿丛中一阁尊。(潘园有雪阁,高数百尺)别有亭台堪远眺,叶家新筑小田园(叶园名小田园,有台可望远)。"②

清同治年间,小田园逐渐走向衰落,到光绪朝前期已荒废。光绪中叶,台山黄氏自海外归来,看到此地幽静,便买了下来,加以修葺,令其子黄诏平、黄子静在这里读书,并约当时名流在此结诗社,称"小画舫斋"(今存),为"小田园"故址的一部分地③。

---

① 〔清〕叶兆萼:《小田园古今体诗·自注》,见黄佛颐编:《广州城坊志·卷五·西城·荔支湾》。

② 〔清〕张维屏:《松心十集》。

③ 陈樾:《小画舫斋记》,见广东文征编印委员会:《广东文征续编》(第三册)。

## 第三章 私家园林

**小画舫斋**

小画舫斋是晚清广州荔枝湾畔著名私园。在今西关龙津西路逢源大街。广东台山籍新加坡华侨富商黄景棠所建黄氏家族的别墅。原是叶氏私园小田园的部分故地。

黄景棠有候选道官衔，但未任实职，主要致力于工商业，是清末广州商界参与政治活动的活跃人物。著有《倚剑楼诗草》，是研究晚清广东社会有价值的资料。

小画舫斋落成于清末期光绪二十八年（1902）。西北侧临上西关涌，全园占地1525平方米（一说占地2000平方米）。平面构图呈蚝形，中间是露天花园，四周是精美的人工建筑，有客厅、祖先庙、船厅（画舫）、花厅、书厅、画厅等。内多陈列名人诗词字画。所有建筑均以柱廊和石路相连。园内遍植柳、竹、桃和各色时花，砌有水池假山、花基、凉亭，名"诗境亭"。全园风景优美，幽雅别致，建筑独特，艺术精巧，颇具岭南风格、诗情画意，为广州名园之一，亦为省内著名园林建筑。对广州当代园林建筑的轻巧、通透、明亮、雅淡的格调影响尤著。

船厅在园之西北面，临水构筑，造型似船舫，蚝字栏杆，故名船厅。小画舫斋即因之得名。在船厅南端为正门，白石衬脚，墙壁用大青砖精砌，临水处砌有一埗头。正门上镶嵌"小画舫斋"石匾，为西

民国时期小画舫斋船厅，下临荔湾涌

西关荔枝湾莲池

关颇负名望的塾师苏若湖书。厅高两层,卷棚歇山顶,钢筋混凝土结构;靠南的为平台,北面为厅堂。一楼以冰裂纹的圆洞门落地罩,把书斋与门厅分隔开,门厅还挂着清代阮元题书的"白荷红荔半塘西"的木匾。

祖先厅是供奉祖先牌位的地方,卷棚歇山顶,台基为连州青石砌筑,两侧砌山墙,并各开两角满州窗。原来的隔扇已不存,改为大门和脚门。地面铺砌大理石。后楼又称观音楼,二楼供奉观音菩萨。一楼分为门厅、客厅和轿亭,门厅北面开一小门。

整个庭院布局合宜,结合自然条件,以天窗、楼井来加强通风采光,内部装修以通透隔扇、落地罩等开敞式门窗处理,加上园内广植南方珍贵植物,西北面临水,巧妙利用南北对流风向设计房舍,形成穿堂风,即使在暑热时节,房舍也通风清凉。凉亭上有一楹联:"安得满胸皆春,普遍闲花细草;只有一罪不赦,唐突明月清风。"可谓对庭院景色的概括。

楼亭通风采光俱佳,是典型的西关大屋式建筑。西关大屋的布局,多以当中的正间为主体,两侧为"书偏",叫"三开间"。有的西关大屋带后花园,花园设计颇有岭南园林特色,小画舫斋便是其中典范。

中华人民共和国成立时,小画舫斋是广州保存较完整的几座园林建筑之一。1956年,黄氏后人将此园林建筑献给政府,让群众游览观赏。1957年,小画舫斋租与广东省木偶剧团。"文革"期间,南面的主体建筑、诗境亭及连廊等均被拆毁,园林设施遭毁坏。仅存船厅、祖先厅、大门和后楼。1993年8月广州市人民政府公布为文物保护单位（在"西关大屋建筑区"保护范围内）。1996年重新修建，在船厅东面开一门口。前两年重修荔枝湾，小画舫斋在荔枝湾畔，亦予修葺，外观焕然一新。

**梦香园**

私园别业。故址在清代大石街西积厚坊，园后（北面）是当年的将军大鱼塘。今为东风中路北侧省府大院地。或说园在将军大鱼塘东侧。

将军大鱼塘，在越秀山下大石街之北。面积甚大，"登应元宫而眺望，烟波浩渺，藻荇交横……城里池塘，此为胜概"①。可见是一个大湖。

清咸丰四年（1854），红巾军攻打广州城，此地遭兵燹之劫。战乱后，新会人氏郑绩（郑纪常）在将军大鱼塘前购地一亩，建此私园。园中树木繁茂，砌有湖池，池水终岁不涸。环境非常幽静。清代后期，园已废。②

**继园**

继园为清代建于越秀山南麓的著名私园，它是在已荒废的明末李待问私园小云林的故址上修建的，当年这一带地域称高社，十分幽僻。

清光绪四年（1878），番禺人、曾掌教丰湖、端溪、粤秀诸书院的道光进士史澄于此地筑园。史澄撰《退思轩诗存·自注》这样记述："由浙来粤，逾百年无一椽；戊寅（1878）始购得粤秀山麓地，筑继

---

① 〔清〕陈际清：《白云越秀二山合志》，道光二十九年楼西别墅藏板本。
② 《番禺县续志稿》（清末）。

园，建立宗祠。"①

小云林早已废圮。清道光年间（1821—1850），此地建为容氏园，大概是容姓人家的私园，为当时文人雅士的"修禊雅集"之处。

咸丰六年（1856）十月，第二次鸦片战争爆发。咸丰七年（1857）底，英法联军炮轰广州城，容氏园被毁，悉成灰烬。②

史澄购此地修筑私园，仿效前贤，取孟子"为可继也"之义，取名继园。位置在今十九洞以南、继园东以西处。园林设计精巧，亭、台、楼、阁、假山、碧水尽纳于咫尺之间。有明德堂（祖祠）、退思轩、经纬楼（藏书处）、枕棉阁、香雪亭和得月台诸胜景。园内栽种松、竹、梅、荷、春兰、秋菊，一年四季，时花绿树交相辉映。景物有缩龙成寸之妙。史澄在继园先后著《继园随笔》《七十老翁诗一百首》《退思轩诗存》诸书。

入民国后，继园已毁圮无存，1918年《广州市图》在此地标出高社、十九洞等街巷，但没有标出继园或继园遗址。其故址多辟为民居。今继园东（巷名）即因西邻继园而得名。

**刘园**

清同治年后期，海山仙馆馆主潘仕成破产，海山仙馆被拍卖。后来，陆续有私园别业在其故地修建。首先建筑起来的是刘园。园主名刘学询。

刘学询是光绪十二年（1886）进士，点翰林院编修，与清朝几任两广总督有交往，又曾协助孙中山谋反，是一个颇具传奇色彩的人物。他在广州推广慈善事业，除办理赈务外，还在黄沙如意坊口创办过一间医院，受到广州人的感戴。

---

① 黄佛颐编：《广州城坊志·卷一·内城·高社》，仇江、郑力民、迟以武点校，广东人民出版社1994年版。

② 〔清〕陈起荣：《如不及轩诗草·自注》。

刘学询衣锦还乡后，在海山仙馆旧址之一部分，今之广州市第二人民医院附近一带，构筑了私园刘园。刘氏显贵后，归居是园，晏安逸乐，日以招致良朋，飞觞醉月为事。曾引"灯下美人襟上酒，荔湾桥外柳波风"以自豪。

当时刘所招致的朋辈，多是科举中人，非富则贵。这班人与刘学询兴办了赌博公司——闱厂。刘学询通过闱厂操纵"闱姓"赌博，因而成了中国的大富翁。

晚清光绪三十一年（1905），刘学询在杭州丁家山南面傍湖处建成大型私家园林"水竹居"（后称刘庄，亦称刘园）。建筑豪华，陈设古朴，成为西湖第一名园。从中可见广州的刘园一定也是有相当规模和建筑精良的。

清末，刘学询因债务问题，其水竹居被清政府查封拍卖，标价2000万两白银，无人问津。

1916年，刘学询出售了包括广州刘园在内的部分物业，赎回了水竹居。当时广州刘园园景已是残破，四周已辟建了街巷，刘园所在便是西关多宝大街（20世纪30年代初扩建成今多宝路）。园后遂废。

## 感旧园

感旧园在清代大东门正街（今中山三路）西段南侧、荣华坊北段东侧。故址约为今东昌大街西段地。据《番禺县续志》记载，感旧园筑于清光绪二十年（1894），祀翰林院编修张鼎华（光绪三年进士、张维屏之孙），筑园者是张鼎华的外甥、中国近代史上颇有名声的梁鼎芬。后来园内又增祀殉节广西北流县知县金佐基（番禺人、同治举人）。[①]

感旧园占地不大，园内砌池台，栽种花竹，是一处雅邃幽妍的私园。民国前期尚在，后毁圮不存。

---

① 丁仁长、吴道镕等：《番禺县续志·卷十八人物志·金锡龄子佐基林事贤》，梁鼎芬修，广东人民出版社2000年点注本。

另据民间相传,感旧园的前身乃石家庄园。清光绪年间,广州清水濠有一名官僚叫石星巢,官候补道,充当南关孔家盐埠出官,家财甚富,与谷埠名妓宝玉相恋。后宝玉病亡,石星巢将之停柩于石家庄园内,延僧道尼诵经数旬,以赋招魂。营葬宝玉后,石星巢改石家庄园为"感旧园",并以长石为匾额,刻"感旧园"三字竖列于园门上。民国时园毁,故地余木屋多间,荒地半亩,而石刻匾额尚埋于街中,露出"感旧园"三大字,篆体,据说是名家手笔。

### 荷香别墅

荷香别墅在柳波涌岸。清代时,柳波涌从今西郊泳场南侧的泮塘涌口流入荔湾湖,再向东南流经今昌华涌、蓬莱西村、蓬莱西大街、丛桂西街和丛桂新街一线之东南侧,而约于今六二三路与黄沙大道相交处,即沙面岛之西北角处流入珠江。

荷香别墅内有镜花堂,为秀才招书所筑。陈春荣是招书的朋友,其《香梦春寒馆诗钞·自注》载:"堂开四面环水,复道亭台,花香鸟语,风景可人。"[①] 可见荷香别墅是座建有堂室,筑有亭台,栽种花木的精致的小私园。清末时已毁圮不存。

### 环翠园

环翠园在今荔湾区南岸环翠园小学一带,北起澳口涌之南岸,南达今环翠园小学之南墙,西以埗头直街为界,东至今环翠园小学东墙往东约20米。园址颇大,占地约2.3万多平方米。

环翠园建于清光绪末年,是曾任云南大理知县的蔡廷蕙(在兄妹中排行第九,俗称蔡老九)修筑的私家花园,当地人称"蔡老九花园"。具有典型的珠江三角洲水乡田园风貌。

---

① 黄佛颐编:《广州城坊志·卷五·西关·柳波涌》,仇江、郑力民、迟以武点校,广东人民出版社1994年版。

园东部有长方形的大鱼塘，北部有杨桃园及从澳口涌（澳口涌直通珠江）登园之埗头（码头），西部为清代西关大屋式住宅，中部为元善蔡公祠，这是一座三进间、两边青云巷的大建筑群，面宽50多米，纵深近80米。祠的正门两边的钓鱼台，饰有以神话故事为题材的木雕、砖雕，工艺精湛，形象逼真。

花园以今环翠园街为主轴，路宽约5米，中间铺砌约3米宽的白石，两旁分建

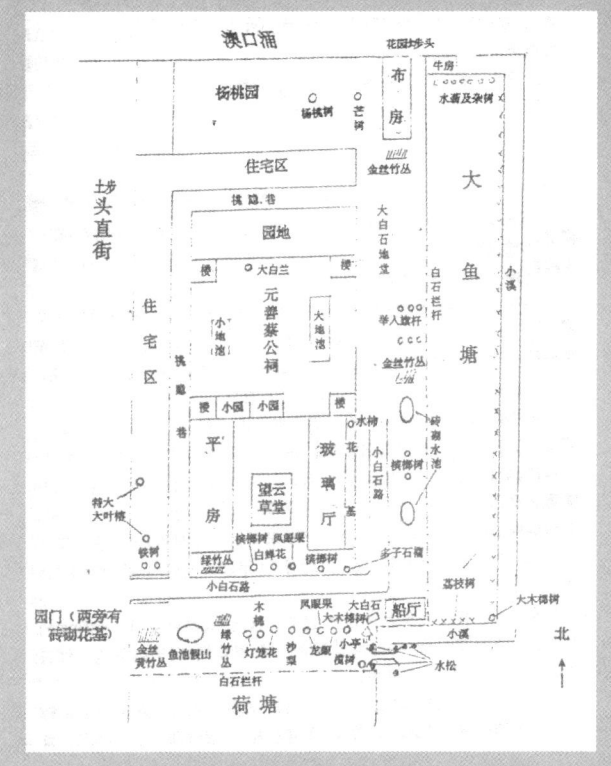

昔日环翠园示意图

有船厅、玻璃厅和望云草堂。船厅仿北京颐和园的石船样式；玻璃厅仿意大利建筑风格，四周回廊外立面除柱体外，均用玻璃做装饰；望云草堂以杜甫草堂为模式，为当时文人雅集之所。路旁建有鱼池石山，栽种了草木花卉，饲养了孔雀、梅花鹿、蜜蜂和猴子（取"爵、禄、封、侯"之意）。外围以白栏杆环绕，栏杆之外是荷塘，美景怡人。

园东和南边靠东的基围上栽种荔枝树。鱼塘基围外，由园南端自西向东是一条小溪，沿基围自南向北直通澳口涌，园的南端还植有木棉、榄树、龙眼、凤眼果、沙梨等树木。园南以外是一大片荷塘。屋西植有铁树二株、大榕树二株。园西的大榕树，树冠覆盖范围在广州榕树中可能是最大的：它生长在今环翠园巷之北，而枝叶伸展几乎至南部几十米外的埗头三巷口，可惜后来因遭虫害与环境污染而死。

全园建筑考究，田园风光如诗似画。1924年，蔡廷蕙去世，其子孙不善经营，加上战乱频仍，于是陆续变卖部分家产地产，环翠园随之

逐渐湮没。

1949年后,政府在元善蔡公祠遗址修建了环翠园小学。至1995年,环翠园仅剩的两幢私宅也因旧城改造而拆除。现存的环翠园小学的一段50多米的青砖旧围墙(小学正门旁的围墙),便是昔日元善蔡公祠的后墙。现荔湾区博物馆存有原环翠园平面布局示意图、水彩西洋画、未拆除时的局部照片资料及多种样式的石柱础。

### 野水闲鸥馆·挹秀园

这两座私园都在粤秀山南麓、大石街以北、土名将军大鱼塘的附近,彼此相邻。故址在今应元路东段南侧之省府大院东北部地。清代时,这里是人居甚稀的乡野,树木葱茏,花草繁茂,且分布有几个大鱼塘。官僚士大夫喜欢这一带环境幽静,多在此修建私园别业。

野水闲鸥馆在将军大鱼塘的东面。其南面是广西倪鸿的寓园(可能也是私园,但未见其他史志的记载)。清末时,业主把野水闲鸥馆出售,后来改建为学堂,称随宦学堂①,入民国后,改为旅粤中学,后来又用作军官讲习所。1918年《广州市图》在此地标注:"军官讲习所 前旅粤学堂。"1923年,官立女子初级师范学堂修复旅粤中学旧址及金花庙作为师范部。故址在今广东省人民政府大院的东北部。

挹秀园与野水闲鸥馆相邻。园主名陈巢民,故又称陈氏挹秀园。此园的特色是园中种植了很多梅花,取"定有咏花人"诗意,名"咏梅轩"②。

挹秀园内有正厅、船厅、咏花轩、看山楼诸胜。园门挂一联:"花径云霞通粤秀,萝门风月话山阴。"(陈巢民原籍山阴)看山楼有两联,既写出园内外风光,也写出主人情趣。一联是:"绕郭有山,白云高妙;近水得月,清光大来。"一联是:"湖海豪情,元龙高卧;

---

① 见清《番禺县续志稿》。亦有资料写作"随官学堂",疑误。
② 〔清〕金武祥:《陶庐五忆》。

神仙遐思，黄鹤来游。"船厅楹联是："何氏山林依绿水；米家书画寄沧江。"正厅楹联有怀古幽思，且有气势："地近越王台，入室有秦时明月；家传太丘长，登台怀汉代高风。"以上楹联相传均为清末民初文士金武祥题。

清末，挹秀园亦被出售，后与野水闲鸥馆同建为学堂。金武祥《陶庐五忆》载："陈氏挹秀园……旁有野水闲鸥馆。今闻是园及馆均售作学堂。"即两座私园入民国后均已不存。

## 君子矶

君子矶是清末民初李云谷所建私园，故址在西关荔枝湾。

园中有塘，广十三亩，有础字桥架于其上。西岸建楼台，东岸种竹丛，垒石为矶。近矶一角，有鱼池，水清澈，游鱼可数。坐矶上，凉风习习。整个园子以水胜，甚是清幽，当时人陈春荣《香梦春寒馆诗钞·自注》称此园："何啻葛天民哉！"葛天氏是传说中远古帝王的称号，在伏羲之前。其治不言而自信，不化而自行，古人认为是理想中的自然、淳朴之世。所谓"葛天民"乃指葛天氏治下之民，以此喻本园之纯净、宁静。

此园在民国时期已废不存。

## 东园

东园为清末时期广州著名私园，占地颇广，大致西界今东园路，北界今东园横路北侧，东界今挹翠路，南界约至今东园新街东延线之北侧。当年此地并非像现在高楼林立，而是珠江边的浅滩。民国前期，东园的北面（今东园横路以北）仍是大片水塘地。

园主名李准，是当时的广东水师提督，一个手握实权的人物。他圈占了此地，辟建为私家园林别墅。因在东濠涌口，地处城东近郊，园内

《东园被焚记》书影

又原有东关水汛、东鬼基等地名,故名"东园"。①总面积达2.5万平方米。有一小溪由西向东穿流其中,把园子分为前后两部分。

小溪南面有座门楼式砖木结构的房子,面积约100多平方米,是进入东园的大门口,称东园门楼。坐北朝南,中西合璧风格,红砖砌筑,六柱五间,总面阔15米。正间高9米,设拱券门,上方嵌一石额,长2.1米,高0.8米,行楷阴刻"东园"二字,上款"宣统庚戌冬月"(宣统庚戌:1910年),下款"邻水李准书"及印章两方。此门楼今为东园仅余旧物。

门楼中间为40米宽的大厅,右左两侧各有一个圆拱门,拱门内各有两间小房。进园约50米,为一个六瓣形荷花池,池的东西各有一座八角亭。池的正面有座砖木结构的西式二层洋房,名"红楼",总面积620平方米。

小溪北面有一约1000多平方米的池塘,小溪上建有两座双层木阁楼,雕梁画栋,古色古香。西边一座较大,面积700平方米;东边一座较小,面积100平方米。沿池塘东西两面向北,各有一条小路通园外。亭台楼阁,古色古香,绿树成荫,鸟语花香,既有四时不谢之花,又有能歌善唱的雀鸟,富有岭南特色。

清朝覆亡前夕,在东园曾举办过三次全省运动会,一是清光绪三十

---

① 另有一说东园是驻守广州东城的参将李世桂所建,时在清末宣统二年(1910)。疑误。

民国东园红楼旧影

1907年尚武运动会在东园举办，为广东省第二届运动会

三年（1907）十一月举办的尚武运动会（第二届广东省运动会），一是光绪三十四年（1908）举办的第三届省运动会，一是清末宣统二年（1910）举办的庚戌运动会（第四届广东省运动会）。

　　李准是晚清时镇压广州革命党人的得力干将。辛亥革命后，东园被没收充公，自此，作为私家园林的东园不复存在，东园成了公共场所。首先是被改为游乐场，并建大舞台，称广舞台（今广舞台二马路、广舞台三马路因在其北面而得名）。这是广州历史上的第一个游乐场。

　　1912年，东园游乐场更名为"新世界"。约在1918年，一场大火使东园成为废墟。1921年，因受军阀混战影响，"新世界"游乐场停业。当时是风起云涌的变革时代，很多大型集会就在东园废墟举行，故俗称东园广场。1922年5月5日，中国社会主义青年团第一次全国代表大会在东园召开。1925—1926年，省港罢工委员会驻此。1926年11月6日，省港罢工委员会的房子和葵棚遭人纵火焚毁，仅存一座门楼和红楼前的一棵大树。

　　中华人民共和国成立后，东园旧址归广东省汽车公司和广东省总工会使用。1962年7月，省港罢工委员会旧址被列为广东省文物保护单位。1964年，修复了幸存的门楼，复原了罢工纠察队用过的红楼，设罢工史料陈列室。"文革"期间被破坏。1974年起做省总工会招待所，1984年在原址按原貌重建了"红楼"，并建省港罢工委员会旧址纪念馆。今东园路、东园横路、东园后街等都因在东园旧地而得名。

## 第二节　河南地区

清代以前，广州河南地区基本上是一个农耕区，除明末时的郭家园外，似乎再找不到其他修造园林的记载。及至清代，随着经济发展，人口激增，河南岛四周环水，一派山清水秀的郊野风光；既近城廓，又因珠江阻隔可避兵燹等诸多优点愈渐显现出来，尤其是沿珠江前航道面对广州府城的岸畔，随着民宅不断扩辟，自然村落逐渐接连成片，形成彼此血脉相通的集市。经济与广州府城结成千丝万缕的联系，许多富豪便看中了这半城半郊的风水宝地，纷纷在此兴建园林别墅。

河南园林荟萃之地在珠江前航道河南岛西北部一带，此地隔江北望府城，来往便利。其中广州十三行商首富潘氏所建的潘家花园与另一广州十三行巨富伍氏所建的万松园，名气最著、占地最广，是两处典型的"行商庭园"——"行商庭园"是岭南庭园的重要组成部分。

至清末，在这一带建造的私园大大小小达数十处之多。这里有一条流水清澈，如玉带般的漱珠涌流经；而水，正是修筑园林的必不可少的要素。清咸丰七年（1857）陈徽言《南越游记》载："广州城南隔河有地名河南，富者多居之。人烟稠密，栉比相错。"[①] 说的不是整个河南岛，而是这一带地域。

当年漱珠涌一带，沿岸酒肆鳞次栉比，画艇有如过江之鲫。"波光淡荡漱珠桥，罗绮丛中系画桡。"是清代显贵富商寻欢作乐之所，也是骚人墨客吟咏消闲之地。清道光《白云越秀二山合志》载："桥畔酒楼临江，红窗四照，花船近泊，珍错杂陈，鲜薧并进。携酒以往，无日无

---

① 〔清〕陈徽言：《南越游记》，见《岭南丛书》，广东高等教育出版社1990年版。

之……即秦淮水榭未为专美矣。"① 不难想见当日漱珠涌之繁华。

20世纪20年代末辟建南华路，漱珠桥已基本被毁，只剩下桥东的几级石阶。20世纪60年代漱珠涌被改为暗渠，昔日景色一去不返。

### 郭家园

郭家园又称郭家花园，为晚明广州富商郭龙岳所建私园。在今海幢寺地。清代王令《海幢寺碑》称，此地原为万松岭、福场园地。园内有一株鹰爪兰，为园名物，现在海幢寺南门内，"乃郭家花园旧植。后地改而兰茂，以亭盖之"②。明末，僧人光牟到此化缘，向郭龙岳募捐，得到园中的两间房舍，草创了至今尚存的海幢寺。随着后来海幢寺的扩建，郭家园遂废。

### 潘家花园

潘家花园是潘氏族人在广州河南修建的大型私家园林别墅。创始人是潘振承。

潘振承，字逊贤，号文岩，又名启。约在清乾隆五年（1740）率族人自原籍福建省漳州龙溪乡迁居广州，为潘氏入粤籍的始祖。潘振承从事商贸，贩卖绿茶，盈利颇丰。18世纪40年代，

遗址在河南龙溪乡的潘振承潘家花园

---

① 〔清〕陈际清：《白云越秀二山合志》，道光二十九年楼西别墅藏板本。
② 〔清〕吴震方：《岭南杂记》，见王云五主编：《丛书集成初编》，商务印书馆1935—1937年版。

富有岭南园林特色的清代丽泉行行商潘长耀家园，采自 View in China

清代丽泉行行商潘长耀家园，采自 View in China

他在广州十三行开设同文行，经营丝茶贸易与办理朝廷贡品。几年间，商务冠于羊城。后联合其他八家行商设立了外洋行，居行商首领地位近30年，几乎垄断了与英国商人的生丝贸易。

潘振承成了豪商巨富，便在河南江边置地开乡，构建祠堂屋宇，为表示不忘故乡，将该地命名为龙溪乡，这就是今天河南龙溪得名的由来。

龙溪乡四面环水，其东面和南面是运粮河，即漱珠涌。潘振承在涌上修筑了漱珠、环珠和跃龙三座石桥，以便对外交通。《河南龙溪潘氏族谱》记载："潘启，号文岩……遂寄居广东省，开张'同文洋行'。乾隆四十一年丙申（1776），在广州府城外对海，地名河南乌龙岗下运粮河之西，置余地一段，四围界至海边，背山面水，建祠开基，书扁额曰'能敬堂'，建漱珠桥、环珠桥、跃龙桥，定名龙溪乡。在户部注册，报称富户。是为能敬堂入粤始祖。"后人亦有以"能敬堂"指称潘家花园。潘振承死后归葬于福建故里。

清代，漱珠涌直通珠江，漱珠桥一带风光秀丽，沿岸酒肆鳞次栉比，名园麇集，处处酒幡，夜夜笙歌。画艇有如过江之鲫，是清代显贵富商寻欢作乐之地，也是骚人墨客吟咏休闲之处，何仁镜《泷水吟·城西泛春词》咏道："家家亲教小红箫，争荡烟波放画桡。佳绝名虾鲜绝蟹，夕阳齐泊漱珠桥。"① 其繁华热闹可见一斑。

潘振承在龙溪乡开村建祠，始建潘家花园，后经其子孙潘有度、潘有为、潘正炜等在一百多年间陆续扩建，成一大型私家园林别墅。其范围包括现在的龙溪首约、龙溪新街、栖栅街、潘家祠道等南北长约600米，东西宽约300米，总面积约18万平方米的地域。

园内以一口大方池塘为中心，沿塘先后建有潘家大屋、黎斋、双桐圃、六松园、南雪巢、看篆楼、漱石山房、义松堂、南墅、清华池馆、听飒楼等楼台堂馆，这是潘氏家族子子孙孙在河南龙溪一带各自建筑的庭院、别墅、书斋，构成一组组各具特色的园林，景色彼此借用，比如文献载潘有为的六松园中有南雪巢斋，潘有度的南墅亦有南雪巢斋。潘正炜建听帆楼，伍绰余诗注亦称潘正衡的菜根园内有听帆楼。其实是同一物。可见这些园林有时并没有明显的界限。整座潘家花园临河水榭，倚嶂楼台，绿树婆娑，花香四溢，为河南地一代名园，曾极一时之盛。

兹分别记述如下：

**潘家大屋**　亦作潘氏大院，不只是一栋建筑，还包括大屋外的庭院，是清代富商潘振承及其族人在河南（今海珠区）龙溪乡的故居。为潘家花园的一部分，坐北朝南，始建于清乾隆年间，扩建于19世纪中叶。

整座大屋深约77米、宽约25米，占地面积约2600平方米，分为三开间五进，东西两侧为卧室、偏厅、客厅、厨房等，中轴为厅堂，由前至后依次为头门、二门、祠堂、老太太厅、神厅。各门厅之间都有天井相隔，以利于通风采光。屋内还设有两条青云巷。

整座建筑为砖木石结构，用料讲究，装饰华丽。周围墙壁是水磨青砖石脚，正门以花岗岩石做框，以硬木做门；厅堂为中式屋顶，西式吊架，窗装彩色刻花玻璃，融合中西建筑风格，在建筑学上颇有研究价值。

---

① 〔清〕何仁镜：《泷水吟》，清咸丰刊本。

大屋西侧已于20世纪初被征用改建，现今只存中轴和东侧两部分，面积约1900平方米。潘正炜曾为潘家大屋起了诸多室名，如清华池馆、秋江池馆、望琼仙馆、听帆楼等。经历数百年风雨，今已显得十分残旧。但细看之下，依然能见到昔日的辉煌气魄，高门大户，中西合璧。

**六松园·南雪巢·看篆楼** 六松园，潘有为建，有两处，一处在花地，建于清乾隆三十五年（1770），是潘有为上京前为其父建造的养老之所。一处在河南漱珠桥畔龙溪栖栅一带，是潘有为致仕（退休）后建。清同治《番禺县志·列传》称六松园"擅园林花竹之胜"。

潘有为，字卓臣，号应麟，又号毅堂。潘振承次子。他不侍父营商而选取入仕之途，于乾隆三十五年（1770）考中举人，越两年考取进士，授职内阁中书，参与编纂《四库全书》。性情耿介，不事权贵，居京官十七年从未升迁。后受父命丁忧（遭逢父母丧事，称丁忧。亦泛指守丧）回乡，从此不复出仕，退闲林下，潜心著述。足迹罕入城市。诗书画俱能，并对金石书画精于甄录鉴别。

潘有为居处近万松山麓，相传为东汉议郎杨孚故宅；他仰慕杨孚，于是将自己在漱珠桥畔的居室题匾"南雪巢"，又称"橘绿橙黄山馆"。门外陂塘数顷，遍种藕花，风景清美。①

园中建"看篆楼"，月午花晨，时有雅集。楼内收藏古代书画、鼎彝、钱币、印章甚丰，首开羊城鉴藏文物珍品风气之先，成为当时"岭南鉴藏家之魁首"。他从中挑选出了一批精品，编印成书，刊行于世。陈昙《补南海百咏》引杨振麟《序》载："看篆楼者，潘观察有为所藏古铜印之所也。观察官舍人时，居京师十七年。日从琉璃厂搜录古印，久之，得一千二百余颗，印而行之。"可惜后来所藏书画、鼎彝皆星散。

**南墅·潘园·万松山房** 清代河南龙溪乡名园。"在漱珠桥之南。有亭台水木之胜。"② 园主潘有度，故又称潘园。

---

① 《番禺县续志稿》（清末宣统）。

② 〔清〕张维屏：《艺谈录》（下），清咸丰番禺张氏刊本。

潘有度，字宪臣，号应尚，又号容谷。潘振承之第四子。幼年兼承家学，饱读诗书，长成后继承父业，主理潘家同文行业务。由于深谙对外贸易之道，博得官府信任，赞其"洋务最为熟练"，业务续有发展。其后，十三行总商曾一度易人，但不久他又凭藉外贸家声誉与个人才干而再次出任，被在华外商尊称为"潘启官二世"（潘振承即潘启官一

潘有度

世）。后来他又开设同孚行，继续经营外贸业务，家道也由此再次振兴。他亦儒亦商，在洋务冗繁之中仍有"观史""哦诗"的雅兴。且致力于教育和公益事业，嘉庆十六年（1811），他带头与十三行其他行商一起捐送公行公产，集资于下九甫创设文澜书院，供士子做会文之所，并延聘品学兼优之士担任主讲，教授生徒，带动了商贾子弟重学习文，使羊城文风为之一振，书院名气也一时冠于粤中。因其热心周济贫困，获道光皇帝赏赐"乐善好施"牌匾，封赠为翰林院庶吉士。

潘家花园的大规模兴建，乃在潘有度修建南墅时期。南墅占地颇大。张维屏《国朝诗人征略》记述此园：有方塘数亩，上建一桥。栽水松数十株，有两松交干而生，因而堂名"义松"。主人所居名"漱石山房"，文人骚客时来雅集。漱石山房旁有小室，名"芥舟"。

义松堂是园中主要建筑，文士温汝造《潘容谷招集义松堂》诗有"圆荷兼竹净，流水入池簪……栽齐曲槛边。奇珍不择地"句咏之。①

---

① 〔清〕温汝造：《印可斋诗钞》（上），清嘉庆二十四年（1819）刊本。

潘定桂《夜步南墅松径》诗写南墅夜景："夜色出门好，石桥清更幽。水天相照影，高下荡成秋。鹤梦随云堕，泉声咽石流。松高不受月，推出柳梢头。"① 著名诗人张维屏名闻大江南北，远及京师，其童年时曾在南墅读书。他后来回忆："墅中有轩。阶前双梧碧覆檐际，风枝雨叶，凉入心脾。轩外数武（半步），一桥见山，万绿饮水。"②

南墅潘园亭台水榭，楼阁廊庑，叠石疏池，奇花异卉，水松夹道，风枝雨叶，凉入心脾。有池、溪、荷、竹之胜。

南墅东隔龙溪水道与万松山相望。潘有度之侄潘正亨在南墅又修建了万松山房、海天闲话阁；当年万松山上万松参天。从万松山房望过去，松林一片，十分壮观。又有湖广十亩，栽种荷莲，湖中有风月琴尊舫（书画船）。"十亩芙蕖尘隔断，不知身在水云乡。"③

潘正亨，字伯临，号荷衢，捐刑部员外郎。此人做过的一件好事是，当时广州闹米荒，他向广州知府程含章提议，让洋船随时载米来，免其舶税。程含章向广东督抚进言，得到采纳，"于是洋米船络绎而至，广州遂鲜荒患"④。

黄培芳《河南访潘伯临比部园林》诗咏潘正亨的私园："河洲卜筑园林胜，一路松阴到画堂。花竹微云清自媚，琴樽小雨淡生凉。"⑤ 松径、花竹、荷香，是一片"水云乡"的美景。

**秋江池馆、听帆楼、清华池馆、望琼仙馆**　以上楼馆，皆为潘家第三代十三行商潘正炜建。在潘家大院。

---

① 〔清〕潘定桂：《三十六村草堂诗钞》，清道光刊本。
② 〔清〕张维屏：《听松庐骈文钞》（三）。
③ 〔清〕黄培芳：《河南访潘伯临比部园林》，见《粤东三子诗钞》（三）。
④ 《番禺县志·卷四十五·列传十四·潘有为 正亨 正衡 定桂》（清同治十年）。
⑤ 〔清〕黄培芳：《河南访潘伯临比部园林》，见《粤东三子诗钞》（三）。

## 第三章 私家园林

潘正炜，字季彤，号榆庭，潘振承孙，潘有度四子。他继承两代家业后，又以潘绍光名义开设同孚行，业务大为发展，是潘氏家族生意贸易最为鼎盛的时期，仍居于十三行领袖地位，被外商尊称为潘启官三世（一世是潘振承，二世是潘有度）。计历乾隆、嘉庆、道光三朝，共120余年，潘家在十三行对外贸易中发挥了重要影响，且扬名欧美，是名实相符的外贸世家。《广东十三行考》引咸丰十年（1860）《法国杂志》报道：潘氏族人正炜，已发展到资产约达一亿法郎，年消费法郎300万左右，其富裕程度超过法国国王。大概是当时的"世界首富"。

潘正炜

潘正炜资财雄厚，继续扩建潘家花园。先建秋江池馆，馆筑水榭、曲廊，馆上建"听帆楼"，高两层，面积约120平方米，以收藏法书、名画、古铜印。其藏品之丰，"甲于粤东"。

登听帆楼，北望白鹅潭（那时的珠江南岸线约在今南华西路南侧，听帆楼临江岸），可见帆影一片，楼因而得名。楼下有藕塘，搭建花架，有水榭、风廊，曲折重叠，"晚听渔歌答，晓听鸟啼遍"，景色甚美。潘正炜又建清华池馆，这是一座有茂林修竹的园林式建筑。"小筑清华傍茂林，笙簧隔水奏佳音。"①报平安轩在龙溪乡，建在塘岸，是个很清幽的所在，既是潘正炜所居，也是他宴客的地方。望琼仙馆在潘家大

① 〔清〕潘正炜：《春游次张南山太守韵》。

院，大概到晚清时尚存。

**黎斋·晚春阁·船屋山庄·菜根园** 均为潘正衡所建私园。

潘正衡，字仲平，又字钧石，潘正亨从弟。原籍福建，先辈入粤，著籍广州河南龙溪乡。贡生。因报效治河工程有功，授予同知衔，任盐运副使。著有《常荫堂遗诗》《黎斋诗草》。潘正衡生平癖嗜顺德黎简书画，藏品甚丰。他在今栖栅街一带修建房舍①，用来储藏黎简的书画，据说是"悬之四壁"，故名"黎斋"。斋中栽种花卉、修竹处处，景色秀丽而有野趣。当时黎斋闻名羊城，岭南名流在此雅集，著名文士谢兰生曾为黎斋绘图，乾隆举人高士钊为之作记，吴嵩梁、陈昙均有诗咏。题咏黎斋的诗文就集成一卷。② 当年中原文人来粤，多有来黎斋观赏者。

潘正衡又于龙溪筑晚春阁、船屋山庄、菜根园。晚春阁是庭院中的一栋楼阁，四周栽种花木，十分幽静。船屋山庄建在水边，距渡头不远，芳草萋萋。堤岸杨柳轻拂，亦是一个清幽所在。菜根园也是建在塘边，一派乡野风光。塘中种莲，荷花飘香，园内筑听帆楼，有松径、花圃、竹丛，具"松堤花竹"之胜。另有天外频洲胜景。环境幽静，既是私园，也是菜园。

黎简《山水图轴》

---

① 栖栅街之得名，乃源自福建省同安县龙溪乡栖栅社潘氏在清乾隆年间到此建村，以故乡之名而名之。

② 《番禺县续志稿》（清宣统）。

**双桐圃** 潘正衡死后,其子潘恕扩筑黎斋故地,建私园双桐圃。双桐圃故址在今河南同福西路北侧潘家祠道、栖栅街一带。屋外有两棵老梧桐树,浓荫满庭,因而得名。

潘恕,番禺人,贡生,文史学家。其从兄是十三行洋商巨富、修建海山仙馆的潘仕成。潘仕成曾督修六省战船。招潘恕入幕,"深资赞画"。潘恕好佛、好客、好书、好画、好笛、好花,好诗词,尤熟历史,兼擅画花卉。双桐圃藏书甚丰,是当时文人雅士的聚会之所,可谓名园。经常"名流咸集,觞咏其间"。据《在山泉诗话》的记载,清代道光(1821—1850)、咸丰(1851—1861)年间,骚客雅集,饮酒吟诗最盛之处,就是张维屏的听松园、邓荫泉的杏林庄(这两处均在芳村)与潘恕的双桐圃。

双桐圃附近有名胜憨泉,东邻万松园(伍家花园)。圃中有池湖,有河涌通龙溪(今龙溪二约、龙溪首约曾是龙溪水道),圃中建亭台楼阁,掩映在花树丛中,环境清幽,"绿树遮门,清阴满地,池亭尽好幽栖。……草堂隔、一水东西。扁舟便,人来角酒,去也不多时"[①]。而尤以梅花为胜景。潘定桂《一剪梅·夜月双桐圃看梅》词咏得好:"万树梅花月一轮;香满柴门,影满柴门。中宵风露淡无痕;醒透诗魂,冷透诗魂。有客寒冲庾岭尘,花笑劳人,月笑劳人。罗浮令我梦仙村,炉也微温,酒也微温。"

罗清《梧桐图》

---

① 〔清〕何桂林:《满庭芳·双桐圃题潘鸿轩读书处》,见《粤东词钞》三编,清道光二十九年至光绪十九年(1849—1893)刊本。

双桐圃还有不少楹联，兹录三副，可让人想见当年圃中风光：

风林邀月步，云石隔花窥——潘鸿轩

地拓半弓多种竹，帘留一桁为看花——郑子研

林亭趣在有形外，风水文生相遇初——何凌汉集禊序字

**三十六村草堂** 私园。在龙溪乡内。清道光十九年（1839），潘定桂建。据潘定桂《三十六村草堂诗钞·草堂落成》与《河南村居》诗的描述，草堂占地约三亩，四周栽竹，内有小溪流淌，栽时花、竹丛，有花坞竹溪之胜。环境清幽，客人不多。

潘定桂，诸生。潘正衡次子、潘恕之弟。性喜清谈，擅诗。著有《三十六村草堂诗钞》。

**梧桐庭院** 在河南龙溪乡栖栅内，属潘家花园范围。潘光瀛建，亦是其居所。梧桐庭院因庭院中梧桐成荫而得名。院中有池塘、太湖石景、竹丛、亭台诸胜景。何桂林《花心动·题桐院填词图》形容园景"庭院深深，见碧梧影落回廊朱户……绿阴池馆凉如水"①。

梧桐庭院建成于清光绪十二年（1886）之前。潘光瀛的长子、晚清著名文士潘飞声《在山泉诗话》中记载：丙戌（1886）春，海氛已平，此后文人雅士们便时时作书画高会，其中一个地点便是"余家梧桐庭院"。他形容这庭院是"一庭香雾……碧梧影落沉沉，冷萤飞照秋心。欲向曲栏微步，愁他满地花阴"②。梧桐庭院实在是一座很幽静的私家园林。

潘氏中落后，亭院被官府没收充公。梧桐庭院幸免，得以保存潘氏所收藏的部分书籍。在民国前期尚存，后废毁不存。

潘氏家族从清代中叶的乾隆至道光一百多年间在广州十三行开设同文行、同孚行，经营对外贸易，曾富甲一方，财雄势大，且科举功名鼎盛，名人辈出，并多有著作传世。计潘家的子子孙孙先后刊刻传世的文

---

① 〔清〕何桂林：《花心动·题桐院填词图》，见《粤东词钞》三编。

② 〔清〕潘飞声：《清平乐·月夜坐梧桐庭院》，见《花语词》。

集、诗集、专著达百余种，这在当年的巨富豪族（以潘、卢、伍、叶四姓名声最著）中尤为突出，真可谓风光得很。

清道光二十年（1840），鸦片战争爆发。1841年，英军勒索600万赔款。十三行出了200万，行商们大受损失。道光二十二年（1842）《南京条约》签订，确立五口通商，原是一口通商的广州丧失垄断贸易地位，十三行开始走向衰落。清咸丰六年（1856），第二次鸦片战争爆发，十三行遭纵火焚烧，几乎全部化为灰烬。

十三行覆灭，潘家花园走向衰败。"潘氏中落，亭院悉没于官。"①随着河南地区开发，人口激增，原来的池塘、小涌亦渐变成陆地，园地被侵占，建为民宅街巷，逐渐湮没。至清末，潘家花园基本已废。在清光绪三十三年（1907）《广东省城内外全图》上，潘家花园故址四周已有多条街巷，中间仍是一片空地，但没有标注任何文字。至今天，基本上是只剩下大半间潘家大屋，一栋破败老宅，风烛残年的模样。

## 近园

在河南瑶头乡。为清代前期叶汝阶所建私园别墅。故亦有称作叶氏近园。瑶头乡在今江南西路、江南东路南侧海珠涌一带，古名窑头，后改称瑶溪。河南由明代之10村发展到清代时的33村，再到民国初年时的73村，以瑶头村为最大。清代时有瑶溪二十四景。近园的具体位置难考。

清乾隆前期，叶汝阶特意选羊城南岸，在瑶溪岸边辟建别墅，与好朋友杨震青以此做闲居地。据杨震青《山园秋况》所记，近园是一座广达十亩的园林，有池塘一口，园中种丹枫、橘柚、木芙蓉，并特意注明："园中芙蓉，秋放繁艳，不减春时牡丹。"园中有小溪，溪上建木桥，溪岸是一列长松，一片绿野，"园居风景类山家"。有石鼎，闲时用来烹白露茶。并注明："河南多种茶为业，以春时未过清明、秋时白

---

① 徐信符：《广东藏书记略》。

露、冬时雪芽为最（佳）。"

叶汝阶去世后，杨震青仍住近园，与一帮文士结社，在此饮酒吟诗，所谓"放吟山水"。近园内筑有心远楼、云楼，登楼眺望，只见瑶溪明净如画，樵夫牧童披一身晚霞归来，景色美甚。

近园内又有瑶南别墅，是叶汝阶的寓所。杨震青有《冬日偕同人舟过瑶南别墅赏梅分赋》诗，既写瑶南别墅的景色，亦同时怀念故人。诗曰："共放溪南棹，寻幽绿野堂。梅开初点雪，律转已回阳。笼日淡流影，压檐低送香。十年林下约，相对梦茫茫（叶公与余曾订白首入林之约）。"①

清末，近园已废不存。

### 璞园·南溪小筑

璞园西邻海幢寺，园主黎氏，故又称黎氏璞园。其前身是郭老园，即是郭氏私园，园主后来变为黎氏。园建于乾隆初年（1736），后来称溪峡的水道，当时称南溪，璞园建在溪岸，故又名南溪小筑。

璞园占地范围不小，园内有两座小山岗，有花径，有池塘，池塘有供钓鱼的小艇。筑有亭台、水榭数十，散落在园中各处。掩映在绿树丛中。海幢寺不时传来钟声。园子环境幽静而有野趣。当时文士罗天俊有《游黎氏璞园》诗，主要描述园中的清幽。诗曰："红尘无此况，图画俨成村。径倩邻僧指，山连郭老园。小楼吞海日，深树锁云门。莫怪忘归去，春禽处处喧。"②

这私园以后不再见于史志，可能在清代中期已废。

---

① 〔清〕杨震青：《芦溪诗钞》（中），清抱璞堂刊本。
② 〔清〕罗天俊：《游黎氏璞园》，见《岭海名胜记》（六），〔明〕郭棐撰、〔清〕陈兰芝增辑，清乾隆五十五年（1790）羊城六书斋刊本。

## 伍家花园·万松园

伍家花园在广州河南海幢寺以西一带,为粤东巨商伍秉镛所建私园,后其族人扩建,又称南海伍氏别墅。园中青松成林,故又称"万松园"。其南面一带为山岗,称万松岗,又称万松山、万松岭,即今乌龙岗。今天的乌龙岗,早已被水泥路面覆盖。当年的乌龙岗,却是松林参天。

清乾隆年间(1736—1795),福建伍氏来粤经商,在此地建村,并以家乡溪峡命名。而据民国伍绰馀《万松园杂感诗·自注》的记载,伍氏原籍福建泉州府晋江县安海乡,二世伍灿廷,在明末崇祯初年,自福建来粤经商,至四世伍长源,开始发达,成为洋行十三行巨富,洋商称为浩官(即伍秉鉴,嘉庆十八年为洋行总商之首),其店原名元顺行,后改称怡和行,入籍南海,世居河南。故伍家花园一带,又称"安海"。

伍家花园约始建于嘉庆八年(1803),建成后,渐闻名羊城。园址甚大,"袤延数里",达13.3万平方米。东与海幢寺为邻,南及庄巷,西临溪峡(今有溪峡街,当年是河涌)、龙溪(今有龙溪首约、二约,当年是河

遗址在今海幢公园西侧的伍家花园

涌），园中湖水西通龙溪；北至漱珠涌，四面均有便门。

正门在今溪峡大街，门前为一石街。园门内立太湖石，鉴赏家称之为"云头雨脚"，高丈余，上大下小，上飘下逸，洞穴玲珑，有宋代名书画家米元章题名。为石中奇珍妙品（即今海幢寺"猛虎回头石"。详上文《佛寺园林·海幢寺》）。伍秉鉴之第五子伍崇曜（道光十三年接掌洋行怡和行）斥巨资购得此石，藏置于园中小苑"藏春深处"，即其爱妾居停之所。

入园门，大厅前有照壁，后为门厅，左右为客厅和画厅。厅后是一个大湖（也可以称为大水塘），面积达数千平方米。建曲栏小榭，湖中建浮壁亭，与曲桥朱栏连接，是读书作画的地方。湖畔栽垂柳花木，湖水通龙溪涌，建石桥，傍倚楼阁，水口建闸，与溪峡相通。池中常泊画舫。后有龟冈，冈上建水月宫。园墙外即海幢寺大雄宝殿。内外古木参天，仿如仙山楼阁，倒影池中，别饶佳趣。每年端午，龙舟可入大塘竞赛。其余为花园、金鱼池、大小石桥。西岸有水亭，乃园中幽处。湖北为伍家祠（今伍家祠道即因之得名）。

湖南角隅有魁星楼，登楼可览全园景色。以长廊与各厅和"藏春深处"园相连。湖边有石道通小丘，丘上有观音庙，下为半月池，池植荷花。四周以小石铺路，路边建朱栏，栽桃柳。入长廊，通小厅，有一小路过园门，经太湖石。再过为戏台，可容百人观看。后是库房、生祠、宗祠。

伍家花园收藏法书名画极富。嘉庆（1796—1820）、道光（1821—1850）年间，著名文士学者谢兰生、张如芝、罗文俊、黄乔松、梁梅、李秉绶、钟启韶、蔡锦泉等人时在那里聚会。园额为谢兰生书。在民国初年尚存。

万松园内有多处胜景。兹略记如下：

浮碧亭，在园西池中。八面曲槛，连以水榭，雅丽幽邃。为作画之所。

听涛楼，伍秉镛之侄伍元华（字良仪，号春岚）建，位于园中万松山山麓。藏图书、金石、字画甚富。阮元、白镕、吴嵩梁诸名流皆有题咏。谢退谷则画了幅《听涛楼图》。伍有庸作《题春岚听涛楼图》诗,形容为"层楼枕近万松园,涛声入耳顿愉悦……杰构岩前若招隐,虬枝风际如绘声"①。可见环境清幽,景色甚佳。

南溪别墅,在安海乡万松园内。嘉庆年间,伍氏邀乾隆壬子(1792)举人、学者钟启韶在此开馆。伍氏元芳,元芝、元薇等是其弟子。钟启韶有《题画杂诗》咏此别墅"万松风定鸟初栖,石磴初晴滑不泥"②。

清晖池馆,在万松园东荷花深处,与浮碧亭相对。

红棉山馆,在万松园后山上。伍氏曾祖簧山公居此读书。

滴翠轩,在万松园后山红棉山馆侧。深藏竹林中。

百株梅轩,在万松园内。叔祖春帆公读书处。

石乌桕。在万松园中。有楹联流传至今:"盘石生乌桕,当门种白榆。"

当年伍家花园还有一样精品名世,那就是茗壶。壶底署"万松园制"四字。多楷书,间作草书。民国时,不少富商官绅不惜巨资搜罗万松园制紫泥小茶壶,珍同拱璧。

伍家花园全盛时,多植青松,故又称"万松园"。其余奇花异卉、湖石、蜡石、犬马、珍禽不计其数。

第二次鸦片战争后,伍家走向衰落,伍家花园亦渐衰败。晚清时,粤剧艺人借用伍家花园,招收儿童教授粤剧,名"庆上元班"。光绪十五年(1889),广州成立"八和会馆",其属下机构专门承接演出业务的吉庆公所就设在伍家花园所在的溪峡乡。当时溪峡同德里一带是戏班班主(组织戏班者)聚居地,不少粤剧艺人也在此置业聚居。这时的

---

① 〔清〕伍有庸:《闻香馆学吟》卷四,清道光七年(1827)羊城艺芳斋刊本。

② 〔清〕钟启韶:《听钟楼诗钞》卷三,清道光十年(1830)刊本。

十三行巨富、怡和行行商伍秉鉴修建的伍氏花园

伍家花园已废。在光绪三十三年（1907）《广东省城内外全图》上，伍家花园故址一带被标作"后花园"。入民国，据约出版于1925年的《最新测绘广州市面马路区域全图》的标示，当时伍家花园园地已大为缩小。东面有珠海波光、波光新街，西面有仁居里、银巷，北面有漱珠东市等街巷。

1925年，著名画家高剑父、高奇峰、陈树人等人在伍家花园故址设彩瓷焗窑。后来，伍家花园故址竟被用来做了军火库，军火库失火，园尽毁，从此湮没，后尽为民居。

**粤雅堂**

粤雅堂在广州河南安海乡。故址在今南华中路西段南侧，海幢公园以西，溪峡街以东一带。这一带正是十三行巨富伍氏家族所建伍家花园（万松园）所在。粤雅堂在伍家花园的北部，北临珠江。堂主是广州十三行总商伍崇曜。

伍崇曜原名元薇，字紫垣，又名绍荣。其父是伍秉鉴，嘉庆十八年（1813）为洋行总商之首。伍崇曜在道光十三年（1833）接管怡和洋行并为公行总商。长期贩卖鸦片、走私白银、垄断对外贸易。1839年林则徐抵粤禁烟，曾将他逮捕。第一次鸦片战争时期，他是中英商议《穿鼻草约》和签订《广州和约》的重要中介人。道光二十三年（1843）伍秉鉴去世后，伍崇曜掌握了怡和洋行全部实权。曾与潘仕成捐修赤岗、琶洲二塔。

伍崇曜既是巨商，也是文人，且擅画，著有《粤雅堂诗钞》《花村诗话》。致力于搜书、藏书、刻书。所建粤雅堂，藏书甚丰。名为堂，实是一个四周环水的大庭院。

粤雅堂建成于清道光二十四年（1824）之前。建竹洲、花坞（四周高起中间凹下的种植花木的地方），筑书库、琴亭。房舍相连。南望万松山，北临珠江；半是城郭，半是郊野。庭院绕水，岸上遍栽竹丛。庭院中构建堂馆，挂匾题"粤雅"，这便是粤雅堂。有园林之胜。

粤雅堂这座大庭院内有栋著名建筑，名远爱楼，屹立于珠江江岸，登楼远眺，景色甚美。

远爱楼是伍紫垣宴客的地方。清同治《南海志·杂录·下》载："道光二十八年（1848）九月，总督徐广缙、巡抚叶名琛宴米利坚酋豪于伍崇曜粤雅堂远爱楼上。以其较英吉利稍为恭顺，故宏奖之，以示劝惩耳。"

当年河南鳌洲之西北角建有炮台以防卫广州城，咸丰六年（1856），英军进攻广州城，攻打炮台，殃及池鱼，远爱楼毁于炮火。由此可推断粤雅堂远爱楼乃建于河南临江之鳌洲岛。

粤雅堂之闻名后世，在士林中享誉甚隆，不在粤雅堂本身，而在以之命名的一套综合性大型丛书《粤雅堂丛书》。伍崇曜出资刊刻，聘请南海举人、学海堂学长谭莹校勘编订，雕版精良。今广州市区文德路有粤雅堂，1987年12月5日开业，为今国内最具规模的文物商店门市部。实借其名。

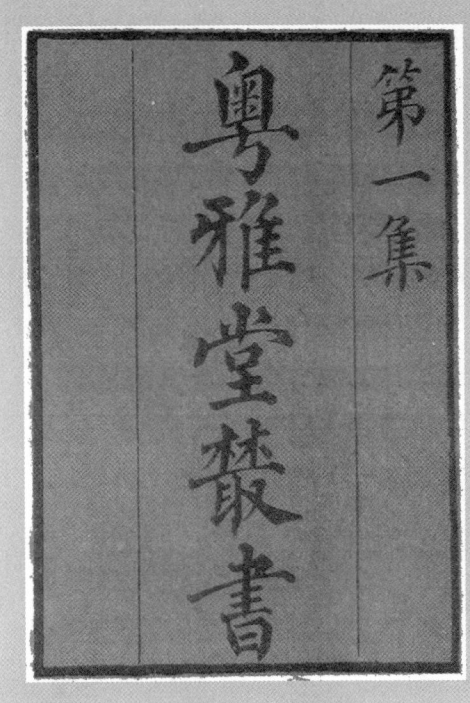

《粤雅堂丛书》书影

### 何园

在河南溪峡乡。今南华中路西段南侧溪峡街一带。园主何氏，故名何园。

学海堂学长熊景星曾于清咸丰二年（1852）游何园，并写了一首《壬子五月游何氏园林》诗。据诗中的描述，何园建在漱珠涌岸，清波绕屋，附近有小丘称凤凰冈。周围环境浓荫一片，一条小径通往小园。园中种荔枝树，处处蝉鸣。虽在盛夏，却甚清凉。"甘沁心脾烦热解，凉蝉催擘荔支头。"园中很幽静，除荔枝外，还栽种有其他果树和花卉。"忽看佳果盈筐至，又见名花压担来。野老闲庭荒寂甚，居然红紫烂成堆。"①

这座小私园后废，不再见记载。

**鹤洲草堂**

鹤洲草堂在河南白鹤洲。杨永衍所建私园别业，为河南名园之一。杨永衍，字椒坪，号添茅老人。东汉杨孚之后裔。道光十九年（1839），曾助林则徐查禁鸦片。著有《瑶溪二十四景诗》等。

当年的白鹤洲在溪峡之南（现溪峡已无水道，建为溪峡街），即今海珠涌西段东北侧之鹤洲直街、鹤鸣二、三、四、五、六、七、八巷及尾巷一带。当年有司爷涌（因有师爷庙而得名。现为一渠箱式的下水道）流经。司爷涌为今工业大道所跨过的马涌东岸的一条河涌，与漱珠涌基本平行，便是白鹤洲与宝岗的分界。

鹤洲草堂所在的白鹤洲，现在已全为街巷民居，没有水道，当年却是四面环水，是个江心洲。杨永衍在洲上建鹤洲草堂，栽种四时花卉，常与张维屏、黄培芳、熊景星、陈澧、潘恕、居巢、居廉、陈璞、袁昊、汪浦诸名流在此饮酒唱和，吟诗作对。"坛坫之盛、文酒之雅，颇有金粟圭塘遗风。"② 后刊有《瑶溪唱和诗》。

鹤洲草堂临溪而建，堂门前是几棵荔枝树，下临溪流。溪岸栽种桃

---

① 〔清〕熊景星：《吉羊溪馆诗钞》（一），清同治五年羊城萃文堂刊本。
② 〔清〕潘飞声：《在山泉诗话》（三），民国初年铅刻本。

鹤洲草堂主人杨永衍画作《诗如山色》

花。"不日阳春又烟景,从君溪上看桃开。"① 堂中有高大的乔木,枝干伸出园墙之外。园内花竹深秀,幽静中鸟鸣啁啾,尤显悦耳。园外有桥,跨于漱珠涌上;东西两边是凤凰冈。杨其光《喜迁莺·戊戌九月挈眷返瑶溪老屋》称为"鹤洲闲寄,清溪深曲"②。

鹤洲草堂储藏法书、名画图册十分丰富。可惜在杨永衍死后,遗籍四散。

当年端午节,堂前河涌还进行龙船竞赛,"管弦四起,浩歌声发",③ 热闹非常。约到清代中叶,此地溪流水道渐淤塞成陆,人们便搭建房屋,辟建街巷。鹤洲草堂渐废,直至湮没。

### 半园

半园在瑶头乡(后称瑶溪),故址今江南西路、江南东路南侧海珠

---

① 〔清〕陈璞:《椒坪招集鹤洲草堂》,见《尺冈草堂遗诗》八。

② 杨其光:《喜迁莺·戊戌九月挈眷返瑶溪老屋》,见黄任恒:《番禺河南小志·卷三·宅第》,海珠区人民政府1989年编印。

③ 杨其光:《水龙吟·重午鹤洲草堂看龙舟》,见黄任恒:《番禺河南小志·卷三·宅第》,海珠区人民政府1989年编印。

涌一带。杨永衍所筑私园，故亦有称杨氏半园。

杨永衍原住白鹤洲鹤洲草堂，晚年迁到此瑶头乡筑半园。园地有古松，园边有柏树，四周树丛一片。肖馥常《闻椒坪新筑小园赋长句寄之》称之为"瑶溪古松宅"，① 杨其光《喜迁莺·戊戌九月挈眷返瑶溪老屋》词咏之："依旧故园，幸未荒松菊。接树连阴，移花取影，归梦一条寻熟。"

当年瑶溪景色甚佳，有廿四景，半园建于溪岸。潘飞声《摸鱼儿·庚寅重阳后二日，同何一山、冯遂知放舟瑶溪，访杨椒叟半园、居古泉啸月琴馆，席上作》称半园"他乡无此溪山好"②，大概有点夸张，但也非无中生有。

半园内种金菊。菊花寄生是很少见的，但半园里的菊花竟有寄生的，杨永衍于是请画家居廉观赏，并请他作画。居廉作了画，并在画上题语："此草有花状，如忍冬。嗅之微香，亦一异也。"

杨永衍死后，半园渐荒废。

## 东园

广州城东有东园，省港罢工委员会旧址所在。河南白鹤洲亦有东园，是清代道光、咸丰时人高永显（高锡卿）所建私园，故亦有称为高氏东园。

当年的白鹤洲在今海珠涌西段东北侧之鹤洲直街一带，是个江心洲，四周水阔，清晨常起浓雾。"梦忆东园路，烟深白鹤洲。雨青迷粉

---

① 肖馥常：《闻椒坪新筑小园赋长句寄之》，见黄任恒：《番禺河南小志·卷三·宅第》，海珠区人民政府1989年编印。

② 黄任恒：《番禺河南小志·卷一·乡村》，海珠区人民政府1989年编印。

碓，风紫落妆楼。"① 船艇驶过，帆影片片，一派水乡风光。

此处原是一片草地，高永显在此筑私园，邻近杨永衍的鹤洲草堂。杨永衍《岁暮怀人》称东园："无劳拂拭绝尘埃。"② 可见人迹罕至，清幽得很。东园内有秀野草堂，是座开敞的房舍，有奇石参差，竹丛成片，风过处，声响如琴音。堂里种梅花，"妙景通画禅"。居古泇、杨永衍、赵蓉波、李次白、陈柏心、余早香、宝筏诸名流在此雅集，"花月醉飞觞……杯盘列狼藉"③。

约到清末民初，高氏东园渐废。以后不再见记载。

## 后乐园

明代后期广州西门外浮丘山曾建有私园后乐园，河南亦有后乐园，故址在今洪德路西面后乐园街南侧，南北向洪德新七巷西侧。园主姓潘。至于这园子当年规模多大，有何建筑，今已难考。至民国前期，园之东面尚为大片水塘。此水塘之大，北起现在的洪德五巷，南至现在的荣德路、光德路，东近福龙西街（今洪德八巷）。园之南面为此大水塘西通白鹅潭的水道。园林景色以湖景为胜。至民国后期，大水塘已被填成陆地并且修建了民宅，但后乐园与其东侧和南侧的水道犹存。建国后湮没不存。水道与园地均建民宅。现在的后乐园街、后乐新街皆因此园而得名。

---

① 肖馥常：《寄东园主人高锡卿》，见黄任恒：《番禺河南小志·卷三·宅第》，海珠区人民政府1989年编印。

② 杨永衍：《岁暮怀人》，见黄任恒：《番禺河南小志·卷三·宅第》，海珠区人民政府1989年编印。

③ 吕鉴煌：《杨椒坪招集东园秀野草堂，为园主高锡卿作》，见《调琴饲鹤斋诗存》二，清光绪三年刊本。

## 十香园

十香园是晚清著名岭南画家居廉、居巢的居室及作画授徒之所。居廉，字古泉，隔山乡人。工画草虫花卉，精篆刻。居廉父早故，堂兄居巢授以绘画技艺。后合称"二居"，是岭南画派启蒙师祖。

十香园前身是居巢的画室啸月琴馆，建于清道光十二年（1832），时称隔山草堂。环境清幽，村前茶园花圃，村后绿带河涌，当年盐务当局在这马涌支流的入口处设闸，以杜私贩。此处溪水清澈，鱼虾孳衍，引来群鸥（一种常在河滩活动的小鸟——沙鸥）觅食，为著名的"瑶溪二十四景"中的"盐闸来鸥"一景所在。

约在清咸丰六年（1856），二居改建隔山草堂为十香园，由居巢旧居"啸月琴馆"、居廉旧居"今夕庵"和授徒之地"紫梨花馆"等主要建筑和庭院组成。是珠三角地区典型的"庭院式"民居建筑。园内一年四季花荣木茂，芳香扑鼻，馆舍与石景错落有致，环境甚是幽雅。后居巢去世，居廉独担十香园，绘画授徒，开近代广东美术教学之先河。培养了著名画家高剑父、陈树人等大批岭南画派名家，在当年画坛上独树一帜，形成了名震一时的"隔山画派"。清末期罢科举倡新学，设立新学堂，开设图画课，广东中小学校的图画师资，大多数都是居廉门下弟子。20 世纪 20 年代，广东将近八成的美术教师都出自十香园。

园址在今江南大道中隔山村怀德大街，占地面积约 700 平方米。南倚隔山，北面马涌（海珠涌），四周以青砖砌墙围成小院，园中种有素馨、茉莉、瑞香、夜来香、鹰爪、夜合、珠兰、君子兰、白兰、含笑等十种香花及各种草木，故名十香园。环境清幽，富有诗情画意。

十香园平面近方形，东面是青云巷，南北走向，红砂岩条石铺地。北巷口原有更楼一座，前装有企栋及板门，后为石夹巷门。东墙外有红砂岩铺砌的青云巷，巷口原有门官厅，已毁。巷西开院门，有砖砌小路入花园，花园门上悬清咸丰末年（1861）杨其光书"十香园"隶书小木匾。通道南面是居廉的住处兼画室啸月琴馆（居廉收藏有啸月琴及谷

十香园旧影

旧十香园图

响琴、啸月琴现藏上海博物馆),馆西是居巢住处今夕庵。

紫莉花馆在园之西北部尽头,进深一间,坐北朝南,面宽6.5米、深4.4米。原为卷棚顶青砖平房,碌筒素瓦顶。20世纪60年代改为硬山顶。白墙灰瓦,木窗框兰花、竹叶雕刻,雕工精细、造型美观。门上悬居秋海隶书"紫梨花馆"木匾,长1.5米、宽0.38米,至今尚存。室内西部是居廉授徒处,东为书偏。馆内种有紫藤、凤凰树等花木,乃作馆名。岭南画派创始人高剑父、陈树人等曾在此学画。馆门原有木刻对联一副:"月在凝枝梢上,人行末丽花间。"作者是嘉庆七年(1802)进士、道光《广东通志》总纂谢兰生(1760—1831)。可惜已佚不存。居廉亲手栽种的"脱衣换锦",今仍繁茂。

馆前为花园,园林美景一览无遗。原有藤廊,廊前砖石坊上镶有"居廉让之间"石额。这是居廉晚年对居室的谦辞。现尚存由青砖及通花格砌基的花座一个,中立太湖石一块。高2.2米,瘦身,玲珑秀致。

清末民初时的十香园环境仍很清幽。潘飞声有《访居古泉隔山草堂》诗咏:"久别相逢笑破颜,茅堂依旧好溪湾。晴窗恰对疏疏树,矮纸工描细细山。暂抚菊松拼我醉,得餐薇蕨共君闲。饥驱屡负栖岩约,明镜惊看鬓渐斑。"[①]

---

① 〔清〕潘飞声:《说剑堂诗集》(一),民国二十三年铅印本。

十香园一直为居氏后人居住。抗日战争时期，啸月琴馆与今夕庵均被拆毁，仅存部分残垣断壁。园内现存建筑三座、东巷及四周围墙。除位于西北角的紫梨花馆外，其余两座为后来补建。

1983年8月，广州市人民政府公布十香园为市级文物保护单位。2007年，政府修葺十香园。园中一株已枯死多年的铁树（居巢手植）竟长出嫩绿枝芽，并很快便枝繁叶茂，可谓神奇。

## 鹤洲别墅

鹤洲别墅在河南溪峡白鹤洲中。张东山所建私园。当年的白鹤洲在今海珠涌西段东北侧之鹤洲直街一带，是个江心洲，环境清幽。据周庆麟《过鹤洲别墅有感》诗的描述，鹤洲别墅有池塘，塘中有亭，亭前建有一条红桥。园中种植梅花、杨柳，时闻鹧鸪啼唱。是一座幽雅的小园林。大概存在了10年，便渐荒废。周庆麟曾在此园读书，十年后复来游，感叹道："看来池馆还如旧，惟有门前过客稀。"[①] 以后史志不再见记载。

## 陈园

陈园在河南溪峡乡。故址在今南华中路西段南侧溪峡街北段一带。园主陈氏，故名陈园。据黄景治《定湖笔谈》的记载，陈园建于一座土山山麓，该处大树繁荫，如伞如盖，相传已有数百年的树龄。树根纠结盘错，透漏疏通，如石之有穴，如龙之卷曲。树下置茗具，细斟慢饮，十分写意。山顶上筑一小亭，登亭四顾，只见东面是海幢寺，不时传来梵音钟磬；北面是珠江，不时可闻弦管笙歌。由西面至南面，可见远近楼台，隐现于绿树丛中，浓荫一片。虽在盛夏酷暑之时，此地仍是十分清凉。

---

① 〔清〕周庆麟：《过鹤洲别墅有感》，见黄任恒：《番禺河南小志·卷三·宅第》，海珠区人民政府1989年编印。

这个小小私园实在是一个景色宜人的所在,可惜,陈家在此地住了数十年,便流离迁徙,陈园从此荒废。而土山上的树木亦被砍光。黄景治在《定湖笔谈》中感叹:"不灾于天,而戕于人。树何不幸至此。"①

## 冯家大院

冯家大院在今河南同福中路南面、海珠涌北面的天庆里。建于1910—1920年。东起昆仑后街,西至龙导新街,南至联鹤大街,北至天庆里,占地总面积达6500平方米。

该宅坐南朝北,为三间三进深,花岗岩石基座,水磨青砖墙。中间为正厅,两边为二层楼的偏间,外有前花园,东边为二层廊舍及"小姐楼";中花园内有花草树木和六角亭;亭为绿琉璃瓦六角攒尖顶,石柱,石地台。后花园内有一方形的荷塘,小桥横跨两边,塘南是拜寿台,台旁有木亭和工人住房。可谓花园、亭台楼阁、石桥、荷塘一应俱全,是一座建筑精巧的古老大宅院。

院主人乃富商冯耀卿,故又称冯耀卿宅第。冯为河南瑶溪冯巷人,幼年家贫,少年便到商行打工,辛亥革命前,靠贩运竹木藤器出口发家(另一说,晚清光绪三十二年即公元1906年,冯耀卿在广州创立中国第一家华资贸易公司——利丰贸易公司),成为河南地区富商。建此大院(今有资料将冯耀卿称作十三行商人,那是不对的。辛亥革命前后,十三行早没有了)。抗日战争爆发,冯家迁到国外。

中华人民共和国成立后,后花园改建成球场,至1958年前此大院曾租给多户人家居住,成了大杂院。1958年起政府用作区委党校。"文革"期间,荷塘被填平,拜寿台、小石桥被拆毁,填平做球场及厂房。该宅曾作为二龙街办事处和派出所做办公使用,部分住房为二龙街幼儿园、华达服装厂使用。

大院经多次改建维修,面目已非。现在前花园尚存有古榕一株,郁

---

① 〔清〕黄景治:《定湖笔谈》,清道光六年(1826)刊本。

郁葱葱，如盖如伞。还有番石榴树、竹树、葵树等。主楼正面尚好，但内部已加建改建，内外山墙仅余垂带卷草花灰塑，其他装饰均失，正面有封檐板和花岗石框的坤甸木大门。中花园、小姐楼、六角亭保存尚完好。

## 潘氏大院

潘氏大院在今南华中路231号。为龙溪潘氏私宅。建院者乃潘正炜四子之孙潘佩如，民国初年曾任职于广州市咨议局筹办处、议绅清理财政局，又为议绅电力公司总理、公医院校监督校长等。创办广东公医学校医院、河南仁济留医院。

潘氏大院建于民国初年，坐北朝南，占地总宽约16米，深20米。主楼居中巍然兀立，为西式混凝土结构两层楼房，折中主义风格。四周花园，绿树掩映。该建筑初建时，南面海幢古寺园林，北濒滔滔珠江，西靠溪峡清流，漱珠桥跨其上，闹中有静。今南面南华中路，东侧乃名寺前街，西贴珠市街民居，北为滨江路，前后均车水马龙了。

临街园门以一双掩大铁栅门相隔。四周砖柱围墙3米一段，墙头饰以灰塑图案，已斑驳残损。东墙寺前街一段已重修。园内遍植树木，其中三棵鸡蛋花树和婆娑的葡萄树颇引人注目。

主楼宽12米，深12米，高10米。基座处理成半地下室。楼前以露天石阶14级登上首层。首层高4米，大门居中，前部有深2米的方柱券廊，护栏施铁花。红木大门镶彩色玻璃，图案精巧。二楼与首层大致相同。楼顶为平天台，四周

冯家大院六角亭

矮墙上有灰塑，正面当中有等边三角形山花，内塑花卉图案。

首层进门为过厅，双侧有红木门通两边大厅，左右对称。各开木制百叶门通向前廊。厅后为过道，左右有楼梯通二楼和地下室。后仍为过厅，两侧对称为房间，木门向过厅开。后为过道，与前过道同，有楼梯上下相通。其后有并排房间三间，同向过道开门。全屋各厅房靠墙一面均向外开窗采光，有窗楣、窗台、窗花。室内设壁炉，木装饰。铺柚木地板，饰木墙裙。所有室内构件，虽历百年，结构依然完整，尤以木地板最为精美，光亮可人。二楼布局和设施与首层大致相同。主楼四周墙体、柱础、楼级至今仍完好。曾为海珠区机关幼儿园使用，现为海珠区老干活动中心。

## 第三节　芳村地区

芳村地区为广州世代著名花乡。这里河涌纵横，堤堰曲折，卉木交长，花草繁茂。自隋唐时代起，当地居民便在此垦荒种植花木。南汉（917—971）时以盛产素馨、茉莉花闻名。经数百年发展，到明代后期，此地已是草木茂盛，花果遍地，四野芳香，以生产花木著称，花卉品种远较前代为多。不过在清代以前不见有修造园林的记载。入清后，花地为广州附城一大风景胜地，吸引了达官豪绅、骚人墨客来此建造私园。志书载："花埭在珠江南岸，距广州十里许，居人以栽花为业，士大夫名园亦在焉。"① 十三行行商潘有为所建的六松园是有文字记载的芳村地区第一座私园。清嘉庆十七年（1812），两广总督明文指定花地为外国人旅游地，并规定外国人每月逢八出游，日落即归，不准在旅游地过夜。当时花地的最佳景色大概就在六松园，因为还没有其他私园。

---

① 转引自梁中民：《花埭百花诗笺注·代序》，见广州市芳村区政协文史资料委员会编：《芳村文史》第二辑。

至清代末期，芳村地区有私园三十多处，达历史全盛时期，主要集中在不足三平方公里的花地，使这一带成为园林荟萃之地、广州郊外富有特色的风景区。其中醉观、留芳、纫香、群芳、新长春、翠林、余香圃、合记颇负盛名，被称为清代花地八大名园。此外，杏林庄、听松园等，也属名园。而醉红园、桂香园、翠香园尚有各自的楹联传世，还有萃华园、福林园、兄弟园、太湖园、寿春园、迦南园、两仪（宜）园等，可惜都已湮没不存，园址所在已难确考。不过不少园名也留下了印记——变成了街、巷、围（村）等不同类型的地名：如茂香园、广香园、荣香园、杏芳园、余庆园、同乐园、积善园、厚福园、万生园、万春园、厚成园、永隆园、长安园、惺园、鹤围圃、知道园、兄弟园、太湖园、两宜园、寿春园、迦南园等，达二十余处。

芳村私园规模不大，比不上海山仙馆、潘家花园、东皋园等名园，但精致优雅，且与那些关起门来孤芳自赏的私园不同，不少都对游客开放，任由观赏，同时还销售各种花卉、树木，是其特色。比如著名的八大名园都以种售花木、盆景为主，各园或以奇花异卉取胜，或以景色幽雅迷人，或集赏花饮食于一园，或吸引文人园中作诗，成为当年一种颇具特色的园林式花市，闻名羊城。每逢神坛社庙（祭神的节日）和每年春节、正月初七"人日"、正月上元节、二月十五日花朝（百花生日）、三月天后诞、五月端午节、七月乞巧节、八月中秋节等民间节日，花地园林多摆设"花局"（近似今天的花卉展览会），展出各园名花及接驳的各种奇异花木品种，争妍斗艳，以招徕游客；又有举办花卉、盆景展览并进行评比，俗称"斗花局"。优胜者可得烧酒、烧猪、利市（红包）等奖赏。特别是春节至元宵期间，游展画船咸集于花地河及其支流，前来采购花卉者甚众。

正月初七"人日"，当时正值百花盛开，广州人有游花埭的风俗，这实际上也是一种花市。"花地诸园林，皆以卖花为业，多装设盆景，每岁春初，游船麇集，花事尤盛。"①

芳村私园对芳村花卉业的发展曾经起过相当重要的作用。

抗日战争时期，日寇入侵芳村，芳村园林遭到严重毁坏，战后再无复旧时风光，不少更是湮没无存。今日芳村的醉观公园，是旧日不少私园的故地。2005年，芳村区被并入荔湾区。

**六松园·东园·馥荫园·伍氏万松园·恒春园**

六松园故址在大策溪北岸，北约至今醉观公园南缘地，东约至今东漖北路北段，西近花地河（清代前期的花地河比现在宽阔得多），南至东漖北路。笼统地说，在今芳村醉观公园南部一带。园门朝南开，门前为大策溪水道（今成了东西向段的东漖北路）。

园主是广州十三行巨富潘振承之子潘有为。潘有为在清乾隆三十五年（1770）中举人，越两年考取进士。曾任内阁中书加盐运使司等职，参与过校订《四库全书》。在京为官十余年，既是官宦，又是诗、画、金石名家。

潘氏六松园有两处，一处在河南漱珠桥畔龙溪栖栅一带，是潘有为致仕（退休）后所建（详上文）。一处在花地，建于清乾隆三十五年（1770），是潘有为上京前为其父建造的养老之所。"栅头村旧辟东园，栽树莳花，为先大夫暮年怡情之所。"②

道光时期岭南著名诗人张维屏曾借住东园达九年之久（或说是租赁给张维屏居住），有诗咏"东园数亩地，聊且养闲身"。③据张维屏《东园杂诗·序》的记述，东园在珠江的西岸，花地的东部，是潘氏的私园别业。园中建廊，砌池，池中养鱼，栽种桔树、柚树，竹丛处处。屋外

---

① 丁仁长、吴道镕等：《番禺县续志·卷十二实业志·农业树艺附》，梁鼎芬修，广东人民出版社2000年点注本。

② 〔清〕潘有为：《东园十绝句》。栅头村即策头村，今大策北部地。

③ 〔清〕张维屏：《听松庐诗钞》，清嘉庆刊本。

馥荫园图（局部）

花卉环绕，四季飘香。园中鸟鸣清脆。虽在暑热时节，仍觉清凉。环境十分清静，有林泉幽趣。

张维屏撰《赠六桧诗》赞园中古树："此地树亦古，乔柯人共尊。苍然六君子，正式照庭轩。"桧俗作松，这六棵百年古松，正是六松园得名的由来。

"粤东三子"之一谭敬昭《重过花埭东园寄潘比部伯临》诗咏："夕阳人影乱，深树鸟声多。野色迷香径，酣红点绿波。"① 六松园实在是一处很雅致的私园。清道光（1821—1850）、咸丰（1851—1861）年间，为文人雅士聚集之处。黄玉阶、谭莹等人在此吟诗作对，结花田诗社②，又或说这帮文人骚客在此结词社③。

东园后来易主。张维屏在听松园诗"九载寓东园"句中自注："丁酉（1837）寓东园，丙午（1846）东园已易主。"《番禺县续志》载："园后归伍氏，易名馥荫。"④ 故六松园又称馥荫园。因是伍氏所有，故又称伍氏万松园，又名恒春园。清光绪十三年（1887），康有为寄居于

---

① 杨资元、黎元江主编：《英雄花照越王台·甲编诗词·清诗词》，广州出版社1996年版。

② 《番禺县续志》，广东人民出版社2000年点注本。

③ 许玉彬：《冬荣馆遗稿》（六卷），清咸丰十年（1860）刊本。

④ 《番禺县续志·卷四十·古迹志一·城址署宅园林诗文词画址附·六松园》，广东人民出版社2000年点注本。

此写成《人类公理》一书。

清末,六松园大部分已荒废。潘宝锁《绿水园诗话》记载,壬辰(1892)开岁三日,潘宝锁与其叔游花埭东园,即景得句"荒凉水榭晒花泥"。可见其荒废景象。仅存的一部分,为今醉观公园南部地。《番禺县续志》载:"六松园在花埭栅头村,乾隆间潘有为筑以奉亲者,风亭水榭,并有老荔两株,自闽移至,今尚存。"① 六松园内原有的一座石桥,于 20 世纪 50 年代后迁建于醉观公园,今存。至于风亭水榭、老荔两株,均已不存。

## 翠林园

翠林园在花地观音庙西侧②,靠近花地河与大细海(大细海已填为陆地不存),园址为六松园故址的一部分,约为今醉观公园西南部地。

翠林园建于清代中叶,占地面积近 10000 平方米(近 15 亩)。为清代花地八大园林之一。园门前挂一副脍炙人口的对联:"翠竹风来凤凰舞;林花露滴海棠眠。"园由花县人卜炳裳经营。园中亭台楼阁,水榭回廊,精舍幽雅。清后期诗人张维屏有诗咏:"回望云山紫翠盘,离城数里不闻喧。"③

花地观音庙南临花地河支流大策溪,水运便利。庙前空地是天光圩花市,即花地花墟(大策溪北岸,今宏安街南端一带),卖花买花人络绎不绝,翠林园因此获益不少。善于培植花木精品是该园的特色,如园中曾精心培植了一棵银杏古树盆景,送南京参加花卉盆景展出。由于银杏盆景培植不易,兼之造型独特,识者以 4 两白银购去。园中还栽有一

---

① 《番禺县续志·卷四十·古迹志一·城址署宅园林诗文词画址附·六松园》,广东人民出版社 2000 年点注本。

② 此观音庙可能即东溪古庙,故址在今东漖北路与宏安街相交处北侧,见 1918 年《广州市图》。

③ 〔清〕张维屏:《花地集》,清道光年刊本。

盆珍贵兰花朱砂墨兰，清末著名广州士绅江孔殷太史慕名到翠林园观赏，爱之不忍离去，出 4 两白银求得转让。当时 4 两白银可不是个小数目，这成为芳村花史上的佳话。

翠林园由于环境幽静，在清后期相当长的一段时间内成为花地民间迎宾馆。广州、南海及番禺的官员，卸任后不便在衙门多留，往往到翠林园小住。接任的新官，多经南雄到韶关，由北江乘船到广州，因礼节关系，多不立即进城，亦在此居留一段时间。

1956 年，翠林园与留芳园、群芳园等园林先后并入今醉观公园。

### 醉观园

醉观园在花地河东岸，为清代花地八大名园之首。

清道光二十六年（1846），潘有为遗下的东园大部分归了伍氏，易名馥荫园；沿花地河部分则分别成了几个小花园，醉观园是其中之一。清光绪年间（1875—1908），园归新兴县天堂圩村梁炽权（又名梁老八），其子梁日华少年时随其父在花地园林学艺，既是醉观园主人，也是园丁，还带领天堂老乡 20 多人在此学艺，后皆成著名花匠，故被誉为"天堂花王"。

清代醉观园占地约 10000 平方米（约 15 亩），西临花地河，北近上市涌，南临大策溪，交通方便，乘游艇可达园前。园中环境幽雅，绿树成荫，花枝交柯。所栽牡丹，在清末民初时名冠省城，远销港澳，豪商巨富多到此选购。其次，该园摆设花局久负盛名，大型花局多出醉观园。园主人为招徕更多游客，在园中莲花池上建了一座醉观楼，供粤菜西点。据说该楼是最早在芳村经营西餐西点的酒楼。后又增设粤曲歌坛，请名伶演唱，醉观园成为集观花、饮食、娱乐于一体的花园。登上醉观楼，可以远眺白鹅潭及花地河景色；近处名木奇花，嫣红翠绿，池中飘来阵阵莲花清香，使人陶醉；美酒佳肴，三分醉意置身其中更是美不胜收；醉观之名颇为贴切。

1938 年，日军侵占广州、芳村，花地河一带园林遭战火摧残。抗日战争胜利后，醉观园虽有恢复，但园林景色已大不如前。1956年，原花地八大名园中的留芳园、纫香园、群芳园、新长春园、翠林园等园林先后并入醉观园，称醉观花园，以花卉、盆景见长，为花木生产场。

20世纪60年代，从旧东园（六松园）移建一座古石桥于园中，名福荫桥，亦称六松园古石桥，建于清乾隆年间（约1770年），原为六松园中一景观。今石桥整体结构保存完整。南北走向，南接公园小道，北连公园盆景区。用花岗岩石料砌筑，属单孔拱石桥，长6.2米，宽2米。高约0.6米。两边设有桥栏。造型古朴，凸现小桥流水的岭南园林风貌。2005年9月，公布为广州市登记保护文物单位。

1983年，醉观花园改名为醉观公园，面积比前扩大。达3.4万平方米。1999年，在公园东边扩建东门广场，并恢复原名醉观园，面积扩大为3.6万平方米。21世纪初，对醉观园再加整治，面积扩大了约三分之一。2002年，原在上市新隆沙东的小蓬仙馆易地重建于醉观园内。2003年7月，醉观园实行免费开放。园内小桥流水，曲径长廊，假山鱼池，层林叠翠，小中见大，颇具岭南园林特色。胜于旧时的醉观园。

**留芳园**

留芳园在原醉观园东北，今醉观园东门西侧一带。建于清道光年间（1821—1850），占地面积约10000平方米（约15亩）。为清末时期花地八大名园之一。

留芳园以栽种牡丹和摆设花局出名。由于其相邻大通烟雨胜景，故游人多参观大通烟雨后到留芳园观花。清光绪年间（1875—1908），从山东菏泽请来的栽培牡丹能人有数十人，有时达百人之多，园中设有花厅供他们住宿，每年十一月到达，春节前才归去。为了突出留芳园盛产牡丹的特色，菏泽花农还特赠给留芳园一块黑漆金字牌匾，上书"国色天香"，以吸引游人赏花买花。为招徕游客，园主新兴人梁木还在池塘中建了一座亭子，专用来饲养孔雀（民间有如能看到孔雀开屏，就能行好运的传说），游人果然大增。

1956年，留芳园与群芳园等园林先后并入醉观花园，即今醉观公园。2005年初，在芳村东漖北路与花海街相交处建了座园林景观的酒楼，便取名"留芳园"，其实清代留芳园故址并不在那里。几年后，经重新装修，又易名宝蜜园，今存。

## 小蓬仙馆

小蓬仙馆在芳村上市新隆沙东，今珠江隧道芳村出口处西北侧。南起隆昌街，北至新隆沙。西南邻康有为家族的康园。康有为幼年时曾在此读书。小蓬仙馆建于清道光年间（1821—1850），确切年份已难确考。创建者是谁，有三说：一说是道教羽士集资兴建，原称离明观，因慕蓬莱仙岛之美而改名小蓬仙馆；一说是康家所建，是康有为祖父接待朋友，与道教友人清谈之所；一说是清代两广总督叶名琛奉父命所建，作为其父修真之地。

民国时期小蓬仙馆

小蓬仙馆初建时，北距白鹅潭不远，后随着江岸北移，房屋渐建，馆舍亦离江岸渐远，不再临江。小蓬仙馆是一座水磨青砖古建筑，坐北向南，三进，有大殿、精舍、后殿，殿后有小花园，曲径清幽，筑亭台，建石山，栽四时花卉，竹丛处处。仙殿白兰一景，尤为人称誉。再加北望白鹅潭，烟波浩瀚，是一处景色秀丽的私园。

小蓬仙馆于清咸丰六年（1856）重建，正面石额"小蓬仙馆"为80厘米丁方隶书，乃叶名琛手迹。上款是"咸丰七年丁巳孟春"，下款是"体仁阁大学士两广总督叶名琛敬书"。当年是叶名琛之父颐年之所。过去大殿中有一联："让老夫优游岁月，看儿曹整顿乾坤。"相传是叶名琛父手笔。清光绪年间（1875—1908）诗人萧琼常《春月游花地》诗咏："生怕交兵惹祸胎，广陵妖孽更堪哀。神仙那避红羊劫，偏爱吹笙控鹤来。"第二句注云："小蓬仙馆为汉阳叶节相所建。"此为叶家建小蓬仙馆一证。

清光绪十三年（1887），两广总督张之洞改建小蓬仙馆为七公祠。光绪十四年（1888）《广东省城全图·陈氏书院地图》即标此地为"小蓬仙馆七公祠"，祀晋代陶侃、唐代宋璟、明代韩雍和王守仁、清代李湖、阮元、林则徐七公。并开办七公祠书院，属官办书院。光绪三十一年（1905）三月，当时科举已废，改为芳村初等小学堂，由提学使直辖。这是芳村地区第一所学堂（芳村地随后又办起了郭氏学堂、养志学堂，学堂与私塾并存）。后又改为八公祠，奉祀清代名臣林则徐、岑春煊、叶名琛、张之洞、曾国藩、李鸿章、左宗棠、戴鸿慈八人。

小蓬仙馆址在康地范围内。当地故老相传，光绪二十四年（1898），康有为奉旨上京主持变法之前的一段时间，曾住在康园而流连于小蓬仙馆。"戊戌变法"失败后，康园与康地被抄没，小蓬仙馆址得康氏故旧及同情者帮助而保存下来。

民国时，在本祠先后办过八公祠小学堂（又名芳村学堂）、广州市市立三十七小学、七十二小学。1945—1949年为警察局。20世纪50年代初，小蓬仙馆改作芳村公安分局。1951年，在小蓬仙馆首建芳村地区文化站，1952年改为芳村文化局。1958年大炼钢铁时，小蓬仙馆被建成芳村铁工厂，成了炼钢基地，建筑物受到严重破坏，大殿部分拆建成为广州果子食品厂职工宿舍，直至拆去。花园部分建成厂房与民居。所谓园林景色已消失殆尽。"文革"后，只存前殿与两庑。20世纪80年代，前后殿部分被拆建成住宅楼房。正面概貌仍残存，庑殿之间还有两座侧门，即青云巷，左门楣上方书"平砥"，右门楣上方书"清镜"。大门上"小蓬仙馆"石额幸得保存。

20世纪90年代，小蓬仙馆已相当残破，间隔零乱，只能从尚存的正面窥其概貌。从残存的前殿来看，还可以看出该建筑有相当高的水准。前殿山墙下一排拱托，下有"花开富贵"图，均为砖刻，线条清晰，刻工细致，基本保存完好。檐下有一块长约10米、宽40厘米的长幅木刻浮雕，刻有花果菜蔬图案20余组，富有地方色彩，是珍贵的木刻艺术品。其余如石狮子、鳌鱼，虽藏头露尾，不能窥其全貌，仍可见其刻工之精美。该馆被列为区级文物保护单位。

2002年，残存的小蓬仙馆被拆除，照原样迁建于醉观公园西北部地，但只是幸存的原馆正面部分。今存。

**康地·康园**

康地是"戊戌变法"领袖人物康有为家的产业，面积广达百余亩，范围大概由芳村上市白鹅潭边至接近中市瓦土地直小河汇合处。

康园是康家花园简称，是康地的一小部分，位于今镇东直街口（原松基涌边）至友伦里，占地约10亩（一说20亩）。康园斜对小蓬仙馆（原馆已不存。2002年迁建于醉观园内）。康有为少年时受学于番禺简凤仪，六七岁时和十三岁时曾两次在康园和小蓬仙馆读书。

光绪十五年（1889），康有为上书失败后被迫离京。在《去国吟》诗中有"百亩耕花花埭宅，先生归去未应非"之句。梁启超注："花埭在广州城外，珠江之南，即所谓素馨斜也，先生（康有为）有宅在焉。"其后不久，康有为在《人日游花地》诗中写道："千年花埭花犹盛，前度刘郎今可回。"说明他要回康园居住，康园早已存在并非新居。今有资料称康园建于清光绪二十三年，这是误将康有为在园中筑室当成建园。

光绪二十三年（1897），康有为曾对康园进行改建。据《康南海自编年谱》载，是年"还粤讲学，时学者大集，乃昼夜会讲。八月纳妾梁氏。八月筑室花埭，将终隐焉。乃室成而未归，已被抄没"①。康有为筑室花埭，当时是打算做终身隐居之处，不料事与愿违。事实上，不管"戊戌变法"是成功还是失败，他都不可能在此终身隐居。

改建后的康园，园门是圆形洞门，园中建了一座两层高的砖木楼房，是康园主楼，靠上市涌边建有读书斋，即今镇东直街1-5号处。门窗均雕刻花卉，嵌以五色玻璃。书斋前及通道两旁栽有绿竹，园中遍种花木，环境幽雅。

康有为领导变法，深知成败难料，故在进京第六、第七次上光绪帝书之前就秘密将家人从广州城内迁到康园居住，并托友人照顾。百日维新失败，康有为遭抄家灭门。康家人便是从康园出逃，幸免于难。《康有为札记》载："光绪二十四年（1898）九月初八，陈子褒电广州公善堂区谦之。吾时筑室花埭，谦之夜渡江来吾家，告变，而不明言，然时以吾为必死矣，举家饮泣。谦之竟夕坐催捡拾行李，自九日五更，举家下船离穗。初十，清兵搜城内云衢书屋（康家产业），不获。斯时幸筑花埭新屋，若然居云衢书屋，则在城中，夜间谦之无从飞至，早及于难矣。"这则札记记录了康家人从康园脱险的全过程。是年九月十一日，清兵搜查花埭康园，已是人去楼空。康氏一家逃难时分乘两艘木船，康夫人张氏与康母劳太夫人分别于十五日和十六日抵达香港。

康有为逃脱，康地和康园随后被作为逆产拍卖。康地部分为罗恭甫组织的平民公司购得，康园主楼为商人购得，改作茶楼，名"品升楼"，后又易名"惠然楼"，20世纪50年代后更名"文园茶楼"。由于

---

① 〔清〕康有为：《康南海自编年谱》，楼宇烈整理，中华书局1992年版。

茶楼环境幽静，绿树环绕，在芳村地区颇有名气，不少老芳村都曾在此品茗。20世纪50年代，康有为之孙女曾两次专程从国外回来看望康园及小蓬仙馆。20世纪60年代，在康园故地建筑大楼，康园主楼才被拆去。今已无痕迹。

## 杏林庄

杏林庄，清代芳村著名私园。故址在今松基直街，北隔上市涌（今已填平）与听松园相望，西北邻大通寺，南接康园。始建于清道光十八年（1838），道光二十四年（1844）冬落成。香山进士、画家邓大林建。面积约6666平方米（约10亩），或说10000平方米（约15亩）。

邓大林字卓茂，号荫泉，自号意道人，又号长眉道人。清香山（今中山）人。其父以卖药为生，常以丹药济人。邓大林在《自题杏林庄·序》中说："昔先君子卖药羊城，于小市街（今解放南路）创佐寿堂，余食旧德，戊戌（1838）蒲月，楚江上公赐以'岭南亦有杏林庄'额，因渡烟雨通津，拓一弓地以安丹灶，名曰杏林庄。甲辰（1844）冬杪落成，一时名士，珠玉挥毫。"张维屏称："丹药济人，有如董奉，此庄所以名杏林也。"[①] 这就是杏林庄得名的由来。文中所说的"楚江上公"即当时镇粤将军奕湘，他与邓大林结忘分契而赠"岭南亦有杏林庄"额。邓大林著有《杏林题咏》《杏林癸丑修禊诗集》《杏林庄草》等。清咸丰七年（1857）去世，享寿九十。

杏林庄建成后第二年，庄中所建藏春阁落成。大学者陈澧《藏春阁》诗咏："小阁号藏春，窈窕有春意。瓶花与盘石，一一工位置。阁外春更浓，两树小桃醉。"一时诗人雅士前来集咏，结成杏林庄诗社。

杏林庄园地狭长，旁有小河环绕，环植竹柳。园前有柳、蕉、水松等。入门为荷池，再入园中有亭阁、竹石、花木，园后有小桥流水。建

---

[①] 〔清〕张维屏：《杏庄题咏序石刻》，见《番禺县续志·卷三十九·金石志七》。碑原在杏林庄壁间。

筑小巧玲珑，色调和谐，幽深雅洁，具园林之胜。陈古樵撰联："万丛树色乱围屋，数则溪流深到门。"著名诗人张维屏评之为"结构无多妙到宜，要从雅淡见清奇"，

杏林庄

又赞其园地虽小，布置得宜：有堂有池，有亭有阁，有竹有石，有花有木。还有丹灶可炼丹药，这是其他私园所没有的，更难得的是，这样一个清幽的私家园林，却不设围墙，任由游人观赏，"四通八达，乐与人同"。邓大林身为名医的这点济世之心，颇得时人赞赏。

杏林庄以八景闻名，景称：竹亭烟雨、通津晓渡、蕉林夜月（一作蕉林夜雨）、荷池赏月（一作荷池赏夏）、板桥风柳、隔岸钟声、桂径通潮、梅窗咏雪。当年文人墨客对园中八景的题咏，可谓珠玉琳琅。鲍逸卿为之题联："王右丞（指王维）辋川，诗中图画；葛仙翁（指葛洪）丹灶，物外烟霞。"① 诗人李蘅芳有《题杏林庄八景》，其中《竹亭烟雨》诗云："小亭四面竹回环，衣桁阴生月一弯。日报平安无个事，琅玕青翠隐烟环。"可让人想见园中美景。

杏林庄原来无杏，园林建成后，举人何瑞芝从京师归来，赠以白杏一支，陈澧则从北京带来红杏相赠。这些杏苗经过培育，在园林落成后第六年开花。杏林庄栽种杏花成功，开了岭南有杏之先例。诗社邀请名

---

① 常江编：《中华名胜对联大典·卷十九·园庄》，国际文化出版公司1993年版。

杏林庄八景之一竹亭烟雨

士吟赏，张维屏《杏林庄赏杏花》有"岭南见杏昔无闻，今日花开花事新"，"他年杏谱传佳话，第一花开在邓林"诸句。这次杏花雅集，于咸丰六年（1856）编成一册以花地杏花为题材的诗集《杏林庄杏花诗》，由番禺梁园琮付镌，传于后世。

相传杏林庄八景中以石景为最佳，高类山峰，平似坐椅，立如屏风。袁君泉撰联："石含太古水云气，竹带半天风雨声。"陈兰圃撰联："红阑曲曲路三折，苍石亭亭山四围。"可谓妙句。

清末，杏林庄已渐荒芜。著有晚清谴责小说代表作《官场现形记》的李宝嘉在其《庄谐诗话》中谈到海山仙馆时说："张氏之听松庐，邓氏之杏林庄，虽宏敞精致，远不能及，亦相继改废。胜地不常，可慨已。"杏林庄八景亦渐湮没。相传民国时期，东莞籍画家李凤公购买了杏林庄。中华人民共和国成立后，李凤公移居香港，杏林庄托别人代管。20世纪50年代，杏林庄部分石景被移置于广州文化公园品石轩。原杏林庄地渐成工厂与民居，今仅存两间砖木结构的平房和"杏庄题咏"石刻。

## 听松园

听松园在芳村新隆沙西，南与小蓬仙馆为邻，隔松基涌（今已填平）与康园（康有为家花园）及杏林庄相望，即今上市路中段以北建设机器厂地。清道光二十六年（1846），著名诗人张维屏及其子所建，

## 第三章 私家园林

当年夏天落成。

张维屏,广州番禺人。号南山,又号松心子、松心老人,晚年号珠海老渔。道光二年(1822)中进士。历任知县、知府等职。为官清廉,颇有政绩,酷爱诗词。道光十六年(1836)辞官归里,寄住在花埭潘氏东园达九年之久。道光十九年(1839)林则徐在广州主持禁烟时,曾赴东园与之商讨禁烟大计。鸦片战争爆发后,张维屏写下反对外敌侵略、赞颂人民抗战的不朽诗篇,其中《三元里》和《三将军歌》遐迩闻名。著有《松心草堂集》《国朝诗人征略》《艺谈录》等。

听松园在珠江南岸,花埭的东部,前面是大通寺,后面是杏林庄。占地二万多平方米(30 余亩),园中是成片高大的乔木,都是过百年的古树。上市涌流经园中,溪岸环植金菊、水松。有两个池塘,池水通珠江。园林设计精巧,以水、木为胜景,而树木又以百年老松为胜景。曲径、小桥、奇石、红棉、绿竹点缀其间。有松涧、竹廊、烟雨楼、柳浪亭、万绿堆、海天阁、松心草堂、东塘月桥、南雪楼、听松庐、还我读书斋等景点。楼高见山,江林稻畦,四望无边。[①] 张维屏在《园中杂咏》诗中写道:"商量布置称诗家,自爱天然野趣赊。五亩烟波三亩屋,留将二亩好栽花。"[②] 园中有一联:"两道泉流从石间飞下如虹,侧耳听有奇响;四方亭子从松阴坐来疑鹤,绕身霏作苍烟。"

张维屏《听松园诗·序》说,自己平生喜爱松树,过去便是以"听松"来命名自己的寓所,名"听松庐",现在就以"听松"来命名这园子,名"听松园"。并赋诗:"水松排列护江林,风起涛生籁自喧。

---

① 丁仁长、吴道镕等:《番禺县续志·卷四十古迹志一·听松园》,梁鼎芬修,广东人民出版社 2000 年点注本。

② 丁仁长、吴道镕等:《番禺县续志·卷四十古迹志一·听松园》,梁鼎芬修,广东人民出版社 2000 年点注本。

也与山松同一听,此园宜唤听松园。"① 这就是园名的由来。

园中主建筑是松心草堂,其用瓦为仿汉瓦形状,堂上有篆书"听松"与"松心草堂"石匾,著名学者陈澧书。因此张维屏也自号"松心子"。诗人常在松心草堂读书吟咏,接待宾友,成为岭南词客画师雅集之处,所谓"花庄花埭水弯环,坐对清流意自闲。词客画师来往熟,柴门虽设不须关"②。张维屏又有听松园自撰联:"为词客,为宰官,为老渔,卅载风尘,历几多人海波涛,才得小园成退步;爱诗书,爱花木,爱丝竹,四围溪水,喜就近佛门烟雨,且营闲地养余年。"(佛门:指大通寺,在听松园西侧。)

清咸丰六年(1856),第二次鸦片战争爆发,英军进攻广州城,英舰曾炮击听松园。张维屏被迫出走,咸丰九年(1859)病逝。诗人故去,听松园逐渐衰落,光绪诗人萧琼常再到听松园时,看故园萧条冷落,不禁感慨万分,写下了《听松园》诗:"曾记松心旧草堂,绿芜红药水边香。而今剩有丝丝柳,和雨和烟暗断肠。"

听松园遗址

清光绪八年(1882),美国教会长老会传教士那夏理在沙基(今六二三路)同德大街创立安和堂。光绪十四年(1888),安和堂由沙基迁来听松园,称培英学堂。民国前期,迁建于旧学堂之东北地,即今新隆沙东北段西

---

① 丁仁长、吴道容等:《番禺县续志·卷四十古迹志一·听松园》,梁鼎芬修,广东人民出版社2000年点注本。

② 〔清〕张维屏:《园中杂咏》,见《番禺县续志·卷四十古迹志一·听松园》,1931年版。

侧，称培英书院（见 1918 年《广州市图》）。1927 年改称私立广州培英中学，直至 1934 年才迁到今白鹤洞。

听松园故址今为广州建设机器厂厂址，园中建筑多为培英学堂时期所建，园中原建筑已不存，只有数人合抱的一棵古榕（称"榕翁"，相传为张维屏亲手所植）和一些挺拔的木棉是当年听松园遗物。张维屏所书"听松园"石额，为青色花岗质地，长 119 厘米、宽 42 厘米，横刻阴文，现镶嵌在白鹤洞培英中学科学馆旁的一景点上。上款刻"道光丙午初夏刻"（丙午：1846 年），下款刻"松心主人书"。2002 年 9 月，公布为广州市登记保护文物单位。

### 纫香园·仁香园

纫香园在醉观园与群芳园之间，故址约在今醉观园内北门西侧一带。园建于清代后期，占地面积约 7000 平方米（约 10 亩），为当时花地八大名园之一。

园中栽种花木品种繁多，达 120 多种。园主为风雅之士，在栽花种树之暇，多与诗人墨客往来。清光绪十一年（1885），广东德庆举人梁修寓居纫香园。这时元宵节将至，园主人想借诗坛扩大纫香园的知名度，以招徕游客，便邀请梁修为园中每种花赋诗一首。梁修在园中徘徊数日，完成佳作，并以题咏贴在花前，名曰"百花诗坛"。元宵前，纫香园布置得花团锦簇，灯红卉艳，广州城内外慕名而来观花赏诗者络绎不绝，堪称花事盛举。事后，梁修把诸花题咏进行增删，裁为百首，并于每首诗前冠以小序，题名为《花埭杂咏百首并序》，俗称《花埭百花诗》，是一本不可多得的花地群芳谱。今存。

纫香园在 1938 年日军侵占芳村时被毁。后重建，名园易主，由顺德人欧全经营，改名"仁香"，门前挂一副对联："仁者之风，桃李馥郁；香兮其品，兰芷芬芳。"一时为人传诵。

1956 年，本园与留芳园、群芳园等园林先后并入醉观花园，即今醉观园。

## 群芳园

群芳园在花地河东岸,今醉观园北门内一带,与纫香园为邻,占地面积7000平方米(约10亩),为清代花地八大园林之一。跟著名的花地花圩(卖花的市集)仅一溪(策溪)之隔。原是清前期乾隆年间潘有为所建东园的主要部分。园名含"花多芬芳"之意。环境清幽,风景怡人。园中有桧六株(广州人将桧作松),乃百余年之物,故又称"六松园"。清末《番禺县续志》卷四十载:"六松园在花埭栅头村。乾隆间潘有为筑以奉亲者。风亭水榭,有老荔两株,自闽移至,今尚存。"园中这两棵香荔,品种极佳。道光著名诗人张维屏《东园杂诗》有咏:"满眼皆生意,高低绿万丛。才闻荷盖雨,又爱柳丝风。花径深深转,流溪曲曲通。鸣蝉偏解事,催报荔枝红。"

清光绪年间(1875—1908),此地被人购买,更名为群芳园。民国初年,群芳园由芳村坑口村利积良代理经营,在此栽种时花。园主请名士撰写了一副园联:"群花春来红拂阁;芳草到时绿映堤。"抗日战争时期,群芳园逐渐衰败荒芜。1956年,本园与翠林园、留芳园等园林先后并入醉观花园,即今醉观园。

## 余香圃

余香圃在花地河东南岸,今合约街对面涌岸,与原翠林园、新长春园隔涌相望(涌已覆盖),占地八亩多(亦有称占地面积2500多平方米,即约4亩)。建于晚清。当时花地八大名园之一。

园主名罗耕印,后由花地村人罗滔经营。园内开设有一间茶楼。园中除栽种多种花卉盆景外,还以盛产生榄著称。生榄又称山榄,是一种青果,可食也可入药,树高数丈,深秋果熟。余香圃种植了40多棵生榄树,均属优良品种。其中一棵为榄中极品,果味香甜爽脆,入口甘凉,生津止渴,且有解酒之功效。榄熟期间,销路甚好,配以精美包装,便成送礼佳品。有一对联:"福荫园中多福荫,余香圃里有余香。"

此"余香"即山榄食后之"余香",故名余香园。有文士以"余香"二字写成一联,主人把它挂在园前:"余地半弓闲插柳;香烟一缕自烹茶。"描写的便是在榄树浓荫下品茗,群芳环抱,香气袭人的意境。

1938 年,本园遭火毁,山榄树无存,后复园续种花果。1956 年,园主人带园参加农业生产合作社,部分园地被花木公司征用,其余部分后又因扩建东教北路和被某公司征用而不存。

## 合记园

合记园在花地河南岸,黄大仙祠东北侧,今儒林新街一带。建于晚清。占地面积约 7000 平方米(约 10 亩)。清代花地八大名园之一。园主何氏,顺德县陈村人。

该园以栽种兰花闻名。兰花是多年生草本植物。我国种兰历史悠久,在 2200 多年前屈原《九歌》中已有对兰的咏赞,历来被誉为高雅、超凡脱俗的花卉。合记园的兰花品种繁多,尤以栽种珍贵品种出名,如企剑白兰、软剑白兰、化红白墨、徽州墨兰、金丝马尾等。园中筑石山,有小溪流水,亭台小径,景色清幽。1938 年,本园为日军所毁,战后没有复建。今为民居街巷。

## 新长春园

新长春园在旧花地观音庙右侧,为清代前期潘有为六松园故地的一部分,约在今醉观公园东南部地。园建于晚清,占地约 7000 平方米(约 10 亩)。为清代花地八大名园之一。园主梁氏,顺德县陈村人。

本园以栽种牡丹、时花、盆景、苗木为主,园门高大,很有气势。门前是古老花圩,得占地利。本园花卉品种繁多,摆设花局是其一大特色,也是其主要收入。园门后有销售花木处,设招待室,招待采购大户。当年不少广州的花店、花贩是其固定客户。本园花卉在香港亦占有较大市场,春节期间,牡丹、盆花、金桔源源不断销往香港。日军侵占芳村期间,本园遭到破坏,抗战胜利后逐步恢复。20 世纪 50 年代初期由花地村经营，作为花卉生产出口的主要基地。20世纪50年代中期，新长春园并入醉观园，合称醉观花园，即今醉观园。

### 茂林园

茂林园在今芳村东漖北路北段西侧之茶滘大田村，约建于清末，占地面积约3000平方米（约5亩）。园主名余老杰，顺德县白藤乡人，清末时举家迁此地开设茂林园，种果栽花，有杨桃、生榄等果树，昔日有一黑漆金字招牌，字体苍劲，悬挂在园门口。

民国初年，时局不稳，园中所栽种的杨桃、山榄，价格低贱；而所培植的盆景以大型为主，摆设面积既大又费时，有的要花费一两年之久，因此，昔日茂林园种果栽花，规模有限且品种单调。

抗日战争胜利后，茂林园第二代接班人余老财，大力发展被誉为岭南佳果的花地杨桃、大型盆景和名贵兰花，如企剑白墨、金边、马尾等，畅销海外。中华人民共和国成立后，农业合作化时期，此地成为花木场。改革开放后，茂林园生产小型盆景，有些配以山水、楼阁、人物，销路颇畅；此外还有不少苍劲古朴、枝繁干壮的古树盆景。

今茂林园故址大部已开发成住宅小区，仍取名茂林园。

## 第四节　其他私园别业

以上记广州古代私家园林约70处，此外还有一些私园别业，名声不彰，规模不大，或存今资料不多，限于篇幅，不能详记，兹仍按地区，简介如下，约26处。

### 城区·城郊

**朱氏园**　晚明时私园，故址在广州府城东北，倚山而建。构长廊，筑亭台，建有高堂密室。园内松树成林，修竹交荫，花草争妍，曲径通幽。"在在足娱心目,盖幽居之最胜者也。"① 大概毁圮于明末清初,以后不再见记载。

**莲须阁·晴眉阁** 故址在今豪贤路,明末抗清英雄黎遂球(号莲须道人)建。阁下院子多水草空地,栽种桃树、李树、柳树、桂树、蕉兰,整座楼阁为古木掩蔽,恍若画阁;树木葱茏,如在乡间。成一幽僻园地。人们亦称此地为濠弦草堂。清代尚存。后毁圮不存。

**斐园** 在南园以南约一里,故址约在今文德东路以南清水濠街一带,为明末名臣陈子壮所建私园。园内有座楼阁,因陈子壮曾自称桐君,故名桐君阁。园子规模不大。清兵攻打广州,陈子壮死难,斐园遂废不存。

**邓园** 故址在广州城东门外。园约建于清代中期。园内树木成林,辟曲径,筑楼阁,砌湖池,池中垒石山,还栽种了兰花三百本,成了"丛兰",是一处清幽的私园。清道光时园子亦已呈残破之象。约在清代后期已废不存。

**半园斋** 为清道光、咸丰年间南海诗人颜薰(字紫墟)建。故址在番禺学宫(今中山四路北侧农讲所地)南面。当年番禺学宫前是惠爱大街,半园斋在街之南侧,与学宫隔街相对,是一处私家园林地。园景乃"林簌散疏影,满地流云碧。临风发长啸,响破林花寂"②。颜薰去世后,半园斋渐废不存。故址为今中山四路南侧路面及相连的人行道。

**净芳园** 在粤海关监督署旁,约为今海珠广场北端广州解放纪念碑至维新横路的广州起义路段,占地不广。园主名达三,清道光元年(1821)任粤海关监督。自为净芳园集句一联:"闲坐小窗读《周易》,每依南斗望京华。"园于清代后期已废不存。

---

① 〔明〕王临亨:《粤剑编》,中华书局1982年铅印本。

② 〔清〕岑徵:《莨笴山人诗集·半园夕坐戏赠颜紫墟》,清咸丰七年(1857)顺德梁氏十二石山斋刊本。

**石园** 为某富家别墅。在大石街。清代咸丰（1851—1861）初年，著名文士张维屏、黄培芳、宋光宝、李秉绶诸名流等于此结"石园画社"①，可见此私园必是一个清静幽雅的地方。清末已废不存。

**晚芳园** 私园。约建于清代晚期。在安徽义庄南面、今东川路中段东侧。约当今石井巷、东成北街、东成南街一带。清代至民国前期，园之南部、西部均有大池塘，其东面尚未建民宅。后废不存，渐建民宅，辟成街巷，痕迹无存。

### 西关·芳村地区

**听雪篷** 在西关荔枝湾，元明之际广州著名学者、"南园前五子"之一黄哲建。黄哲世为荔枝湾著姓，相传他北上时，倚篷听雪，认为是天下奇音妙韵，南归后便在荔枝湾构筑私园，取名听雪篷。为当时西关著名私园。明洪武八年（1375）黄哲遇害，听雪篷后废不存。

**西畴** 在广州城西荔枝湾一带，明代吴光禄所筑私园，以栽种梅花闻名。明末清初屈大均《广东新语》称："广州旧多名园……其在城西者，曰西畴，为吴光禄所筑，梅花最盛。"此园大概在清代中叶以前已废不存。

**吉祥馆·吉祥溪馆** 清嘉庆举人熊景星（曾任学海堂学长）所建私园，在城西南隅的柳波涌岸。吉祥溪为柳波涌支流，故本馆亦称吉祥溪馆。馆前环绕柳波涌水，四周景色"紫花香甚，光洁可爱。且梅影竹烟，幽趣有旨焉"②。园子大概于清代后期湮没，以后不再见记载。

**天开图画阁** 故址在白鹅潭北岸，柳波涌下游段西侧，今西猪栏地。为清嘉庆、道光时南海人、金石收藏家叶梦龙（1778—1832）筑。阁不大，阁前有亭，南临白鹅潭；阁之东面为柳波涌流入白鹅潭水口，

---

① 《番禺县续志·卷四十·古迹志一·石园画社》，广东人民出版社2000年点注本。

② 〔清〕陈春荣：《香梦春寒馆诗钞·自注》。

西南望芳村花埭。"三面临水，海阔天空，风雨阴晴，倏忽万状。"① 张维屏为之题"天开图画阁"。约在晚清毁圮不存。

**景苏园** 在西关荔枝湾，李秉文建。园中有湖池，湖上荷花一片。清道光·张维屏《艺谈录》称此园"水木明瑟，荷风送凉"②。园中又有羊桃树，叶兆萼《小田园诗》有《景苏园羊桃歌》。是一处幽雅的小园林。入民国后废。

**麦氏花园·潜芳园** 清代后期广州西关私园。故址在今恩宁市西侧一带。园主麦氏，强夺民产，修造此园，故名麦氏花园，又称潜芳园。临近泮塘，园筑成后，引水入园，建为池沼，池中种莲，池岸种荔枝，园中荷香荔色，殊有佳趣。麦氏后来精神错乱，妄语狂呼，名医束手。计自筑园至死，仅数年而已。园后湮没无存。

**停澜堂水榭** 在西关荔枝湾，为清代某富豪所建庭园别墅。清后期已废不存。

**莘州漱润轩** 清代私园，在西关荔枝湾，相传即南汉昌华园故址。业主冼氏。见黄亨《仰高轩诗草·自注》。

**萃华园** 在芳村花地，建于清后期。清光绪五年（1879），美国传教牧师在沙基金利埠（今六二三路西端）创建格致书院。光绪二十五年（1899），该书院迁至萃华园。可知当时萃华园已废。

## 河南地区

**耕霞溪馆** 在河南。建馆者是南海人叶应阳，晚清著名文士潘飞声的外祖父，性格豪爽仗义。任户部员外郎。做了几年官，回归故里。喜爱林泉声伎，于是筑耕霞溪馆、桥西草堂、楼外楼，为当地胜景。四方名士渡过珠江来拜访他，他都予以款待，留客人饮酒吟诗。耕霞溪馆约在清末已废不存。

---

① 〔清〕张维屏：《松心诗集》，清道光三十年（1850）刊本。
② 〔清〕张维屏：《艺谈录》，清咸丰番禺张氏刊本。

**养志园** 在珠江南岸海幢寺北面。园主潘宝琳，潘正炜之孙。光绪十五年（1889）进士。后主讲粤秀书院。据潘飞声《仲瑜叔招宴养志园》诗的描述，养志园是一个私家小园林，规模不大，不属潘家花园范围。园中建有堂舍、小亭子，有竹林小院，栽种花卉。北眺珠江，也别有一番风景。

**景园** 在河南五凤村漱珠冈麓。即今纯阳观所在的漱珠冈冈麓，建于晚清。漱珠冈又名万松冈，松林成片。林纪常兄弟在此修筑私园。故后人亦称林氏景园。清末民初文人梁清在其《不自弃斋诗草·游漱珠冈》诗注中称景园"颇有花、木、亭、台之胜"。即园中栽种花、木，筑有亭、台。园当民国时已废不存。

**张园** 在河南。据清代朱次琦《朱九江先生集·河南张氏园亭赠芳翠》诗的描述，此园中栽种竹丛、时花，环境幽静。①

**竹清石寿斋** 在河南蒙圣里。清同治（1862—1874）、光绪（1875—1908）年间南海画家何仲（号烟桥老人）寓所。见《竹实桐花馆画谈》。

**敬居草堂** 建于清宣统元年（1909），为园林式西关大屋，在今河南宝岗路东侧，占地颇广，从同福西后街通至同福西街。有东西花园，另在东面还有大花园，堂中广植花草树木，以果木成林闻名。建有水池，池中植莲、菱之类。堂主为中国当代地图学家曾昭璇之父曾广衡。故址今已改建为八层大楼。

**听竹庐** 清代私园，在河南龙溪乡。潘仕廉居所，是个幽静的小庭院。其从弟潘定桂为之题诗："铿锵一声戛寒玉，正是幽居酣睡足。空中恍惚仙乐鸣，耳根清净破尘俗。"②

---

① 〔清〕朱次琦：《朱九江先生集》，清光绪二十三年（1897）刊本。
② 〔清〕潘定桂：《三十六村草堂诗钞》，清道光刊本。

# 第四章　官署园林

广州历代官署基本上都在珠江北岸城区。巡抚署、布政司署（藩署）、广州府署等官衙占地广阔，在空地处栽种树木、花卉、竹丛，筑亭阁，建池子，便成一处官署园林。也有建官署之处本来就是树木繁茂之地，如宋明两代贡院；又或本为名胜地，如宋代的环碧园与清代的喻园；官署建造后，也自然就成了一处官署园林。

总的来说，历代见诸史志载录的广州官署园林并不多，而且官吏们的主要心思也不在这些园子上，因而不管是景观布局还是藻饰技巧，官署园林都比不上海山仙馆、万松园等规模宏大的私园。

## 第一节　明清两代的药洲

南汉国为北宋所灭，国都兴王府（广州）被付诸一炬，南汉数王经营几十年建造的所有园林宫殿几乎全部化为灰烬，南宫区药洲（今教育路南方戏院一带）幸存残迹。后来在此处建了一座园林，名环碧园，以药洲中的九曜石为主景，一泓绿水，碧波荡漾，湖岸花木葱茏，浓荫处处，成了北宋时广州城中的著名风景地。在神宗熙宁、元丰年间（1068—1084），城中士大夫们经常在此园中泛舟饮宴，吟诗雅集，盛夏时则在此避暑纳凉。后来修筑三城，使注入西湖的文溪水流量减少了，沟通西湖的河涌便出现了淤塞。再加人为填湖，致药洲水域愈渐减小，一时之文采风流渐散。

明代，此地为羊城八景之一"药洲春晓"所在。西湖虽渐淤塞，但涨潮时珠江水仍可达此处，其西界名潮灌街（清代时改朝观街，今同名），可见湖水面积仍广。

药洲春晓之景色，指的是整个湖境。当年犹存宝石桥、黄鹂港等胜迹，更有高大的九曜石傲立湖中；拂晓之时，城中万籁俱寂，旭日冉冉升起，东方彩霞满天，倒映湖中，水天一色；名石古桥染上一层金黄。碧波粼粼，涟漪荡漾，水面上绿莲红荷，堤岸边垂柳飞絮，更显天地幽清，宁静安详，而成此"春晓"之迷人景色。

明八景定于何时，现已难确考，不过自明成化年后，这景色肯定比以前差多了。明成化三年（1467），原注入城中的文溪被人工改道，改为流入东濠，城内湖水断源，湖水面积愈加缩小。过了近40年，明正德元年（1506），林廷玉出任广东提学副使，他在重修湖畔的濂溪书院时，将碧水荡漾的西湖填塞过半，用来种植水稻。"填池之半，植禾其中，以为经营之渐，未暇成也。前此一载，荷花犹盛开，亭之基址柱础，具在沮洳，与仙湖通衢隔截，而禾则蒙密矣。"致使湖区面积锐缩，故时人在楹上题诗讽刺他："当日红蕖醮碧波，薰风时节一来过，于今景色非前度，谁道元公又爱禾？"林廷玉遂命植莲建亭。①

但西湖终由湖而变为白莲池、九曜池了，池周围的建筑却越来越多，以致密集起来，给西湖造成压抑之感。"药洲春晓"一景也就随着范围的缩小及受楼房的挤压而逐渐逊色，以至消失。

明嘉靖年间（1522—1566），此地建为提学道署。清初，为平南王尚可喜霸占。康熙二十年（1681），尚家败亡。康熙二十二年（1683），此地改为左镇大厅。康熙四十八年（1709），督学张明先来粤，广东学署从育贤坊复还药洲。清末民初金武祥《粟香室随笔》载："广东学使署东环碧园，为南汉药洲故址。"可见学署是位于环碧园的西侧。

---

① 《南海县志》，见周寿昌：《丙午杂记》。

随后，张明先对药洲进行了修葺，主要是疏浚湖池，种植莲花，在池中叠石筑亭，名"拜石亭"。后来清雍正八年（1730）进士、南海诗人何梦瑶有《拜石亭杂咏》诗咏："拜石亭边九曜连，蓬瀛清浅已多年。""莲池东岸草芊芊，剩许残碑卧断烟。"可以想见当年西湖的残破景象。

康熙五十九年（1720），经学家惠士奇来粤任广东提督学政，在一座亭子的北面建造了一只石船，为园中一景。以后乾隆、嘉庆数朝，督学广东的翁方纲、姚文田、翁心存、王植等高官都曾先后"浚池补莲，搜剔榕根"，挖到不少宋代人的石刻，做了大量剔石疏淤、搜集故迹的工作。同时又环湖岸种树栽竹，植奇花异卉。这时的九曜池面积大约还达十亩（约6666平方米），但不少地方已被拓为街市；清代中期著名学者钱大昕《初到药洲用石上宋人诗韵》咏药洲诗便有"只今清浅一池流"句[1]。

道光十四年（1834），大规模修葺药洲故址。建楼阁，垒山丘，顶上建亭，整治曲径，种竹千株，梅、桂杂花百余株。后来在石下又发现了一股清泉，"于是清池翠壁，栏楯斑华，空明澄鲜，上下交映"[2]。徐琪《喻园记》称："道光时园因以'环碧'者，然此二字但言园中竹木之美。"[3] 可见园景相当秀美。

过了三十余年，清同治十年（1871），园渐破旧，建筑朽坏，又予修葺，整治湖池。计修缮房屋四十二间，新建十二间，又建厢房、对

---

[1] 杨资元、黎元江主编：《英雄花照越王台·甲编诗词·清诗词》，广州出版社1996年版。

[2] 钱仪吉：《环碧园记》（清道光十四年）。

[3] 〔清〕徐琪：《喻园记》碑位于今教育路"药洲遗址"大门入口左侧的草坪上。

厅、过棚、后厦、书室各一，复建桥、亭、廊各二座。①

环碧园名气不小，又是广东学署所在，但仍难抵挡一步步被填湖蚕食的命运，湖境越渐缩小。清光绪二十年（1894），徐琪来穗任广东学政，他看到的药洲："池水垫淤，气不可迩乡，甚至败敝展，无一不没其中。至欲求古刻，惟许觉之一石尚在池旁。拜石虽遥遥望见，而泥浊环积，舟无可通，涉亦没踝。"②

徐琪下令疏浚西湖，整治药洲。历时一个月。据其在当年八月所撰之《喻园记》的记载，这次修葺"去垢秽至数千斛"。发现有清泉，下见沙痕，于是"以新土培之，植莲其中"，并建了座补莲亭。张明先在将近二百年前建的"拜石亭"当时已毁圮不存，但拜石尚在，于是就旧址筑了个舫斋，题"水石清华舫"。舫斋北面，有平台；平台北面，是"光霁堂"，为园中的主要建筑。其西面有长廊，"人行其中，绿映襟袖"，命名为"鸾藻轩"。自轩出，是一条小道，道旁种竹；向东行，有个小丘，于是围以石栏，中置石几，名为"读书台"，用于雅聚。"若中秋可至此玩月，重九又可为茱萸之会。"台的东南面有一口井，名"种花泉"，亦凿大石为栏。循廊南行，有一亭，名"瑞芝"。在补莲亭的东南方，有巨榕，筑三室，面对竹丛。此外，园中还有"国香三瑞斋""迎辉室"等建筑。南宋时的奉真观旧址当时被用来做了三间神祠，于是题为"奉真遗迹"，农历初一、十五致礼。

徐琪将环碧园改名为"喻园"。经这一番疏浚湖池，整修亭台，园林景色颇佳，但地域与湖面缩小，已无旧日之烟波气象。

清末，时局动荡，喻园无人打理。延至民国，园池四周建筑了更多

---

① 〔清〕何廷谦：《重修广东督学署记》，见《番禺县续志·卷三十九·金石志七》（民国二十年）。

② 〔清〕徐琪：《喻园记》。其碑刻位于"药洲"大门入口左侧的草坪上。

住宅，园址更小。在1918年《广州市图》上①，药洲遗址处只标了"教育司署""督学局"，而无湖池的标示。可见当时九曜池正处于逐渐湮没状态。中华人民共和国成立后，在湖的南侧建了今天的南方戏院，湖区更为缩小了。人们走过那一带，已很少会想到，今天的仙湖街、九曜坊等在昔日全是湖区。

药洲遗址

1963年，药洲遗址"九曜园"被列为市级文物保护单位，被确认为岭南地区现存最古的石山水景园林旧址，只是已无复波光粼粼，荷花吐艳之花坞旧观矣。今园内尚存湖水一泓，面积仅三四百平方米；有八座遗石及可能是从九曜石崩裂出来的大小石块散置于水中或湖边，是为我国现存最早的园林遗石。这就是"药洲遗址"（在教育路上即可见其题匾）。1988年曾进行维修重建，将景石提升，使更多露出水面，并向西拓展恢复了一部分湖面。第一期工程完竣后，池底与池岸全用水泥混凝土填平，堵塞了泉眼。今园中池水面积约370平方米，陆地500多平方米，仅保留古榕一株及宋至清代碑刻十余方而已。今天看着这小块地方，再加点想象，还依稀可见当年水石相漱、林渚相依的园林意趣。

---

① 1918年《广州市图》是广州拆去旧城墙之前的最详细的广州城区图，比例尺为1∶3000，比当代公开出版发行的最大比例尺（1∶5000）《广州街巷图册》《广州市地名图册》还要详尽。

## 第二节　西园与东园

广州历史上曾有过好几个西园，最有名的指广州西城墙（今人民路市一医院以南段）以西地区，即西关。所谓"烟水二十余里，多种菱荷，总名西园"①。南宋诗人杨万里《西园晚步》诗咏："龙眼初如绿豆肥，荔枝已似佛螺儿。南荒北客难将思，最是残春首夏时。"《广州城坊志》载："羊城西郭外，其地统名西园，即俗称西关也。"这是对西关地域的泛称，并非一个园林的名称。

另一个西园，在今广州西华路以南、中山七路以北、兴隆社以东一带地域。此地古有报资寺。清初康熙年间三藩作反，后被镇压。康熙十九年（1680）八月十七日，平南王尚可喜之子尚之信被赐死于广州府学名宦祠（遗址在今文明路市第一工人文化宫），并遭焚尸扬灰，后有姓钟的人家收其骸骨余烬，葬于西园报资寺，在今南海中学（前广州市第十一中学）地。此寺后毁，今已痕迹全无。

另一个西园，在今六榕寺以西。过去六榕寺范围很大，南界今天的中山路，后来寺地缩小，才成今天的这个窄小样子。清光绪年间，有位胡子晋写了首《广州竹枝词》，嘲笑当时寺中住持铁禅和尚在寺内设榕荫园卖茶。词曰："左便西园都统衙，点心款式竞相夸。六榕寺内榕亭上，和尚居然学卖茶。"②并特意加注："六榕寺住持铁禅在寺内设榕荫园卖茶，佛场变为市道矣。"词中"西园"即指该寺院之西部地域。1929年，西园酒家在今中山六路与六榕路相交处之西北面创办，为当时的广州四大酒家之一，其得名亦源于此。

---

①〔清〕屈大均：《广东新语》，《清代史料笔记丛刊》，中华书局1985年版。

②《中华竹枝词·广东广西海南》，北京古籍出版社1997年版。

## 第四章 官署园林

还有一个西园,在两广盐运使署西部地。盐运使司是清代广东管理盐务的机构。盐运使署占地颇广,今惠福东路中段北侧的盐运西正街、盐运西一、二、三巷一带即其故址。清同治(1862—1874)初年,盐运使方溶颐在此地整治园林,种竹数千竿,园内浓荫一片,虽暑热尚觉清凉,园中有馆舍,故名为"碧玲珑馆"。当年名流李光廷、陈澧、张清华等人曾在此雅集吟咏。① 入民国后,此园渐废不存。1918 年《广州市图》标此地为"前盐运司署",可见当时已废。

在广州还有一个西园,故址约在今教育路北段一带,本是南汉国皇家园林南宫区内的明月峡、玉液池遗址,曾在一泓绿水之上建有含珠亭、紫云阁、石屏台等,石屏台之北有翠层楼;南汉王"每岁端午,令宫人竞渡其间"②。可见水面相当宽阔。可惜在北宋灭亡南汉国时这些亭阁被烧了个干净。数十年后,这一带建成了一个园子,名西园。

北宋著名官宦余靖在嘉祐六年(1061)任尚书左丞知广州,住在州城,曾写有一首《寄题田待制广州西园》诗,这大概是流传至今的有关这西园的唯一一篇文艺作品,据诗中的描述,这西园当年景色颇美:一泓绿水,春气盎盎。当时此湖(西湖)上接白云山水源,水量充足,夜月下水波荡漾,若有潮生。九曜石立于湖中,湖岸种有奇花异卉,建有楼阁,插上旌旗。文人骚客官僚士大夫们视之如蓬莱仙境,在此地饮宴雅集,吟诗作对,享受"云泉适野情"之乐。③

余靖治广州三年,颇多惠政,后离任上京述职,途中病逝于金陵。广州人怀念他,把他奉祀于八贤祠。22 年后,即北宋元祐元年

---

① 丁仁长、吴道镕等:《番禺县续志·卷四十·古迹志一·碧玲珑馆》,梁鼎芬修,广东人民出版社 2000 年点注本。

② 《古今图书集成·方舆汇编·职方典·广州府部·汇考十五·广州府古迹考·石屏堂》,见《古今图书集成》,中华书局、巴蜀书社 1985 年版。

③ 〔南宋〕方信孺:《南海百咏》。

（1086），另一位广州历史上有名的官员蒋之奇出任广南东路经略安抚使兼知广州（"路"是当时的行政区划名，相当于现在的省），来到广州城，在宋清海军大都督府（今省财政厅地）的西面，辟建了一座别业，亦名西园。这西园与余靖所咏之西园在同一地域，但范围较小。蒋之奇在园中建有石屏台（位置约在今越华路与吉祥路交界附近），"有池百余步，池中刻石，其状若屏"[①]。至于当年西园内还有何建筑，已难稽考。

元代时位于今教育路北端的西园被改建成总管府，成了官衙。明洪武二年（1369），在这西园地开设了广州府署，后来则易名为"清荫园"，在广州府署西部，园中有蕉竹山房、来青阁、红雪亭、古树堂、环翠轩、近水榭、西池、梅舫、射堂、叕庵、风烟一览、小山丛桂、小桥曲径诸胜景，不但其园林景色犹在，而且还建了很多亭台楼阁。这园子直到清后期尚在。光绪二年（1876），广州知府孙楫曾加重修；光绪戊子（1888）冬开疏池园，有点意外地挖出了造于南宋景定元年（1260）的"御备砖"。以后清荫园渐寂寂无闻，直至湮没，今已影迹全无。

今广东省财政厅地及其东侧旧儿童公园部分地方，为广州历代主要官衙区。西汉南越王宫、东晋刺史署、隋代刺史署、唐代大都督府、南汉王宫、宋代经略安抚使司、元代广东道宣慰使司都元帅府、明清两代广东布政使司，都设在这片地域。

宋代经略安抚司建于此地，并建有占地广阔的官署园林。安抚司的西侧建西圃，亦称西园，东侧为东圃。园中建亭，修池，后来荒芜不治。南宋淳祐壬寅（1242），经略方大琮在政事之余，对园圃进行整治

---

① 〔南宋〕王象之：《舆地纪胜》，文海出版社1971年影印清咸丰五年刻本。

修葺,"旧者新之,埋没者出之"①。

是年,方大琮在西园修葺了元老壮猷堂,在堂的后面建小阁,环植翠竹,挂匾"报平安"。小阁前瞰南汉遗迹石屏池。筑小亭两座,左称"明发",右称"晚渡"。跨池建一方桥,桥上建小亭,匾称"可兼"。桥东为运甓斋,桥西为飨军堂(位置约在今广大路北段一带、壬癸坊、西公廨两街之间)。南面建小亭,面对越山,下临莲池,匾称"对越堂"。对越堂北面,倚城由西级向上登,称"攀天""玉光"。在顶上建圆形楼阁,阁壁环板,称"澄清阁",高与古木齐,虚空相照,状如月宫,挂匾"先月楼台"。往西为方丈室,挂匾"不动心境"。由东级向上登,称"缓步""更上"。在顶上亦建楼阁,挂匾"连天观阁"。向东,为方士宅,挂匾"斗南堂"。前为"就日楼"。再向南走,为"存轩"。

步级而下,转过长廊,筑一亭,名"梅亭"。过梅亭,有亭挂匾"石心铁肠"。沿着长廊向东走,过"无边风月"亭,至"有脚阳春"亭,入中闱为"静廉道院",意取"风静官廉"一语。又有小亭两座,左面的名"九节",右面的名"六穗"。四周植异花,立怪石,罗植槛砌,缭以小径。

向东走过"山意",至"心田书院",一柱八表,象田字,且取"一极三才"之意。前面有三条小径。入"松关",出"茂林修竹",向东走过"广平颂爱堂",至"佳木秀阴",上"铁庵",向南走过"无尽藏",至"椿寿堂";古木老石之中建有楼阁,中壁绘《寿域图》。后面是"广居庵"。

由"椿寿堂"过"盈把篱",至"云阶",入"广清府"。由"云阶"过"紫笋闱",至"群玉山房""锦步障""却月观""蘑菇林",出"壶中日月"。东行至"穗石福地",后为"喜雪轩",直南为"不

---

① 〔元〕陈大震:《南海志·郡囿》,见《广州市志丛书》,广东人民出版社1991年版。

269

民国时期永汉公园。建国后改建为儿童公园，是清代藩司东园故地

易心泉"。东面的称"野人风味"，西面的称"仙香世界"。建亭二座，东名"赋梅"，西名"对薇"。古木秀阴，景色如仙境一般。

逢年过节，城中百姓可以到此游乐。

后来，经略马天骥（宋宝佑间任广帅、经略安抚使）在"穗石福地"的左面建长廊，挂匾"物外乾坤"，与旧"壶中日月"相直。次建"春堂"。长廊之东，拾级而升，挂匾"地位清高"。又于"云巅"建亭，挂匾"海观"，以增眺览之胜。

南宋末，元兵攻打广州城，三进三出，战况惨烈，以上大片官署园林及其建筑毁损殆尽，仅存元老壮猷堂和广平颂爱堂。元代时，这片园林基本上是荒芜湮没，不见有修葺的记载。

明初洪武九年（1376），在今广东省财政厅地设广东承宣布政使司，简称布政司，主官称布政使，为一省最高行政长官，主管全省人事财政，俗称"藩台""藩司""藩使"。布政使司署为其办公衙门，俗称藩署，亦称藩司署。明清两代藩署均设于今广东省财政厅地。民国建立后，此地设财政司署。

清代藩署建有占地颇广的官署园林。藩署后园在东偏，称"东园"，绿荫片片，芳草满园，约当今儿童公园旧地。清代时，这大片地曾是养鹿之园。"百年以来，十百成群，呦呦之声，达于墙外。"① 民国初年金武祥《粟香室随笔》（二笔）载：广东藩署西偏，有园极空旷，过去曾蓄鹿数十头，为省城"福禄寿"之一。可见清代藩署的西偏，

---

① 《南海县志》，见江藩：《舟车见闻录》。

亦曾为鹿园。清张心泰《粤游小志》（1891年刊）载："藩署鹿最多，雍正、乾隆间，即有鹿粮。广郡楼中蝙蝠、抚署中堂侧有茵陈木，土人称为'福、禄、寿'。"这就是官员们在官署养鹿的心理原因。

除鹿园外，布政司署东园还有春熙亭、兰雪轩诸胜景。布政使司署北端，约当今省财政厅以北、越华路南侧高坡上，有建于明代的紫微楼。其西侧不远，为建于宋代的斗南楼。紫微楼建得巍峨雄伟，登楼远眺，山川千里，极目无际，被称为"南天杰构"。

明末清初《广东新语》与清嘉庆《羊城古钞》均载越望楼已不存。事实上，只是废弃不用。清嘉庆二十四年（1819）刊刻的许宗彦《鉴止水斋集》载：藩署后有紫福楼，蝙蝠以千数。诗曰："旧闻越望枕禺山，遗址仍看碧瓦环。幂历人烟浮槛外，翻飞仙鼠（蝙蝠）满梁间。"诗中"越望"即越望楼，而"遗址仍看碧瓦环"，即楼仍在。因没人住，故成了蝙蝠的乐园。大概亦因此而被称紫福楼。

陈昙《邝斋杂记》对此有这样的记载：广东布政使司署后有楼，聚集了无数蝙蝠，大的如鸽鸡，小的如燕雀，毛色全是红的，粪便尘积楼上，竟至吓到官署的人不敢登楼。某布政使初来上任，看到这般景况，下令营卒以铳枪轰击这些蝙蝠，但始终未能把它们赶走。不久，这位布政使便因事被革职。继任者干脆把紫福楼封了，不复启视。①

清同治五年（1866），藩署后园地（原儿童公园地）被划了出来，用来建法兰西夷馆。翌年（1867），法国人又截藩署东偏地建领事馆。东园自此废。入民国后，此地仍为法国领事署。至1928年收回。据光绪三十三年（1907）《广东省城内外全图》标示，此地在当时建成邮政局，北面为法国学堂，东面为学堂。而其以北地直至司后街（今越华路）仍无街巷建筑，仍为一片草木茂密之地。

约在清末，在法国领事署西侧（旧儿童公园地）建有丕崇书院，民国前期尚存。可见当时此地已不属藩署。

---

① 〔清〕陈昙：《邝斋杂记》，清道光九年（1829）东莞陈汝亨刊本。

## 第三节 贡 院

贡院是科举时代举行乡试的场所。科举考试始于隋朝，至清光绪二十八年（1902）废止，光绪三十一年（1905）正式结束，历时约1300年。

宋代以前的广州贡院所在，今已难确考。南宋绍兴二十七年（1157），广州官府在南汉时的清虚洞（今孙中山文献馆北侧番山一带）建东西二院做贡院，亦即建于当年的广府学宫的北面，以后屡加修葺扩建。至端平三年（1236），房屋建筑达500间，有相当的规模了。淳祐十年（1250），州治酒库地与院前官署雄略指挥所亦被全部辟建为贡院，南临泮水（广府学宫前的泮池。今孙中山文献馆翰墨池是其部分遗迹），北倚番山。当年的番山上遍栽树木，一片葱郁，贡院馆舍掩映其间，是一处官署园林地。

南宋末，元军攻打广州，战况惨烈。广州城遭了浩劫，建筑多被毁。贡院未能幸免，"至元归附，遂废为军翼"。① 即宋贡院在元代时成了军翼。元代是蒙古人统治中原，广州没有重建贡院，以致明代洪武甲子（1384）举行乡试时，只好暂时把光孝寺用作考场。②

明宣德元年（1426），广州官府把已废置的佛寺西竺寺用作贡院。西竺寺原为佛寺，北宋乾德元年（953）僧永仁建。元至正年间（1341—1368）寺毁。故址约在今广州小北路与小石街相交处之西侧一带。当年此地在小北门内，乃越秀山南麓，岗丘起伏，名西竺山，为禺山的一部分，属城郊乡野之地。西竺寺所在处称玄览台（又作元览台），山溪纵横，池塘散布，东有文溪东支水道流经，水汽充盈，树木

---

① 〔元〕大德：《南海志·学校·旧志贡院》。
② 《广东通志》（清道光二年）。

贡院科举考棚

科举放榜

葱茏,景色清幽。在明清方志中,此地称为"郡城北"或"城东北隅"。直到明末清初时,"登高望之,犹见其盘旋不断,一回抱三城之势"①,跟现在已大大改变了的地理环境是极不相同的。

明在此地建贡院后,这一带的越秀山南麓陆续修建了多座书院、寺庙、宗祠等,为当时文化人主要活动地区。如明代中期著名的粤洲草堂,就在贡院的西面。

以后贡院逐渐扩建。嘉靖三年(1524),增修贡院,在门前大石街建两座牌坊,一称"兴贤",一称"登俊"。嘉靖十二年(1533),在粤洲草堂的南面建造了一座牌坊,名"逸士坊",位置在贡院的西面。嘉靖四十三年(1564)夏,拆去贡院前墙壁,整修并拓宽院前道路,并建石桥"万里桥"。桥上建亭,名万里桥亭。

这时的贡院占地甚广。西界至今应元宫道东侧。今天尚存的应元路东段南侧的街巷十九洞亦是其故址。整个玄览台都属贡院范围,台上绿树成林,木棉花开,红喷如锦;松、柏交翠,鹰、鹤栖鸣;亭台、楼阁、牌坊、古桥掩映其间,美得如图画一般,成为当年广州城北的一处幽雅之园林胜景,被称为"会城之胜概"。

---

① 〔清〕屈大均:《广东新语·卷三·山语》。

清初，清军攻打广州城，明贡院毁于兵燹，"夷为平地，茂草鞠焉"①。先是做了军营，后来军队撤出，渐成民居街巷，园林景色遂湮没。

## 第四节　万竹园与壶园

万竹园又名漪园，在清代广东巡抚署内，今为人民公园地。

市立第一公园，摄于1921年。广东巡抚署故址

清初两藩王攻陷广州城，平南王尚可喜建王府于明代都指挥使司署地，即今人民公园地，称平南王府。占地甚广，清康熙吴震方《岭南杂记》形容它"最为宏敞"。《番禺县续志》形容为"崇敞壮丽"②。

康熙二十年（1681）尚家败亡。康熙二十二年

---

① 〔清〕李士祯：《新建贡院碑记》，见《南海县志·卷十七·艺文》（康熙三十年）。

② 丁仁长、吴道镕等：《番禺县续志·卷四十·古迹志一·城址署宅园林诗文词画址附·巡抚旧署》，梁鼎芬修，广东人民出版社2000年点注本。

（1683），平南王府被改建做广东巡抚衙门，简称抚院、巡抚部院，又称广东巡抚署。

清道光初年，两广总督阮元兼署巡抚，在署内辟建"万竹园"。可知当年此地曾栽种大片竹丛。万竹园又名漪园，在第一次鸦片战争时遭受毁损而芜废。据陈其锟《循陔集·漪园集同人消夏诗·注》的记载，当时"园久芜废"，祁恭恪任广东巡抚的时候（1841—1844），陈其锟下榻于雨春馆，当时漪园园门紧闭，想瞧瞧都不行。"园闭不得一窥。"① 后经修复，有紫檀树、榆树各一株，相传是平南王尚可喜亲手栽种的。

光绪十四年（1888）（一说光绪十六年），两广总督张之洞兼署巡抚，修葺巡抚署，并重修万竹园。园中有渔、樵、耕、读四景。光绪三十一年（1905），裁广东巡抚，以总督兼之。巡抚署废。翌年（1906），原巡抚署改建为两广高等工业学堂（亦有称广东高等工业学堂）。万竹园在此时已废。《番禺县续志》载："万竹园，在巡抚署……今废。"②

1918年，此地辟为公园，命名"市立第一公园"。布局为意大利图案式庭园，呈方形几何对称形式，完全不同于古代园林。园内古树参天，绿篱花丛，富有浓郁地方特色。1925年，改称"中央公园"。1931年，公园后半部分改建为广州市政府合署大楼（现广州市政府址），并辟建今府前路以相隔。前半部分仍为公园。1966年，改称"人民公园"至今。

壶园在万竹园西侧，广州将军署内。广州将军是清代统辖驻守广州八旗兵的最高长官。将军署即将军府衙门。故址在今中山六路东段北侧将军东、西路一带，包括今广德路、瑞南路。地域甚大，今广东迎宾馆地即为署之后园。

---

① 〔清〕陈其锟:《循陔集》，清光绪年刊本。
② 丁仁长、吴道镕等:《番禺县续志·卷四十·古迹志一·城址署宅园林诗文词画址附·万竹园》，梁鼎芬修，广东人民出版社2000年点注本。

清咸丰八年（1858），第二次鸦片战争期间，广州城在英法联军控制之下，将军署毁于战火。① 是年夏，四乡各路壮勇7000人攻打广州城，其中北路壮勇曾冲进西门与英法联军及清兵交战，越秀山上英法联军及珠江上的英法军舰一齐发炮轰击壮勇，将军署大约毁于这场战事。后复建。

清同治年间（1862—1874），当时的广州将军长善在署内辟建壶园。既是花园，又是当地最高军事长官所建，当然是栽种花草树木，建亭筑阁修池。可惜史志不见具体记载。光绪进士、官至邮传部侍郎的于式枚，当时以布衣身份在壶园客居。今有资料称当时的壶园地约当今广东迎宾馆，疑误，因为现在的广东迎宾馆地当时已租给了英国人做领事馆。长善不可能在英国领事馆里建园子。也就是说，当年的壶园应在今广东迎宾馆以南地。

壶园大概在晚清已废。辛亥革命后，将军署废。民国时期，此地曾建为广东省森林局（见1932年《广州市马路路线图》），后又为广东省教育厅，当时已建有街巷。今全为楼寓，当年的将军署、壶园，没留下丝毫痕迹。

## 第五节　广雅书局

广雅书局在南园旧地三忠祠西侧、机器局东侧，两者相邻；具体位置在今文德东路中段北侧。清光绪十三年（1887）创建。选址在城南厢之南园。当时"南园颓废，遗址为民间占据殆尽"。张之洞予以修葺，"搜剔而规复之"②，并即其地创建广雅书局。局址原为军装机器局

---

① 〔清〕长善：《驻粤八旗志》。

② 赵起鹏：《锡麓归耕图唱和诗·附录》，见黄佛颐编：《广州城坊志·卷四·新城·聚贤坊》。

基址（军装机器局由总督瑞麟创设于同治八年，张之洞将之归并南海县属增步之军火局，以其地建广雅书局），又拆掉了三忠祠西偏的臣范堂做用地。

翌年（1888），再加拓建，购玉带濠北岸之慈度庵及各民房，辟建东、西、南、北、前、后校书堂六所，而以十峰轩为总汇。慈度庵地被并入，慈度庵遂废不存。①

当时的广雅书局占地颇广，北跨玉带濠，东与三忠祠相邻，南至聚贤坊（今文德东路），西至今文德东路西段。清代赵起鹏《锡麓归耕图唱和诗·附录》记述当时的广雅书局："为前后校书堂，延访名流，校雠书籍。楼台临水，两岸垂杨，小作勾留，令人想见秦淮风景。"玉带濠当时尚宽，两岸垂杨，风光旖旎，楼阁掩映在绿树丛中，一派园林风光，景色颇佳。陶濬为广雅书局题一联："地接南园，看苍翠成林，疑身到六桥二竺；天开东壁，聚丹黄满架，此中有百宋千元。"

广雅书局为当时官方刊印书籍的机构。是清代广东最著名的官办书局。除了刊印书院需要的图籍外，还刊印广东文献图书。过去刊印图书文献是附属在学海堂和书院之内，现在才有了独立的书局，专门出版图书。"校刊经籍，嘉惠士林。"② 对广东文化、教育、出版事业起了推动作用。

广雅书局办了17年，至光绪三十年（1904）停办。其间先后刻印刊行书籍共270种，近7000卷。包括各书院所需之经籍及广东地方文献130余种。时人称广雅版本，以校勘精审，不乏孤本著称。在士林中享有盛名。

除刊印书籍外，广雅书局还做其他用场。光绪二十八年（1902），清政府诏令各省停办书院、改书院为学堂。粤秀书院改为两广学务处，为清末省级教育行政机关，随后，两广学务处迁到广雅书局。

---

① 丁仁长、吴道镕等：《番禺县续志·卷四十一·古迹志·慈度庵》，梁鼎芬修，广东人民出版社2000年点注本。

② 《南海续志》，见《广东历代方志集成》，岭南美术出版社2007年版。

光绪三十二年（1906），停罢科举考试，在广雅书局设学务公所。同年，广州划分为四个区，开办半夜师范讲习所，供在职小学教师进修业务。其中西区就设在广雅书局内。光绪三十三年（1907），提学使于式枚在广雅书局内，玉带濠北岸，原校书堂的东面建楼五楹，用来储藏板片。学海堂、菊坡精舍、应元书院奉命停办后，旧刊书版一并移贮于此，"随时印刷流布，嘉惠士林"①。

清末时期的广雅书局已不是一个只刊印书籍的地方，而成了一个公共机构。1912 年 6 月，广雅书局藏书楼正式办为广东省图书馆，布告开馆。馆长冯愿。这是广州首家正式采用图书馆名称并由官府主办的图书机构，是广州的第一间公共图书馆。

馆内主要建筑"红楼"，面积 3000 多平方米，四面回廊，立于玉带濠岸。楼上是书库和办公室，楼下是两个阅览室。其后为十峰轩、藏版楼。杜定友《广东文化中心之今昔》载："广东图书馆成立后，园林清雅，回廊曲折，六脉渠间，筑桥相通，名'荷花桥'，茂林修竹，荷香扑鼻，诚为士子潜修福地，全省文献中心。"② 1913 年教育部《视察第七区学务总报告》如此记述广东省图书馆："地面广阔，景致绝佳。亭阁楼台，间以溪桥，青林翠竹，围绕四周，入之性静神怡，有超然尘世之想。"

可以想见当年此地景色颇佳的园林景致。1917 年，广东图书馆改为"广东省立图书馆"。1933 年停办。玉带濠早已被改建为暗渠，广雅书局园林旧迹亦早已不存。

---

① 《番禺县续志·卷四·建置志二·广雅书局》（清宣统）。

② 杜定友编：《广东文化论丛》，广东省立图书馆 1949 年版。

# 第五章　学院园林

这里所称学院，包括府学、县学，各式书院、学堂、精舍等。大致可分为官办、私办两类。

读书做学问的地方，它的首要条件是安静。所以古代学院，只要有条件，都会在院中广植树木、花草，筑亭以供休憩，从而形成一片学院园林。

城北越秀山南麓环境幽静雅致，有山塘有溪流，花草繁茂，林木交阴，清代多所学院开办于此，成为一处文化中心，也是古代高级学院的集中地，现在应元路以北地，当年是一大片的学院园林。

城中分布广泛的私塾大都规模小，往往只是一座楼宇，甚至只是一个房子，虽亦有栽种花草的，但多无园林景观可言，故不述。

## 第一节　广府学宫

广府学宫又称广州府学、广州府儒学、广州府学宫、郡学宫，即广州州学。为广州最高级的官办学府。始建于北宋庆历四年（1044）。后数易其址，最后建于子城东南，今孙中山文献馆至市工人文化宫地。

广州官学开办于何时，今尚难确定。北宋庆历四年（1044）三月，宋仁宗颁布了普遍兴学的诏令。广、韶、英、南雄、雷、琼、南恩等州都创设了州学。广州州学即创建于是年，为岭南最早之州学。初址在城西蕃坊夫子庙。这是广州州学的始创。

北宋皇祐二年（1050），经略使田瑜徙建州学于州城之东南，并予扩建。北宋熙宁元年（1068），张田修筑东城，州学复徙建于国庆寺（在今惠吉东路、惠吉西路地）的东面。当时修建得颇具规模。北宋绍圣二年（1095），章粢知广州，认为广州府学宫与尼寺为邻，有伤风化（由此可知国庆寺乃尼寺），于是把州学徙建于城之东南隅都监署址兴办，即今孙中山文献馆至市工人文化宫地。此后直到清末，再无易址。当年（1095）十一月动工兴建，翌年（1096）六月竣工。新建成的广州府学南临子城之南城墙，面向大江，背倚番山。

南宋乾道四年（1168）春，官府扩建修葺州学，在番山上建堂阁、御书阁，增辟两庑，藻饰大成殿，建棂星门，学宫四周筑起围墙。御书阁内藏皇帝颁赐的书籍，这是有文字记载的广州最早的藏书之所，实为广州有官立图书馆之滥觞。重建后的广府学宫规模宏大，为广州最高级的官办学府。

淳熙三年（1176），在学宫内的番山旁建九思亭，"四檐高敞，窗棂虚明，屏几净嘉"①。并重建六斋。四年（1177），仿泮水制，在学宫前挖掘濠池。这泮池位于何处，史志没有明确记载，有可能就是现在孙中山文献馆主楼前的荷花池一带，但当年泮池应比现在的荷花池要大。植莲池中，士子游泳其间，是广州老城中最早的有文字记载的游泳池。元代前期已废，大概是被填了。现在的荷花池是后代建的，即其旧址重新挖掘，可能在明代，确切年份不详。清光绪五年《广州府志》所附《广州府学宫图》标此池为"翰墨池"，南北窄东西长，四角为椭圆形，跟现在不同。何时修建成现在的样子，不详。

嘉定五年（1212），在番山下修建了观德亭。淳祐四年（1244），经略使方大琮改建飞阁，旁列文、行、忠、信四斋，为番山书院。又在

---

① 〔明〕佚名：《番山亭记》，见《番禺县志·卷三十·金石略三》（清同治）。

飞阁的北面复建本源堂。

当年的番山与番山南麓大片地域绿树成荫，山上遍植苍松翠柏，鸟鸣清脆，广府学宫内的亭台、楼阁、堂馆、牌坊、泮池掩映其间，为州城中一处幽静的学院园林。

元至元十三年（1276），元兵攻陷广州，在广府学宫内屯兵，把这学府"毁拆殆尽，所存惟一大成殿"①。宋代广府学宫于是被毁，随后竟然做了马圈和冶铁场。

元至元十七年（1280）十一月，官府在旧址动工复建广府学宫，于翌年（1281）三月完工。元代时的广州称路，故称广州路学。以后继续扩建。到元末时，学宫内建有明伦堂一座五间、东西从祀两廊三十间、东西两庑六斋、景行堂一座三间、本源堂一座三间、养贤堂一座五间、炉亭一间、养蒙堂一座五间、仓廪、祭器库、学廪四间、内米敖两座、神厨三间、护学祠一间、云章阁七间、六斋二十八间、杏坛一所、篆字碑一座、卫道士神祠三间、东西官厅六间、思敬亭、政德亭各一。大成殿是学宫的主体建筑，元延祐六年（1319）重建。建成后，"规模雄伟，甲于江广两道"②。元代的广府学宫，甚具规模。

明灭元。1368年，明朝建立。明军不战而占领广州。明初，仍旧址重修广府学宫，建先贤祠，辟射圃（练习骑射的场地），并在番山上重建已毁圮的番山亭（九思亭）。

以后学宫陆续增建，不时修葺并拓广宫址。

天顺七年（1463），刻《广州府学图》。据之可知当年广府学宫的平面布局与现存的番禺学宫（中山四路北侧农讲所址）基本相同，且规模更大，都是按照我国殿堂庙宇的传统式样建造的，即沿中轴线对称

---

① 〔元〕陈大震：《南海志·卷第九·学校》，见《广州市志丛书》，广东人民出版社1991年版。

② 〔元〕陈大震：《南海志·卷第九·学校》，见《广州市志丛书》，广东人民出版社1991年版。

排列，与错落有致的碑、亭、树木构成一大院落。

万历二十八年（1600），重修殿宇亭阁及"启圣""名宦"诸祠，恢复学宫西面被侵占的地方，建学舍，廊射圃，并凿开城墙作为府学正门，悬匾额"文明门"。门址在今文明路与文明门（巷名）相交处（今文明路即由此得名），为学宫的南门。城门以南不远即玉带濠，青云桥跨于濠上；所谓"南枕城濠，环绕如带"①。

明代广府学宫所在的番山，是州城中的一处风景名胜。山上木棉成林。明嘉靖朝黄佐《广东通志》载："番山，其上多木棉，其下为泮宫（广府学宫）。"番山一带是"长松前列，众木交荫"的学院园林之地②，广府学宫的亭台楼阁等各种建筑掩映在一片林木葱茏中。这是大片区域，并非一座孤立的土丘；再加番山东南侧有翰墨池，池东有六脉渠之第六脉流经，再东面是文溪东支水道流经（今长塘街一线），那时文溪上游尚未改道，故水量充足，水汽上蒸，林木荫浓，潮湿天气便生云雾，雾霭缭绕，致成"云气"，为明代羊城八景之一"番山云气"所在，是当时州城中的游览胜景之一。如清代《羊城竹枝词》所描绘的"水绕重城俨画图，风流应不让姑苏"③。

清代，广府学宫曾经多次修葺，有所增建。

清乾隆前期，学宫地被民房大面积侵占。南海知县请复学宫，乾隆帝下诏发帑金，按间给值，收回民房共二百零二间，又撤去广州将军之营房，"新规制始臻大备"。这时的学宫，由南至北从今天的市一宫一直延伸到广州市第十三中学，规模宏伟，号称"岭南第一儒林"。嘉庆七年（1802），在府学东边建了一座文昌宫。第二次鸦片战争时期，咸

---

① 《广东通志·卷十六学校志·广州府儒学》，见《四库全书》，清乾隆本。

② 〔明〕佚名：《番山亭记》，见《番禺县志·卷三十·金石略三》（清同治）。

③ 〔清〕黄洪：《羊城竹枝词》，见《中华竹枝词·广东广西海南》，北京古籍出版社1997年版。

丰七年（1857），省垣遭兵燹，府学遭到毁坏。同治元年（1862）重修，并补建了东西"圣域""贤关"两石坊。

据清光绪五年（1879）《广州府志》所附《广州府学宫图》并参考其他文献，当年的广州府学宫平面布局是这样的：

学宫南门正对城门文明门，往北至番山，为学宫的南北向中轴线，由南至北依次为学宫大门（戟门）、二门（棂星门，与戟门均在今市一宫门口），门前正中立一石碑，上刻"文武官员至此下马"八字。入门后有半月形的泮池，池上有石桥。过桥不远处是大成门（今市一宫大楼址），穿过大成门往北一段路是大成殿（约在今榕泉剧场地。图上特意标明"大成殿向南偏东二十度"），殿内供奉孔子牌位。这是学宫的主要建筑，位于整个学宫的中心。大成殿后不远处是崇圣殿（今文德路小学一带），殿后有忠字碑，碑北不远是番山（图上标作龟冈），冈上有九思亭（图上标九思亭南面又有番山亭，可能错标）。龟冈（番山）北麓是贯道门（今广州市第13中学西北部地），门往北有一条小巷，可能即20世纪80年代犹存的雷家巷（现已不存）。

南北向中轴线两侧对称的建筑物有：

戟门的东侧建"贤关"石碑坊，西侧建"圣域"石碑坊。大成门的东边有文昌宫（约今省教育活动中心地），西侧为乐器室。大成殿前建东西二庑，放置着历代先儒哲人牌位。西庑的西边为郡学西斋，东庑东侧有"岭南第一儒林"牌坊，牌坊东侧为郡学东斋，斋的东面有池。东西二斋均是生员肄业之地。大成殿西边有御碑亭，殿东边是后殿，后殿东侧是仰高祠，祠东临府学东街（今文德路）。

崇圣殿西边有乡贤祠，殿东边是明伦堂，为讲学聚会之地。明伦堂东边是名宦祠（约今作家协会一带地），再东边即府学东街。

番山东边有孝弟祠（今广州市第十三中学地），祠南是翰墨池（今存）。祠东北当年尚是菜地。

学宫内建筑物均坐北朝南。

大成殿东北侧有井一口，称"郡学宫井"；黄培芳著《藤阴小记》

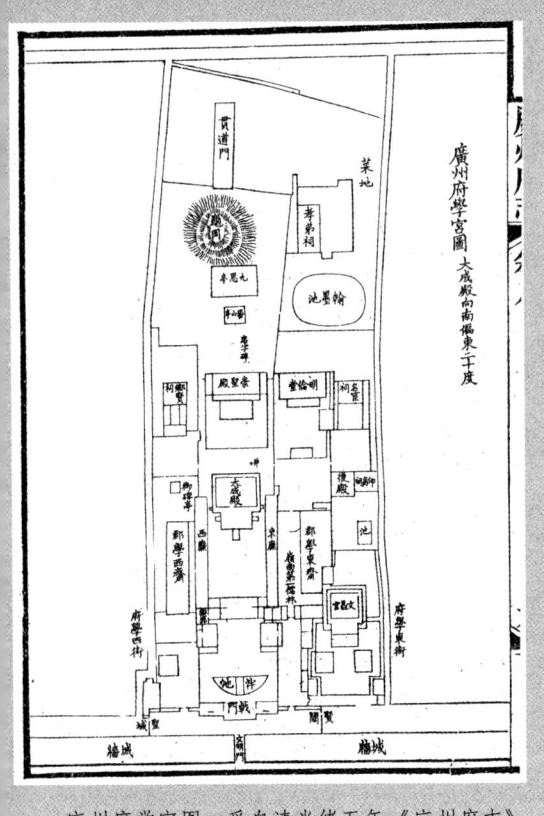

广州府学宫图，采自清光绪五年《广州府志》

载：羊城泉水，城外以鸡爬井为第一，城内则以广州府学内的郡学宫井为第一。井在大成殿后面，质清味甘，久不变，旱不竭。原因是地脉由北面的番山来，结于正殿，井刚好在其后面，乃精华所聚，这便是形胜家所谓的"翰墨泉"。今已不存。

清代时，番山为广府学宫的北部小丘，"中多木棉，二三月盛开，望之如红锦"[1]。北有孔子燕居亭，南为广府学宫的崇圣殿，东有孝弟祠，东南是翰墨池。西侧还有双槐亭（北京路东侧之圣贤里附近）。仍是一片景色秀美的学院园林。

1919年，府学东街被辟建成今文德路，紧靠街边的名宦祠、仰高祠等均被拆除。文昌宫和教忠学校被拆去一部分。因辟文明路，将学宫大门往北缩入，使之离棂星门很近了。此后，各式文化机构曾先后设在学宫之内。还曾一度做过文德茶厅、酒家、跳舞厅等。

1929年始，陈济棠主粤，大倡复古，祀孔、读经是其主要内容。当时广府学宫因曾几度驻扎军队及用作伤兵医院，内部颓败破烂，原有神主祭器已荡然无存。于是鸠工庀材，大加修葺，并新造笾、豆、簠、簋、牲俎、香案、樽、爵、钟、鼓各件以及四配、十哲、先贤、先儒各牌位，统由教育厅承差办理。

---

① 〔清〕陈际清：《白云越秀二山合志》，道光二十九年楼西别墅藏板本。

1933年，广州市政府在番山南面空地上，建造了市立中山图书馆（1989年正式对外称孙中山文献馆）。抗日战争广州沦陷时期，市立中山图书馆被敌伪占用，做了"海陆军俱乐部"。抗战胜利后，市立中山图书馆于1946年3月11日复馆开放。

1947年1月，省政府于瓦砾遍地的学宫前半部设立了广东省文献馆。中华人民共和国成立后，把广府学宫拆掉，兴建广州市第一工人文化宫。广府学宫这座有九百多年历史、号称"岭南第一儒林"的建筑从此消失。仅存遗迹只有今孙中山文献馆前面的翰墨池、池北侧的十余株古树以及现代重建的番山亭，可以算是古代学院园林的留痕。

## 第二节　南海与番禺县学

### 南海县学·南海学宫

南海县学又称南海学宫、南海县学宫，是古代南海县最高官办学府，始建于南宋。

南宋乾道四年（1168），龚茂良任知广州军州事，置番禺县学和南海县学，均附于当时的广州府学（在今市一宫至今孙中山文献馆一带。详上文《广府学宫》）。番禺县学附在府学西庑，南海县学附在府学东庑，故址约在今孙中山文献馆东侧。当年此地是番山东麓，绿树成荫，东面不远是文溪水道，是一处自然园林地。

宋代南海县署建在城外的兰湖里（今东风西路以北、盘福路以西地）。南宋嘉定二年（1209），知县宋钧重建南海县学于县署东面六十步（不足百米），约今医国街一带。前临城濠（当年流经广州城西的西濠的上游段，水源来自兰湖），后面不远是丛林茂密的越秀山，"屏障森列"，这又是一处自然园林地。

■ 广州古园林志

南宋末，元军攻打广州城，南海县学毁于兵燹。元代至元三十年（1293），在西城高桂坊（今解放中路西侧学宫街）之菊坡祠故址重建南海学宫。番禺县学亦毁于元初兵燹，当时则附于南海县学。两县学挤在一起，四周是民居，相当简陋。

明初洪武三年（1370），朝廷下诏全国郡县俱兴建县学。番禺县学于是移建于今中山四路北侧农讲所地，南海县学仍留原地，在明代不断修葺扩建。学宫范围最广时，大概南至华子巷（今玉华坊），北至蒲宜人巷（今普宁里），东至忠贤坊（今解放中路），西至米市街（今米市路），此街下延走木街。明代时，为广州城内番禺县与南海县分治州城的分界线和西城南北向主干道。而学宫一带则是广州私立书院的最密集处。

明代末期南海学宫的状貌大致如下：

学宫坐北朝南，大门棂星门，后是戟门，左面聚奎楼，中间为大成殿，左右夹以两庑。

大成殿后为明伦堂。堂东为成德斋，稍南为教谕宅。西为达材斋，稍南为训导宅。堂左为仓廒，右为吏舍。后为尊经阁。

号舍有五所，建置于学宫内外：一在尊经阁的东西两面，一在西庑的后面，一在棂星门的南面，一在牌坊兴贤坊的北面。又在崔清献祠后面建名宦、乡贤二祠。启圣宫前建敬一亭。尊经阁前建会膳堂。

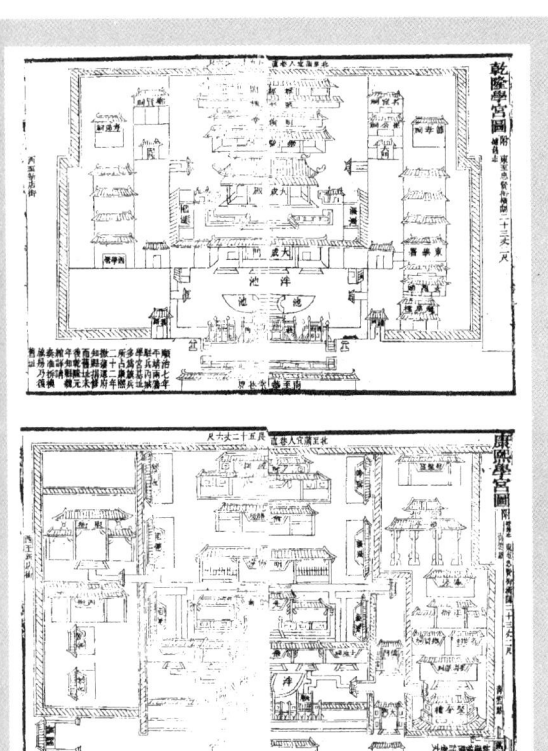

南海学宫图，
采自同治十一年（1872）刊《南海县志》

清代初年，平南、靖南两藩王攻陷广州，占据广州老城，"驻兵内城，居学宫庑舍，牧马两楹之间"，堂堂南海学宫竟然成了马圈，四周为旗舍侵占，"基址渐失其旧"。①

康熙二十年（1681）撤藩。康熙二十二年（1683），藩兵尽撤北归。当时的南海学宫故址已多残缺，学宫左右多为旗兵所居。御史大夫蒋伊将之迁出，对学宫重加修建，并稍拓其地。乾隆二年（1737），署广州将军阿尔赛奏请恢复学基，得到批准。于是招集工匠，备具材料，大兴土木，重修学宫。并尽复旧址，学宫范围得以扩大。学宫焕然一新。②

据清宣统二年（1910）《南海县志》附《乾隆学宫图》，当年南海学宫的状貌大致如下：

学宫坐北朝南。南北向中轴线上的建筑由南往北依次为：

大门棂星门（图上标"南至华紫巷界"。华紫巷又称华子巷，约今玉华坊）、戟门、泮池、大成门、大成殿（《康熙学宫图》标作先师殿，位于学宫的中心）、崇圣祠、明伦堂、聚贤楼、尊经阁，阁北为学宫北墙，抵蒲宜人巷（今普宁里）。这是南北范围。

明伦堂东南侧有蒋公祠，供奉于明末崇祯十年（1637）任广州府知府的蒋芬，春秋致祭。（见清乾隆《南海县志》。但《乾隆学宫图》没有标示。）祠于清末废。今为省委统战部地。

中轴线东西两侧为东庑与西庑。

西庑西面由南往北依次为西学署、孝弟祠、乡贤祠（清末废。今为省委统战部地）。

东庑东面为崔公祠（又称崔清献祠），祀南宋丞相崔与之，春秋致

---

① ［清］张嗣衍、沈廷芳：《广州府志》，见广东省地方史志办公室：《广东历代方志集成》，岭南美术出版社2007年版。

② ［清］张嗣衍、沈廷芳：《广州府志》，见广东省地方史志办公室：《广东历代方志集成》，岭南美术出版社2007年版。

祭。清末废。今为省委统战部地。

崔公祠北为名宦祠（清末废。今为省委统战部地）。崔公祠东为节孝祠。

节孝祠南面是一列建筑，由南往北依次为魁星楼、文昌阁、东学署。

学宫东墙之东面为忠贤街（约今解放中路），并标明"东至忠贤街横阔二十三丈二尺"。西墙之西为新店街（约今米市路）。这是东西范围。

清嘉庆年间（1796—1820），南海人、嘉庆七年（1802）进士谢兰生筹资重修南海学宫，以利南海县学子求学应举。当时学宫石柱雕梁，檐角翘天，相当闳丽。清光绪十五年（1889）又重修学宫，次年竣工。当年宫内建筑为青砖、绿瓦、石柱、雕梁，古色古香。

明清两代，南海学宫内广植树木，浓荫一片，殿堂、楼阁、亭台、泮池、古桥布置规整，参差错落有序，虽在城中，却为一处幽静所在，为著名学院园林。在至今幸存的一张清末南海学宫照片上，还可以看到当年的园林景色、亭台楼阁，是如何的古色古香。

晚清南海学宫

清光绪三十三年（1907），在南海学宫内创办了南海中学，旋迁西门高第坊芦荻东报资寺，为广州市第十一中学前身，现又复名为南海中学。

陈济棠主粤时期（1929—

1936），每年农历八月廿七日孔子诞辰祀孔，当时南海县政府设在广州。南海县的祀孔活动，便在原南海学宫举行。抗日战争时期、广州沦陷时期，伪广东教育厅于1940年1月成立，另设广东省立图书馆，即以南海学宫旧址为馆址。抗日战争胜利后，国民党市党部设在南海学宫。

直至1989年，南海学宫仍大致保存原貌，可惜一直未获文物保护单位的挂牌，20世纪90年代初期被拆掉建成了单位宿舍。今米市路北端东侧中共广东省委统战部、省工商联、省宗教事务局大院即南海学宫故址。

**番禺县学·番禺学宫**

番禺县学又称番禺学宫、番禺县学宫、番禺县儒学，是古代番禺县最高官办学府。明清时代的番禺县学故址包括今中山四路北侧的农讲所旧址全部及广州图书馆广场东边地（原番禺学宫西斋址）。

据《宋史》及其他碑刻记载，南宋乾道四年（1168），番禺县学附于当时的广州府学（在今市一宫至今孙中山文献馆一带。详上文《广府学宫》），在府学的西庑，即故址当在今孙中山文献馆（旧广东省中山图书馆）西侧。

这是有文字记载的番禺县学的第一个地址。后人一般视为番禺县学之始创。

番禺县学年久被废弃。南宋淳祐元年（1241），重修番禺县学，建于东城之东南隅，约今广东省博物馆大院地。南宋末，元军攻打广州城，番禺县学被焚毁，"莽为丘圩"，完全荒废了。元至元三十年（1293），同样被毁于元初兵燹的南海县学在西城高桂坊（今学宫街）之菊坡祠故址重建。番禺县学则附于南海县学。当时两县学挤在一起，四周是民居，相当简陋。

明灭元，广州地区不战而下，没有经历战火。明初洪武二年（1369），番禺知县吴诚在元代番禺县衙旧址重开番禺县衙，故址在今德政北路南段两侧，包括今广州图书馆西南部地。明洪武三年

（1370），朝廷下诏全国郡县俱兴建县学。番禺县知县吴中（亦有史志记作吴忠）、训导李昕于是在番禺县衙东侧，今农讲所地兴建番禺学宫，亦为祭祀孔子的文庙。此后，番禺县学陆续增建。

弘治十五年（1502），对学宫进行撤旧换新。据清康熙十二年（1673）汪永瑞《广州府志》所载，当时的番禺县学坐北朝南，建筑布局大致是这样的：北端为聚奎亭，中为明伦堂。堂的东面为日新斋，西面为时习斋。堂的前面为大成殿，两侧为东西两庑。大成殿前为戟门，门南为泮池，泮池上建石桥。桥南为棂星门，即县学大门。射圃在聚奎亭的南面。教谕宅在明伦堂的东面。训导宅有二间，一间在射圃亭的东北，一间在时习堂的西南。号舍则列于明伦堂的后面。

番禺县学的主体建筑布局基本与南海县学相同。

明嘉靖年间的番禺县学地域，据明嘉靖三十三年（1554）《重修番禺县儒学记》所载，乃西抵番禺县衙（今广州图书馆东侧地），南抵布政司前街（今中山路），北抵金家园（金家园地今已难确考，约当今广州图书馆北界一带），东至今芳草街。但东界部分地域被民居所侵占，《重修番禺县儒学记》称："惟东偏芳草街为廛民所割，与诸生斋舍牙错而居。"① 万历三十三年（1605）八月开始修葺番禺学宫。翌年（1606）七月竣工。主要是重建了尊经阁和收复了原学宫地。

明亡入清。清初清军陷城，两藩王霸占了老城驻兵，县学遭受严重毁损，"明堂泮水，鞠为茂草""岿殿杰阁，沦于荒草蒙茸间"②。

清初顺治十五年（1658）重修县学，自南门棂星门起，仪门、两庑、甬道、阶墀、先师殿、明伦堂、启圣宫等殿庑门阶、堂祠斋舍均予修葺，同时环筑围墙。工程繁巨。翌年（1659）竣工。乾隆十二年（1747），对番禺学宫又进行了一次大规模修葺，历时七年（1747—

---

① 〔明〕佚名：《重修番禺县儒学记》，见《番禺县志·卷三十一金石略四》（清同治）。

② 《重修番禺县文庙碑记》（清顺治十六年）。

1753），学宫四周建了墙垣，重建了中路建筑，终于修成今天所见的格局。为一组红墙黄琉璃瓦古建筑群，"论其规模，则较昔日倍加宏敞；论其构造，则较昔日倍加周密；论其工料，则较昔日倍加坚牢。"① 全宫坐北朝南，广三路，深五进，规模宏大。

清乾隆五十七年（1792），再次大修番禺县学。据乾隆五十八年（1793）《重建番禺县学宫纪略》载，当时番禺学宫的范围："东角自南边官街起直至北角，长六十丈二尺；西角自南边官街起直至北角，长五十九丈八尺；南至东角起至西角，阔二十丈零六尺；北自东角起至西角，阔一十八丈零三尺。四至俱有界石。"②

道光十八年（1838），再次重修学宫并大规模扩建。扩建后的学宫大门是花岗石雕琢的棂星门，正面中路主要有照壁（在惠爱大街即今中山四路南侧，即棂星门与照壁之间是惠爱大街）、棂星门、泮池，池上建石拱桥、大成门、大成殿、崇圣殿和尊经阁；左路有土地祠、科庠、儒学署、明伦堂、光霁堂（以旧光霁楼改建）、八桂儒林、园、廊、名宦祠；右路有节孝祠、训导署、忠义孝悌祠、射圃、乡贤祠、廊等。各种殿堂组成红墙、黄琉璃瓦、古朴庄重的古建筑群。为广州古代坛庙建筑的代表作之一。

清同治十年（1871）成书的《番禺县志》所附《番禺学宫图》，中路建筑基本上如上述，但尊经阁以北有"后山"（土墩），为当年树木葱郁之地。尊经阁就建在山南面。中轴线左路（东路）自南往北依次是：土地祠、科庠、儒学署、明伦堂、光霁堂（堂后是花园）、名宦祠。八桂儒林是在明伦堂西侧。中轴线右路（西路）自南往北依次是：节孝祠（祠西侧即为民居屋铺）、训导署（隔西墙外西侧为花园）、忠

---

① ［清］卫廷璞：《重修番禺县学碑记》，见《番禺县续志·卷三十六金石志四》（清宣统）。

② 《重建番禺县学宫纪略》，见《番禺县续志·卷三十七金石志五》（清宣统）。

清末民初时期的番禺学宫

义孝弟祠、射圃、乡贤祠。

清末提倡新学。光绪二十八年（1902），清政府诏令停办书院。光绪三十年（1904），番禺公立中学堂创办于番禺学宫，并设有师范科。光绪三十一年（1905）九月，清政府令废除科举考试制度。番禺学宫的历史使命结束。光绪三十二年（1906）八月，番禺中学堂（番禺师范传习所）在番禺学宫明伦堂举办。民国时扩建马路，拆掉了番禺学宫大门前的照壁。20世纪20年代军阀混战时期，滇桂联军盘踞广州，番禺学宫成为一个驻兵场所。为建造营房，拆祠毁殿，甚至将神牌当柴火，学宫内满目疮痍。

1926年5月至9月，中国国民党在番禺学宫举办第六届农民运动讲习所（简称"农讲所"），毛泽东任所长。大成门的左右两侧分别隔成教育部、值星室、庶务部。东耳房是所长毛泽东的办公室兼卧室，西耳房是图书室。大成殿是课堂，崇圣殿正间为膳堂，东间为军事训练部，前院的两庑和后院的两廊均是学员宿舍。

粤桂混战期间，番禺学宫又沦为伤兵的后方医院，再度遭到破坏。陈济棠治粤期间（1929—1936），提倡读经，恢复祭孔，番禺学宫收归番禺县管理，得到整饬。在正面开设了番禺县银行，东邻芳草街的东巷则借给中山大学作为预科学生宿舍。1932年10月，番禺县府迁市桥，行署则设在原县府东邻的番禺学宫。1936年发生两广事变，7月，陈济棠出走香港。番禺学宫又渐荒废。

1938年10月，广州沦陷。1942年3月1日，汪精卫伪政权利用原广州市立博物院留存的部分文物在番禺学宫设立"广州市立图书博物馆"。抗日战争胜利后，1946年3月1日，镇海楼修葺完毕，"广州市立图书博物馆"易名为"广州市立博物馆"，从番禺学宫迁回镇海楼。

民国时期番禺学宫大成殿

1953年，周恩来题书"毛泽东同志主办农民运动讲习所旧址"门匾。是年进行了大规模修缮复原，翌年竣工。当时，大部分建筑木柱几乎被蛀空；有些建筑物倾斜，濒于塌圮。因而将木柱卸下，清除白蚁，灌注钢筋混凝土，然后重新安装。此外，所有建筑还采取了混凝土补强措施，基本恢复了建筑原貌。

1956年正式定名为"毛泽东同志主办农民运动讲习所旧址纪念馆"（又称广州农民运动讲习所旧址纪念馆）。1957年8月1日正式开放。1961年3月4日国务院公布为全国重点文物保护单位。馆址占地约20000平方米。

现在番禺学宫（农讲所纪念馆）有两个门，挂了两块牌子。正门上写"农民运动讲习所"，东侧一道小门上方写"番禺学宫"四字。广州市民很熟悉农讲所，该处地铁站便称"农讲所站"，对于番禺学宫，知者反而不多。但正是由于这里曾是毛泽东主办的农讲所，才使得它历经风云变幻，尤其是"文革"初期的破"四旧"风暴而不被摧毁，得以幸存。

现存番禺学宫中轴线上的建筑，自南往北依次为：棂星门、泮池、拱桥、大成门、大成殿、崇圣殿。中轴线两侧为东西廊庑。建筑之间的甬路均以花岗岩条石铺地。原有两株高大木棉树屹立在棂星门前，枝干苍劲。现已不存。大成门后是一个幽静的大院，草木葱郁。东西两侧有厢房，称"两庑"，即东庑与西庑。旧时用于祭奠孔子的弟子和历代名儒。抬头望，前面是宏伟壮观的大成殿，是学宫中最雄伟的主体建筑。为奉祀孔子的主殿，建在1米多高的石台基上，四周绕以石栏杆。

大成殿北侧以庭院与崇圣殿相接。庭院东西两侧为厢房，厢房均为面阔五间，深一间，硬山顶。庭院里长着几棵古老的参天大树：一棵175年树龄的木棉，一棵155年的龙眼，都枝干虬劲、叶茂根深。

中轴线建筑两侧原为东、西斋。东斋（东路）主要建筑有儒学署、明伦堂、光霁堂、名宦祠等；封建时代新入学的生员拜祭完孔子，都要到明伦堂来拜见老师，以后就在此上课。堂前立有"文武官员至此下马"的石碑（下马碑）。现东斋建筑存头门、八桂儒林门、明伦堂和光霁堂。儒学署与土地祠均已毁不存。西斋（西路）主要建筑原有节悌祠、训导署、忠义孝悌祠、乡贤祠等。可惜均已不存。故址现为原广州图书馆（建于1969年）大楼前10000多平方米的广场的东边地。

古代广州官学主要有三家：广州府学宫、南海县学宫、番禺县学宫，前两家已灰飞烟灭，不可能复建；番禺县学宫可谓"硕果仅存"，至今仍大致保存完好，既有历史意义，更具游览价值，人们从中可欣赏到明、清古建筑艺术，看看古代学宫的模样。

明清两代，番禺学宫大树苍翠，林木交荫，花草繁茂，鸟音啁啾。当年宫外四周低矮的房屋成片，远望学宫，如一片绿洲。宫内殿堂、馆舍、廊桥、厢房在浓荫下井然分布，疏朗自然。静穆的庭院，使人心境宁静，构成一处著名的学院园林。

六百余年的岁月，历经磨难，直到今天，番禺学宫仍可让现代人感受到古代学院园林的气息。

## 第三节 明代书院

### 粤洲草堂·粤洲书院

粤洲草堂是明代中期广州城北一座书院式的园林别业，位于当年越秀山南麓，今小北路南段西侧、大石街北侧一带。明代时，此处的地理环境跟现在是大不相同的。今大石街以北应元路一带当年并没有路，全是山麓之地（现在已夷平，已看不出曾是山坡地了），"陂陀迤逦，维秀之秀"①，是一片绵延起伏的岗丘。粤洲草堂所在处便是一大片树木葱茏、山青水秀之地，它的主人是明代中期广州大学者黄畿、黄佐父子。

黄畿结庐于此，得先从其父黄瑜说起。黄瑜是明代广州府香山（今中山）人，明景泰丙子（1456）举人，曾当过惠州长乐知县、四会知县、雷州知府，史载他"惠泽及民"，有政声。后来弃官归里，便徙居于州城越秀山南麓，在居所种下了槐树两棵，并筑亭"吟啸其中"，自称"双槐老人"，后来他的著作结集，便名《双槐岁钞》（十卷）。

黄畿继承父志，亦隐居越秀山下。明成化二十一年（1485），他在山麓建造了一座房子，挂匾题"草堂"二字，做自己读书之所，这便是粤洲草堂之始创。后来此地修建了明道书院，祭祀宋代大理学家程颐、程颢兄弟；草堂地被并入书院中，后致荒废。

嘉靖七年（1528），明道书院中所供奉的诸位先贤被合祀于周元公祠（此祠当时亦在越秀山麓，原供奉宋代文豪周敦颐），书院因而废置。当时黄畿的儿子黄佐（1490—1566）已是声名显赫的大学者，又曾任南京国子监祭酒等官职，时因母病而弃官家居，远近士子不少都来

---

① 〔明〕汪恩：《粤洲草堂记》，见黄佐：《广东通志》（明嘉靖四十年）。

黄佐

向他求学（如后来称誉岭南的大诗人欧大任、梁有誉、黎民表、李时行等都是他的门生）。他认为该地是自己先祖的遗迹，于是把整块地皮买下来，随后修建了五间草堂（这不过是名称，而非真的用茅草建成，否则如何耐得了百年风雨），均坐北向南。这就是一时名震广州士林的粤洲草堂。其"称'粤洲'者，负山而瞰海故也"①。意思是这列草堂北面背倚越秀山，南面可以远眺珠江。②

黄佐在该地大兴土木，搞园林建设。那时北面的白云山泉甘溪（发源于白云山东麓）日夜南流，经滴水岩（今"天南第一峰"牌坊所在处下方）、濂泉、上下塘而至越秀山东麓，然后在小北门城内处分两支流南下，东支原经今小北路、仓边路注入珠江，明成化三年（1467）被人工改道，在小北门外即改注入于东濠；西支则正好流经粤洲草堂所

---

① 〔明〕汪思：《粤洲草堂记》，见黄佐：《广东通志》（明嘉靖四十年）。

② 古人称流经广州城南面的这段珠江为"小海"。明代时的珠江比现在阔三倍以上，达六七百米。但"瞰海"的记述仍可能有误，因为尽管当年广州城中的房屋十分低矮，但广州城的南城墙就建在珠江边，城墙高2.8丈（约9米），上宽2丈（约6米至7米）；除非有足够的高度，否则在城北的越秀山脚是看不到珠水的。如果所记无误的话，那这五间草堂就是并排建在一处很高的山坡上了。

黄佐著作书影

在山麓，而经今吉祥路、教育路注入珠江。黄佐利用这"白云之水所注"①的优越条件，在草堂前方修建了环碧塘；既名"环碧"，自然是绿草如茵，岸栽杨柳。又上建蕊渊桥，小巧玲珑。另建莲池、荔塘、竹崦。莲池上荷花盛放，碧叶扶持；嘉靖二十九年（1550）进士梁有誉《粤洲池亭泛舟》诗咏："荡漾金塘霁色明，蓼花风起木兰轻……就中更有悠然思，满壑寒林作水声。"②可见景色甚美。

荔塘上栽种荔枝树成片，树丛中构筑一石亭，名"涵一亭"。循竹崦而入，则建有泰泉精舍（泰泉是黄佐的号，精舍即书斋）。相传是广东巡抚陈大用在草堂前的空地上修建的。精舍左侧建"希斋"，右侧建"拙窝"。来求学的士子，则居于潄芳馆。后来草堂前还有白云池，在清代时湮没了。

草堂的后面有清虚洞，洞之上建世佑祠，祀黄畿、黄瑜。祠的上方是大片松林，有山冈名飞鞚丘，左侧山冈高耸而陡，建有一台，名玄览台，因黄佐的先人在此赋《玄览》而得名。其右侧，建有巢云轩，隐蔽于松林竹丛之中。又右侧，有玩梅亭，得名于黄佐先人的诗句。山冈

---

① 〔清〕屈大均：《广东新语·卷四·水语》。

② 〔清〕梁有誉：《梁比部集》，见《盛明百家诗》，明嘉靖隆庆间刊本。

下有轩辕谷、采真径、潜虬井；冈之右侧，有桃源坞、放鹤冈、游鹿坪诸胜景。

占地广阔，依山临溪，建池修桥，沿山麓而上，亭台楼阁隐现于茂林修竹之中，幽静雅致中弥漫着三代书香之气（黄家被誉为"三世名儒"）。这真是一片多么美妙的私家学院园林！黄佐继而"缭以周垣"（修建围墙），在面南的正门上题了一匾，上书：粤洲书院。

当年距书院不远处有一座叫士子又恼又喜的建筑——明代广东贡院（详上文）。贡院是科举考试的场所，当年读书人欲求功名、出人头地的地方。黄佐的粤洲草堂与贡院为邻，都是为当年的读书人指"光明出路"的，二者可谓相得益彰。

粤洲书院成了当年广州城内的一个文化中心。不少士子来向黄佐求学，期望着在贡院里名成利就。嘉靖十二年（1533），巡按（代皇帝监察地方的高官）周煦在粤洲草堂的南面特意为黄畿、黄佐父子建造了一座"逸士坊"，位置就在贡院的右边。这牌坊在清代中期前已毁圮。

黄佐在嘉靖四十五年（1566）病逝，遗下著述甚丰，其中包括《广东通志》《广州府志》等史志二百余卷，为广东重要文献。黄佐身后，粤洲草堂便渐渐没了名声，终至湮没无闻。世佑祠在清中期时尚存，那可能是粤洲草堂的唯一遗物了，后亦毁圮，再不见记载；而曾幽静雅致的一代学院园林当时已不存。

### 天山草堂·天山书院

天山草堂是明代尚书何维柏隐居广州河南小港时的居室，亦是其讲学之所。遗址在今河南小港云桂大街小学一带，即云桂桥西北小港市场附近。所谓"天山"，乃取意"天崇高而莫及，山重厚而不迁，自天而下，惟山特立于中"，"端平凝重，肃然使人不敢犯"。标榜的是一种顶天立地的崇高人格。

何维柏，字乔仲，号古林，谥端恪，原籍南海，寄籍三水。明嘉靖十四年（1535）进士。嘉靖二十三年（1544）任福建巡抚，时值饥荒，

## 第五章 学院园林

提出十余条救灾办法,开仓济民,救活灾民数十万。次年(1545),因上书弹劾严嵩,被逮下狱,几乎丧命。后被削职回籍。乃隐居广州河南小港,号其居室为"天山草堂",并聚众讲学。这是有文字记载的广州河南地区的第一所学堂,开创了今海珠区办学之先河。

不久,何维柏在天山草堂附近辟建"天山书院",故址约在今云桂桥南侧昌岗东路东端一带,也是聚徒讲学,并供学生住宿。门生甚众,清道光·颜嵩年《越台杂记》载为"率门下士千余人"①,名声闻于遐迩。

清末重修天山草堂的梁鼎芬

现在这一带,高楼林立,车水马龙,热闹得很,当年却是非常清幽的乡野之地。水清云淡,浓荫处处。有池塘,有竹坞(坞:四面高中间凹下的地方),塘柳在风中轻轻摇拂,黄鹂在丛林中鸣唱。竹叶影侵,柳梢柔飔。虽在酷暑,仍十分清凉。庞嵩《天山草堂避暑》咏:"六月炎荒疑冻雪,天山池馆枕幽城。"② 天山书院隐于这绿树丛中,成一处书院园林胜地。

当年云桂涌(今为海珠涌的一段,当年此地称云桂乡,故称云桂涌)上原建有一座木桥,为人们往来天山草堂与天山书院的必经之地,

---

① 〔清〕颜嵩年:《越台杂记》,见《清代广东笔记五种》,广东人民出版社2006年版。

② 〔明〕庞嵩:《天山草堂避暑》,见黄任恒:《番禺河南小志·卷二·古迹》,海珠区人民政府1989年编印。

何维柏修建云桂桥,造福乡里。桥于清末重修,现在晓港公园东部。天山书院距桥不远

也是乡民南北往来之通衢;但桥小而危殆,何维柏"愍小民跋涉之艰",捐资改建为石桥。

桥约建于明嘉靖二十四年(1545),或称建于嘉靖年间(1522—1567),时称小港桥。村民为纪念何维柏兴学振乡之功,特于桥头修石坊一座,额书"云桂发祥",于是此桥又名云桂桥。所谓"云桂",就是"学而优则仕"的意思(科举时代,进士及第为"折桂",只有"折桂"才能踏上"云路",即仕途)。此石坊在清同治年间犹在,后毁圮无存。今小巷附近有云桂村、云桂大街、云桂园诸地名,皆源于此。

云桂桥又名尚书桥(因何维柏曾任礼部尚书),附近是石马岗,岗上草木繁茂。在明清时代,云桂桥是通道要津,连通云桂涌两岸乡村,所谓"(河南)三十三乡虽隔珠江,犹附郭也。瓜蔬、果蓏、香花、茗芽之属,荷担而市于广州者,络绎不绝,而皆于小港之桥"。①

桥现存河南晓港公园东部,不过并非原桥,而是清末宣统三年(1911)河南士绅集资重建的。当年桥周一带是古木丛林,直到当代改革开放前仍是如此,今已整治为一片清丽的草地。

何维柏在故里讲学22年,明隆庆元年(1567)复官。万历五年(1577),因忤权相张居正,被外放陪都南京礼部尚书闲职。何维柏在上任途中辞官归里,复在天山书院讲学。后有《广州竹枝词》誉之"草堂讲学榜天山,气慑权奸起懦顽"②。

---

① 〔清〕吴兴祚:《修建小港桥是岸庵碑记》(康熙二十九年)。
② 《中华竹枝词·广东广西海南》,北京古籍出版社1997年版。

天山书院后毁圮不存。何维柏去世后，广州人曾立牌坊于大市街（今惠福路）纪念他，额表"名世儒宗"。天山草堂被改为尚书祠，祀何维柏。清康熙年间，释上达改建为是岸庵，成了间佛庙。一处书院园林从此成了一处寺观园林。

## 第四节　清代书院

**双洲书院**

双洲书院在河南瑶溪村涤砚池岸平坦之地。瑶溪村又称瑶头，在今昌岗中路北侧海珠涌一带。那里有间天后庙，双洲书院在其东侧，始建年份不详。年久失修，倾圮日甚。清嘉庆二十年（1815），河南各乡绅士重建。为清代时四周十三村童冠会文之所。书院有池塘一口，广不及三亩，虽无浩渺之观感，然而一泓碧水，衬以四周冈峦起伏，别是一番风光。此地林木森森，远离市井之声；绝尘滤俗，诚然人间仙境一般。

书院所在地，为合流津环绕，中通一水道，故名"双洲"，这便是书院得名的由来。水道东流，入鸭墩水（今海珠涌一段），西流则出凤凰冈，下流纤曲萦回，约十里水路。溪地遍栽桃、梅、水松等，林木繁茂，溪水清澈，"颇擅溪山园林之胜"。

双洲书院所在为瑶溪二十四景之一，景名"双洲书声"，可以想见当年此地风景甚佳。清光绪文士潘飞声的描述甚是动人："珠江之南，河曲（今小港桥下海珠涌拐弯处）而西，水松夹岸十余里。松尽得村，曰'瑶溪'。溪又多桃花，时红霞照天，与松翠荡为云彩，上下异色，最称烟波胜赏。"①

---

① 〔清〕潘飞声：《老剑文稿·桃花溪例集图序》。

道光二十七年（1847）五月，英国人"到河南洲头咀地方丈量，插旗志界"①，意图强行租地。5月17日，河南乡民数千人集合于双洲书院，商议制止英人租地的对策，这大概是在双洲书院发生过的一件最轰动的事。后来英人不得不放弃图谋。②

双洲书院在民国时已废不存。

### 学海堂

广州私学在明代后期发展较快，著名书院有濂溪、泰泉、白沙、粤洲、云淙等二十多所。明末，当局压制私人办学，广州书院禁毁颇多。以后一百多年间书院教育式微。清道光时期（1821—1850），广州书院始渐重获发展，数量达二十余所，学海堂是其中著名高等学府。创办者为当时的两广总督阮元。

两广总督阮元，广州学海堂的创办者

阮元，字伯元，号芸台，江苏仪征人。乾隆进士。官湖广、两广、云贵总督，体仁阁大学士。清代著名学者，在经学、史学、金石学、书画乃至天文历算方面，都有相当的造诣，著述甚丰。

阮元重视文化建设，选址粤秀山建学海堂，认为粤秀山麓"乔木繁翳，木棉参天"，是"百年古麓"，可以"置堂于密林之中"。阮元亲自谋划，学堂

---

① 〔清〕佚名：《河南乡绅呈大宪禀》，见无名氏：《粤东见闻》（下）。

② 〔清〕梁廷枏：《夷氛闻记》详载此事。

北倚越秀山，南面珠江，铲去杂树乱草，培植大树，以求"高下自然，曲折有意"。① 于道光四年（1824）九月正式兴建。是年冬天，学海堂建成，阮元亲书匾额楹帖，刻挂于堂上。阮元的继室孔璐华撰《广东节署新建学海堂》诗，盛赞学海堂好景色好风光："略加修筑有堂台，海阔天空眼乍开。夏木千章梅百树，登临遥望兴悠哉。紫澜翠岛摇清目，雨过风生凉满竹。四面窗纱日影微，云树相连满天绿。"诗末称："吾家尼山虽最高，无此海天好山水。"②

堂址占地颇广。在今吉祥路以西、应元路以北，今越秀山孙中山纪念碑正南面百步梯地一带（这百步梯很可能就是学海堂内之梯级遗制）。今广州市第二中学西界大约为当年学海堂东界，即学海堂故址在今市二中西侧。中间隔着一座龙王庙。学海堂之西界约至今连新路（清代粤秀街）以北，与西侧之三元宫相邻。③ 这是把文澜阁亦算作学海堂的一部分。若将文澜阁作为一座独立建筑，那学海堂之西界就在堂门（门朝西）对出的与文澜阁分隔的石径。此石径现在已经没有了，当年的石径口约在今中山纪念堂西北部地以北之应元路。

据学海堂首任学长林伯桐所撰《学海堂志》④ 的记述并参考其他文献，当年学海堂的情形大致是这样的：

学海堂建于越秀山南坡，坐北朝南，四周筑起围墙。学堂外，群峰环绕；学堂内，树木繁茂，广栽竹林，梅花夹道，石径盘绕，树荫草色间以石为几席，其布局格调颇见山林自然野趣。盛夏之时仍十分清凉。

---

① 〔清〕林伯桐：《学海堂志》，清道光十八年（1838）刊本。
② 〔清〕孔璐华：《广东节署新建学海堂》，见徐世昌：《晚晴簃诗汇》卷一百八十六。
③ 见1900年《粤东省城图》与1918年《广州市图》标示。
④ 〔清〕林伯桐：《学海堂志》，清道光十八年（1838）刊本。

学海堂之北，建有启秀山房，夏修恕题一联："实事求是，空谷传声。"启秀山房东面最高处，筑至山亭。吴兰修等人在此种梅。道光十六年（1836），两广总督邓廷桢集《峄山碑》字为亭题联："绎史诵经，思在古昔；登高极远，显于今时。"《学海堂志》更称"山颠与亭相接"（这是学长说自己主持的学堂，可能有些夸张，但不会离谱），山顶又建有玉山亭。徐良琛有《登学海堂玉山亭》诗形容为"一角中天凿翠开""也如尘世往蓬莱"。① 另据《学海堂全图说》，称学海堂"堂后垣外稍东即越王台故址"（越王台约在今中山纪念碑所在山岗），那么，学海堂之北界当在今中山纪念碑南面山腰，即在越秀山半山以上，必高于今天的"孙中山读书治事处碑"处。

学海堂东与龙王庙相邻，西与文澜阁相邻。学海堂门朝西，文澜阁门朝东，两门相对，中间是一石径，往南下行即下山，山口达通衢，当时称莲塘北街，民国时扩建为今应元路。往北上行即登山，可达今孙中山纪念碑所在山岗。

结合清代地图来考察，今广州市第二中学并未包括当年的学海堂地，而只是包括清代龙王庙、菊坡精舍及应元书院的地域。

学海堂堂内建筑可分为主体建筑和附属建筑。主体建筑是道光四年（1824）所建的学海堂山堂，居于整座学府的中部，故址可能就在今百步梯东侧的"孙中山读书治事处"一带，为考课集会之所。三楹九架，上挂阮元亲笔题写的"学海堂"匾额。

山堂四周筑墙垣，东西南三面，深廊环绕，环境幽雅。站堂前远眺，广州府城尽收眼底，再远是如玉带般东西横列的珠江，风光无限。清道光四年（1824）阮元撰《学海堂集序》这样形容："珠江狮海，云涛飞泛于其前；三城万井，烟霭开阖于其下。茂林暑昃，先来天际之

---

① 〔清〕徐良琛：《登学海堂玉山亭》，见杨资元、黎元江主编：《英雄花照越王台·甲编诗词·清诗词》，广州出版社1996年版。

凉；高栏夕风，已生海上之月。"① 附属建筑有启秀山房、至山亭、离经辨志斋。

学海堂树木多木棉、松柏、梅竹、古榕，浓荫蔽天，郁郁葱葱，所谓"林峦幽胜处"。堂内四周有书房、走廊、曲径，并栽植各种花草。成一处占地广阔，风景优美，环境清幽的学院园林，不仅是培育人才之学府，也是士大夫们游息之名区。"儒林之古境也"。② 每年春节、花朝上巳、中秋、重阳等节日，学海堂举办"雅集"活动。邀请社会名流、文人、学者参加，撰文吟诗，互相唱和，盛极一时。

民国时期越秀山百步梯。
可能是学海堂内之梯级遗制

学海堂既是著名学府，被誉为"儒肆之津梁，学庭之渊薮"；又是清代广州地方官署刊印书籍的著名机构，刻印《皇清经解》（又名《学海堂经解》）188种及大批广东文献典籍，共计书籍3334卷，1254册，规模宏大，影响深远，为岭南文化的振兴和光大积累了丰厚的财富，奠定了坚实的基础。广州具近代意义的出版机构，即始自学海堂。

第二次鸦片战争时期，英法联军攻打广州城，在学海堂东侧的龙王庙被炮火摧毁，学海堂虽未毁圮，亦遭损坏，并为英法联军占据。战后，同治元年（1862），修葺学海堂。约至同治七年（1868）完成修

---

① 〔清〕阮元：《学海堂集序》，见《番禺县续志·卷三十八·金石志六》，石刻原嵌在学海堂西壁。

② 〔清〕阮元：《学海堂集序》，见《番禺县续志·卷三十八·金石志六》，石刻原嵌在学海堂西壁。

复。"梅花夹道，修竹绕廊，顿还旧观。"① 又有此君亭，"石径逶迤，竹色净绿，为山中最幽胜"。②

经过这一系列的修葺，在战乱中一度停办的学海堂重新开办，扩大招生。

光绪十四年（1888），总督张之洞在学海堂院太傅祠（原启秀山房）东偏建启秀楼，拓其规模，与应元宫的三君祠东西相对，中隔一登山石径，张之洞并题额。启秀楼所在，景色甚佳。光绪二十一年（1895）进士傅维森《重修学海堂记》描述之："推窗远眺，红叶在树。凭栏俯瞰，寒梅欲花。地势迥而天低，山气肃而月冷。澄清之阁，近与相映，文酒之会，于此大张……"启秀楼在民国前期尚存，1918年《广州市图》仍有标示。后毁圮不存。

学海堂从1824年创建至1897年最后一次招生，历经七十余年，培养出众多著名学者和惊世人才，在中国书院发展史上占有重要的地位。清末，提倡新学，废科举。光绪二十八年（1902），学海堂停办，改为阮太傅祠。祠中供阮元像以祀。光绪三十二年（1906），广州划分为四个区，开办半夜师范讲习所，供在职小学教师进修业务。北区讲习所设在学海堂。

1913年，龙济光率军驻广州，后在原学海堂所在山岗上建振武楼。阮太傅祠被毁。据梁启超《阮芸台先生画像》一文的记述，在1915年前，学海堂已毁，"鞠为茂草"，当时梁想找阮太傅祠都找不到，即连基址也没有留下来。学海堂彻底湮没，但其所在的那大片园林并没有湮没，只是从学院园林回复到自然园林了。

---

① 〔清〕郑梦玉、梁绍献：《南海续志》，见广东省地方史志办公室：《广东历代方志集成》，岭南美术出版社2007年版。

② 《番禺县志·卷四十·古迹志一·城址署宅园林诗文词画址附》，邓光礼、贾永康点注，广东人民出版社1998年版。

第五章　学院园林

## 菊坡精舍

菊坡精舍为清代广州高等学府。故址在越秀山南麓，属应元宫南部地。东邻应元书院，西邻龙王庙与学海堂。今属广州市第二中学地。

清同治五年（1866），两广盐运使方溶颐将位于应元宫西南侧，在第二次鸦片战争中遭英法联军毁损而废祀的长春仙馆重新修整，奏请广东巡抚蒋益澧将之改建为菊坡精舍。同治六年（1867）秋建成（一说1868年建成）。为官办省级书院，由当时官僚、名流捐款做基金，给学员补贴伙食。"菊坡"是南宋名相、粤人崔与之的字，相传崔与之曾在此地讲学，取此名即为纪念这位名人。

菊坡精舍所在的越秀山南麓，为府城北郊地，林木森森，一派郊野风光，"榕棉深锁"，菊坡精舍建此，此地便成为一处幽雅宁静的学院园林。书院朝南，当年书院门外不是今天的平地马路，而是个大鱼塘，

晚清著名学者陈澧，菊坡精舍掌教　　《菊坡精舍集》书影

称"将军大鱼塘"。所谓"菊坡敞精舍,数武临清漪"。塘中种莲藕、清菱等水生植物,鱼鳖众多且甚肥美,为书院师生和州城民众畅玩观赏之区。"城北十亩开精庐,野塘石磴相萦纡。"①

当时越秀山上建有亭台楼阁多处,倒影塘中,塘水涟漪,微波荡漾,登菊坡精舍南望,可见"烟波浩淼,藻荇交横",别是一番风景。清道光《白云越秀二山合志》称为:"城中池塘,此为胜概。"实在是一处幽林胜境。菊坡精舍东面有台称瑶台,"最高爽,登台四眺,全城在目"。张之洞任两广总督时,"重加修葺,焕然一新"。

菊坡精舍办了36年,栽培人才不少,在晚清的政局上颇具影响的文廷式、梁鼎芬、于式枚都出自菊坡精舍。梁启超亦曾是菊坡精舍的院外生。而最能体现菊坡精舍学术地位的,是"东塾学派"(学者称陈澧为东塾先生)的建立。东塾学派提升了广东学术界的整体地位和知名度,将清代后期广东学术水准推至巅峰。张之洞创办两湖书院、经心书院,所聘请的山长教习多有东塾学派中人,东塾学派因而流衍中原,影响扩大到全国。

光绪二十八年(1902),清政府颁发了《钦定学堂章程》,全国停办书院,改建学堂。是年菊坡精舍停办,改为陈先生祠。光绪三十四年(1908),粤督张人骏遵照部章,将菊坡精舍与相邻的应元书院合并,设立广东存古学堂。存古学堂办了三年,到辛亥革命时结束,其办理过程及课目等不详述。

1912年民国建立。1921年,执信学校建于广东存古学堂故址,后迁建东山竹丝岗。1928年秋,私立女子体育学校将原菊坡精舍部分旧址建为新校舍,校舍扩充至应元路与莲塘路,成为广州一间规模较大的学校。1928年8月,广州市第一中学创办于一德路石室(圣心堂)附近。1929年,迁至菊坡精舍一带续办。

---

① 〔清〕陶邵学:《菊坡精舍探梅致跂惠》,见徐世昌:《晚晴簃诗汇》卷一百八十二。

1938年广州遭日机轰炸,学校迁西华路太保直街。广州沦陷后,广东存古学堂遗址被夷为平地,荡然无存。日军侵占广州期间,市立第一、第二中学停办。抗日战争胜利后,两校复办,因市立第一中学(位于黄沙大道)复办在先,原市立第一中学遂改名为市立第二中学,1947年复办于菊坡精舍故址一带,后改为广州市第二中学。此地至今仍是一派园林景观。

**应元书院**

应元书院为清代广州四大书院之一、广州当时之最高学府。建于应元宫南部地,莲塘北约(今应元路东段,当时此街四周多池沼园圃)之北侧,南面俯瞰将军大鱼塘。今天中山纪念堂东侧的吉祥路是清代时的莲塘街,1920年扩建成马路,为今吉祥路之北段——今东风路至应元路段。莲塘街北端往北面正对的是菊坡精舍,应元书院在其东侧,两者相邻,以围墙相隔。① 今属广州市第二中学地,今存之应元宫道西侧一带即其故址。

同治七年(1868)冬天,王凯泰赴广州任广东布政使,当时学海堂正兴,菊坡精舍新建,王凯泰自然不遑多让。当时,省级的粤秀书院、越华书院与府级的羊城书院并称"广东三大书院",教学目的主要是为科举应试。为避免与这三大书院重复,王凯泰遂想设立一个专门供举人肄业的书院。清同治八年(1869),王凯泰捐俸筹款,葺应元宫之雷祖殿创建应元书院,于是年九月建成,同时把雷祖殿的雷祖迁到后殿供奉。

当年粤秀、越华、羊城、禺山、西湖五大书院亦是省级官办,须是秀才方能入读,培养目标是参加乡试考举人。应元书院则比之高一个层次,只有举人才能入读(即使是监院、绅董,亦要考取得举人资格方可

---

① 见《重浚广东省城六脉渠碑》(清同治)、戴肇辰、史澄、李光廷:《广州府志·省城图》(清光绪五年)。

选用),"为翰林院储才",目标是中"状元"、进士。书院名"应元",一是由于书院所在乃应元宫之地,二就是勉励学生考中会元(会试第一名)、状元(殿试第一名)之意。可以说,这是旧制书院发展的顶峰。

应元书院依山而建,坐北朝南,大门南对将军大鱼塘(现在成了应元路的一段),延袤数亩之广,种莲,荷叶片片。过大门,拾数十级石阶而上,含"学有渐进"之义。至一大堂,大堂门有三楹:匾额是"正谊明道"四字;楹联两副,其中一副是王凯泰所题:"筑室兆嘉名,看九转成丹早登绝顶;论文依胜地,愿百川学海共溯传心。"点明应元书院的主旨所在,又称赞了恩师阮元建立学海堂功劳,暗有相提并列之意。

大堂的东偏侧是董事所;董事所的东偏侧是监院;监院之东有十三本梅花书屋,乃同治九年(1870)加建,为三楹房屋,用墙围起来,种上十三株梅花。过了"正谊明道"堂再拾级而上,便来到书院的主课堂,称"乐育堂",由原应元宫雷祖殿改建,处于书院的中心位置。

今入广州市第二中学正门,往上走为宽大的数十梯级,应是当年应元书院自大门至乐育堂之梯级遗制。乐育堂当中设师座,两旁设长案数十,是为讲学之用,故又称"讲堂"。院长讲学、官师考课都在此进行。乐育堂的西侧是红杏山房,乐育堂的东面有仰山轩,王凯泰撰联:"岳峙层霄,海内斯文尊北斗;雷鸣昨夜,天公有意属南州。"乃期望应元书院的生徒能在会试中夺取榜魁。仰山轩东侧建有一座奎文阁,崇祀文昌帝。

梁耀枢状元及第匾

应元书院所在地,冈峦起伏,林木青苍,花草争荣,拥红积翠,木棉花、凤凰木、棕榈等争奇斗艳,竞相怒放。书院的楼堂、馆舍、亭台,点缀其中,分外雅致,是一处幽雅的学院园林。

同治十年(1871),即书院开办后才两年,在此深造的梁耀枢(字斗南)果然高中状元,应元书院顿时名声大噪。

应元书院西邻菊坡精舍,再往西不半里即学海堂。这三间书院都是清代后期广州的著名书院,可以说是广东书院发展的顶峰。学海堂开创了广东书院讲求实学的先风,菊坡精舍紧随其后,摒除了清前期广东书院只为追求科举功名的风气,为广东培养了大量的学术名家及晚清政坛风云一时的政治家;应元书院是专录举人学习的"研究生"书院,主旨仍是考取功名,但其目标已经是培养状元和进士,因而同样具备自己的特色。三间书院都开办得富有成效,成为广东学术研究和科举教育之重心。

光绪二十八年(1902),清政府颁发了《钦定学堂章程》,正式开始学制改革。同年,应元书院停办,改为广东先贤祠,祀奉已故各书院、学堂的山长、学长。光绪三十四年(1908),应元书院与在其西侧的菊坡精舍合并为广东存古学堂,至辛亥革命时停办。

1921年6月,私立执信中学创办于应元书院旧址,1922年6月叶举军围攻总统府(今中山纪念堂地),执信中学因邻近总统府而被叛军抢劫并遭毁损。1925年迁现执信中学址。

1929年,广州市第一中学从一德路石室(圣心堂)附近迁至广东存古学堂旧址一带续办。1938年遭日机轰炸,迁西华路太保直街。广州沦陷后,广东存古学堂遗址被夷为平地,荡然无存。今天的广州市第二中学,即为清代应元书院、菊坡精舍和龙王庙旧地。

**广雅书院**

广雅书院为今西湾路西侧之广雅中学前身。清两广总督张之洞亲自选址创办的新型书院,坐北向南。"广者大也""雅者正也",院名为"大而能正"之意。

■ 广州古园林志

张之洞（1837—1909），直隶（今河北省）南皮人，清末洋务派首领。曾任山西巡抚、两广总督、湖广总督、军机大臣等要职。著有《张文襄公全集》。光绪十年（1884），张之洞从山西巡抚升任两广总督。

在任期间，张之洞认为广东教育残破凋零，纲纪废弛，虽有粤秀、粤华书院和菊坡精舍、学海堂等学校，但均无斋舍，肄业者不能住院，经费窘拮，膏火过少，有季课而无月课。广东如此，广西就不必说了。他又认为两广"地兼山海，民俗不齐，欲端民俗，须从厚士风始。士风既美，人才因之"①。于是会同广东、广西巡抚吴大澂、李秉衡，广东、广西学政汪鸣銮、李殿林呈奏光绪皇帝批准，仿江西白鹿洞书院、湖南岳麓书院，远离闹市兴办广雅书院。张之洞开办书院的主旨，是替清政府培育"出为名臣，处为名儒"的人才。光绪十三年（1887）闰四月，张之洞奏准创办广雅书院。

古人建书院，十分讲究山川形势，多建在藏风得水、环境清静的地方。张之洞是来自中原的高官兼学者，对此当然着意。从光绪十二年

20世纪30年代广东省立广雅中学校门

20世纪30年代省立第一中学旧广雅书院外石桥

----
① 〔清〕张之洞：《创建广雅书院奏折》，其碑刻在广雅中学内。今存。

(1886)年底开始,他就为选址建书院而到广州城各处探求视察,最终选中了在当年广州府城西北五里的田心墈,认为此地"近省城而无喧嚣之累"。西靠北江,树木葱郁,远离市嚣,雄秀宽博,宜做书院。张之洞说:自西郊河面划艇沿着小北江前驶,亦可直达书院门前登陆,水路虽然比较迂回转折,花时间也较多,但轻舟慢荡,蜿蜒迂曲,沿途浏览水陆风光,亦另有一番情趣。

罗献修《广雅书院赋》称此地:"西村之西,南岸之北,浮邱临其巅,滆江濛其侧。隔嚣尘于三城,开清净之胜域……柳扶疏而堤屋,蕉蔽翳其碧霄。远而瞩之,青山隐隐而寂寥;迫而视之,千门万户而迢遥。"①

购地广达12万平方米(124亩),做书院的基础。② 建书院时,此地为一片农田,几无民宅。创建书院当年(1887),开挖环绕广雅书院的河涌为护院河,称广雅涌。涌岸栽种杨柳花草,流水清澈,为风景明涌。广雅书院所处位置相对较低,因而院内建筑物都有较高的台基。开挖护院河既有利于排水,又能使书院与外界隔开,自成一体,不受外界干扰。这里还有一个堪舆学方面的用意:"木秀"之地可兴"文运"。水不仅能储藏"生气",在五行生克关系中,且能生木,所以古人认为水清木秀之地,最宜建学府,有利于学子成才。广雅书院树林繁茂,外绕河涌,涌水又引入院内之池,正合此意。

广雅涌当时又是西村地区的排水干渠。光绪三十三年(1907)《广东省城内外全图》清楚地画出,涌水在书院南面汇流入澳口涌(广雅涌即为澳口涌支流),再西流入珠江。建国后,西村人口增加,污水大量排出,污物积聚,广雅涌已失昔日之美。1985年将其改建为箱式暗渠,水道从此消失。

---

① 罗献修:《广雅书院赋》,见香港《广东文征》编印委员会:《广东文征续编》第一册,香港广东文征编印委员会1986年刊行。

② 〔清〕张之洞:《创建两广诸生合课书院奏析》。

书院占地 7 万余平方米，连同围墙外的护院河约 12 万平方米。当年广雅书院的建筑，是按讲学、藏书、祭祀三大书院功能进行布局的；书院坐北向南，是传统建筑的理想坐向。主要建筑物建在中轴线上：依次为院门、山长楼（旧时书院称"校长"为"山长"，"山长楼"即"校长办公楼"）、礼堂、无邪堂、冠冕楼；中轴线两侧设东斋和西斋，分别为学生自习和生活之处。今"东斋""西斋"石碑仍在，就立于路旁。

山长楼为书院正门后的第一进建筑，两者之间是宽阔的庭院，栽种有多株古木，为单列一层瓦顶平房建筑。墙体为青砖建造，瓦面为琉璃瓦。中间正对正门为通道，两旁各有厢房三间，厢房前是石柱支顶起的走廊。

穿过山长楼，前面就是礼堂。过礼堂不远，便是无邪堂，上有"经正无邪"匾额。书院之东北部，建濂溪先生祠，纪念宋代理学家周敦颐。挂一联："招邀数君子；沉醉万荷花。"西北为一篑亭。祠边浚一池，植莲，名丰湖，池中筑小榭，名"湖舫"。建曲桥连通池岸。

光绪十六年（1890）春，康有为在广雅书院访问了今文经学家廖平，受到廖平《知圣》《辟刘》二文的影响，从而着手发古文经之伪，明经之正，后来写成轰动一时的《新学伪经考》。据说当年二人论学，便在湖舫。

池北为清佳堂，又东面为钓鱼台；东北为蝙蝠厅，西北为莲韬馆。而最著名的建筑是冠冕楼，梁鼎芬担任首任院长时兴建，取唐人诗"冠冕通南极"之意，为藏书楼，藏书不下 2672 部，计 43555 册。徐信符（1879—1948）《广东藏书记略》载："院中设冠冕楼藏书，规模宏壮……官家藏书，以此最为丰富。"

在冠冕楼正门南面，砌一莲池，上筑石桥，跨于池上。桥宽 2.59 米，长 17.5 米。距今已有百多年历史，称大百岁桥。冠冕楼东南侧，筑一小石桥横跨于小溪之上（溪水与丰湖相通），桥宽 1.73 米，长 6 米。称小百岁桥。两桥均由花岗岩石板材砌筑，桥上均有石栏杆。

在冠冕楼的西面建岭学祠，奉祀宦粤名儒以及谪官岭南而对广东文教有贡献的历代人士。岭学祠前辟池塘。院正中大楼礼堂附近立四碑：《程子四箴》《说文解字序》《文艺论》《白鹤洞书院学规》碑。

修建书院的同时，特意从省城外运来百年古树，使院景更为古雅。在今山长楼前，有一棵树龄已达 280 年的高大的樟树，便是当年运来的。据说当时曾引起无数人围观，颇为轰动。如今校内百年以上的名木古树有 24 棵，多数在建书院时已栽种。

书院于清光绪十三年（1887）筹建，是年农历闰四月二十日兴工，翌年（1888）建成。共用白银 138866 两（以后常年经费为 17150 两）。计建斋舍 200 间。分为二十斋巷，一斋巷包括十斋，东斋巷以"东、壁、图、书、府、诵、诗、闻、国、政"十字编次，为广东省的学生居住。西斋巷以"西、园、翰、墨、林、讲、易、见、天、心"十字编次，为广西省的学生居住。同年农历六月初八日，举行开馆礼，正式开学，招收广东、广西两省的贡生、监生各 100 名，这些院生是由地方官遴选各府州厅县学的优秀生员资送到院的。进院后，一切膳食、膏火、文具、杂用等，全由官给，月有定额。如属清苦生员，不需家庭接济，使生员均能安心读书。院生一律住院。

这是一座占地广阔，馆舍宏丽的古代书院，树木茂密，浓荫一片。院内修建山石、亭台、楼阁、池沼，处处修竹，风景清雅，环境十分幽静，颇擅园林之胜。书院四周围墙环渠，水自增埗引来，院大门外东西各建一石桥，以便交通。罗献修《广雅书院赋》咏落成后的广雅书院："高门崔巍，豁然大空，纵览旁皇，仰视穹窿。窥平地，突高峰，轩四照，檐百重。凉亭燠馆，画槛雕栊；花光霞骇，径绝云通。"①

1917 年 1 月 16 日，中国当代著名民俗学家钟敬文写了一篇短文《广雅书院石桥》（收在钟敬文著《荔枝小品》里），文中记述："广雅

---

① 罗献修：《广雅书院赋》，见香港《广东文征》编印委员会：《广东文征续编》第一册，香港广东文征编印委员会 1986 年刊行。

书院……石桥在门外，桥下杂生水草，两边则树木葱茏繁密，远望如一座山林，修养游息其中，真可谓幸福。便是我们信步到那里，游踪少停，也要暂时里感到身心的洒然舒适啊。它比之现在中山大学的校址——从前贡院——要胜过多许了。"可以想见当年广雅书院清幽而宏大的园林景象。而当年那座石桥，现仍存于广雅中学大门外之西南侧，仍跨于幸存的一小段广雅涌上。

广雅书院是晚清广州具有空前规模并办出特色之新型书院，与湖北自强学堂、两湖书院及上海的南洋公学齐名，并称为全国四大学府。

光绪二十七年（1901），清政府明令废八股考试取士制度。光绪二十八年（1902），奉朝旨设立大学，于是改广雅书院为两广大学堂，这是广东、广西两省创建大学之始。亦开了中国书院改学堂的先例。翌年（1903），改为两广高等学堂，光绪三十二年（1906），改为广东高等学堂，停止招收广西省学生。民国元年（1912）废学堂，广东高等学堂改为广东高等学校。10月21日，废广东高等学校，改为广东省立第一中学。这是广东创办中学之始。实行高中三年、初中三年新学制，为广东学校试行新学制之始。1914年11月，第一届中学生毕业，是为广东省中学毕业生之始。

1914年，冠冕楼因损毁，被拆除，图书移到濂溪祠，后再移至广东省图书馆。1921年1月，东莞人袁振英继任校长，他当年只有27岁，亦只干了短短几个月，但率先提倡男女同学，并招收女生插班，实行男女同校。这是本校有女生之始，亦开广东省中学男女同校之先声。在广雅校史上留下了绚丽的一页。

1931年7月，南海人霍广河任校长，将部分书斋改建楼房九座，楼下作为课室和膳堂，楼上作为宿舍。并增辟实验室、仪器室和图书馆。又在濂溪祠之东，即清佳堂废址之东，丰湖东北岸的小山丘（此处后枕校墙）上建了文襄亭，刻张之洞像碑置于亭中。又在学校围墙内设花圃。

广雅中学冠冕楼旧影

民国时期的省立第一中学，广雅书院故址

1935年，动工重建冠冕楼，钢筋混凝土结构，次年夏落成。冠冕楼为广州近代民族形式代表性建筑之一。坐北朝南，建筑风格与中山图书馆相似：墙体为红砖砌建，瓦面为绿色琉璃瓦，面宽五间，进深三间，高二层，平面呈扁"十"字形。前有柱廊，9开间。上为黄琉璃瓦、绿琉璃脊单檐。歇山顶，正脊两端为清式吻兽，重脊下部为4走兽。大门为菱花桶扇门。下为台基，正中设阶级，前设柱廊，柱间施栏板望柱。现为广雅中学图书馆。

据当代著名学者胡适写于1935年1月的《南游杂忆》的记述，当时原广雅书院东斋的老房屋因倒坏，已全部拆了重盖新式斋舍。而西斋的房舍则仍保存着广雅书院斋舍的原样子。文中称丰湖为荷花池，"池后有小亭（注：即南皮亭），亭上有张之洞的浮雕石像，刻的很工致"。

1935年8月，沿广雅书院之名，将广东省立一中改称广东省立广雅中学，这是广雅中学定名之始。1937年秋，为避免日寇飞机轰炸，迁校于顺德县碧江乡。1938年10月，广州沦陷，碧江告急，再迁校至茂名县，改称广东省立南路临时中学。以后又迁校至信宜县水口。1941年2月，恢复广雅中学校名。

广州沦陷时期，日伪驻兵于广雅书院。书院东后院有《军马之碑》一块，为日军在广雅书院驻军时遗下。1945年9月，抗日战争胜利。迁回广州西村原校复课。1969年3月改名广州市第五十四中学。1978

年 2 月复名广东广雅中学,简称广雅中学。

广雅书院创建至今,已历百余年,布局基本没变,但院中建筑大都已毁。现仅存山长楼、冠冕楼、濂溪先生祠后堂(曾做校办工厂,现已修葺一新,复为濂溪祠)以及冠冕楼两边的曲流小桥和部分后围墙。此外还存广雅书院碑刻 16 方。

晚清、民国时期,广雅书院(广雅中学)是广州城中几个具有园林美景的学校之一。至今仍是。2002 年 7 月,广雅中学被公布为广东省文物保护单位。为广东省中学中唯一的省级文物保护单位。

## 棉州书院

清末芳村三大书院之一(另两个是秀水书院和凤池书院),为当时番禺崇文二十四乡的最高学府。创办于清光绪二十九年(1903),由西塱、沙螺两堡联办,属于地方官府办学,是堡中士子修业论文之所。故址在今冲口街,芳村大涌口聚龙村与招村之间,四面环水,占地 10 亩左右。

棉州书院为三进祠堂式建筑,规模比秀水书院大。门前有石鼓、石凳,有一片宽阔的草坪、一口池塘,周围种有多棵高达数丈的木棉,故称棉州书院。曾是一处环境幽雅的学院园林地。曾是番禺茭塘司崇文社学民团驻地与会议之所。

1912 年后,书院为西塱、沙螺两堡联防总局占用。1925 年,联防局因反对农民运动,被国共合作时期的广东省政府下令查封。但直到抗日战争前,这里都是驻军之地,书院前占地数亩的广场是练兵场。1938 年至 1940 年前后,日军侵占芳村,棉州书院被拆毁,从此不存。

20 世纪 50 年代初期,广州市文化公园曾将此地辟为花圃。20 世纪 60 年代,广州市新华书店在此办养猪场。20 世纪 70 年代,广州市绿化委员会在此建苗圃。

# 第六章 自然园林

这类园林自然形成，为一处风景名胜地，多入选历代羊城八景。基本上没有人工的刻意雕琢，是一种朴素而自然的园林景观。

## 第一节 老城区园林

**菊湖云影**

菊湖云影是宋代羊城八景之一。

菊湖是文溪流经洼地所形成的湖泊，其故址有二说。一说约在今小北花圈（明清小北门所在）之西侧越秀山麓低地（宋代时是谷地），今挞子大街一带是其故址。这是古代广州城北的一个著名风景区。湖水来自白云山蒲涧及越秀山山水。"沿（蒲）涧而南为文溪，为上下二塘，至粤秀山麓则分流为二，左曰菊湖，右曰越溪。"① 据《三国志·陆凯陆胤传》载，远在一千七八百年前的三国时代，广州"州治临海，海流秋咸"，百姓食水困难，刺史陆胤把文溪下游洼地的水蓄起来，再引水入城，使"民得甘食"②。蓄起来的水便成了湖。当时名甘泉池。

---

① 〔清〕屈大均：《广东新语·卷三·山语》、顾祖禹：《读史方舆纪要》。
② 〔清〕屈大均：《广东新语·卷三·山语》。

唐代后期会昌年间（841—846），卢贞任岭南节度节，来到州城，在甘泉池一带筑堤百丈蓄水，建成人工湖，并修筑亭台楼阁，在堤的两旁种上木棉和刺桐，扩大为游览区。"花敷殷艳，十里相望如火。"① 成了广州人春游的名胜之地。当年卢贞蓄水之湖，位置约在今越秀山东南麓小北路西侧今挞子大街及小北花圈一带。后人称为菊湖。据称晴空云彩映入湖中，犹如朵朵盛开的菊花，景色奇异，故名菊湖。

唐后是五代十国。南汉国在广州建都，在这里建甘泉苑，栽种花木，建成皇家园林。宋灭南汉，州城遭火焚，幸好宫庭楼阁毁圮而菊湖犹在。南宋时被定为羊城八景之一。元代时挖去堤坝，变湖为田，菊湖自此消失。

一说菊湖在白云山中蒲涧，濂泉之左（东），是文溪上游的湖泊，因湖旁建有菊坡亭、菊坡祠而得名。明前期《永乐大典》引元大德《南海志》载："菊湖，在番禺县蒲涧山之北，以山有菊坡祠堂，故名。"

菊坡是宋代名臣崔与之的字。端平二年（1235），广州摧锋军戍卒暴乱，进攻广州城，各级官吏弃职而逃，时崔与之正辞了官居广州城家中（今崔府街），当即登城，对乱兵晓以祸福，并派李昂英等出城说服，使之退兵，从而保护了广州城免遭兵祸。广州士民在蒲涧修建

崔与之，采自清《岭海名胜记》

---

① 〔清〕屈大均：《广东新语·卷三·山语》。

了"崔菊坡生祠"。清《羊城古钞》称:"菊湖,帘泉之左,旧有崔与之祠。"① 崔与之祠亦即菊坡祠。如此说来,这菊湖之得名当在南宋后期了。

以上关于菊湖的两种说法难定对错。二地当年皆有湖泊,都是历史悠久,存在时间长,为州人所喜欢游览之胜地。至于菊湖当年湖面有多大,史无明载,但都可以肯定面积不小。那时的广州城没有污染,万里晴空之际,天上朵朵白云,或轻轻飘过,或垒积如山,均映入湖中;泱泱湖水,清澈如镜,粼粼碧波,涟漪荡漾,辉映蓝天,衬以湖边青山翠绿,花木繁茂,是为"菊湖云影"最迷人之景,足以令人陶醉。今越秀公园东南麓之东秀湖,在当年菊湖之北侧,或可能是当年菊湖北部的一部分,风光明媚之时,犹可让人想见当年之美景。

## 象山樵歌

象山樵歌是明代羊城八景之一。

象山即象岗、象岗山,今西汉南越王博物馆所在山岗。东与越秀山隔一低坳。海拔49.71米,由中生代侏罗纪砂页岩组成。南高北低,形似卧象,因而得名。

象山历史悠久,可远溯到距今两千多年前的西汉初年,当时赵佗割据岭南建南越国,定都今广州,为表示对汉朝的臣服,建了朝汉台,据考证便是建在这山岗上。后毁圮。到唐代后期,岗上建了余莫亭,红柱绿瓦,翘角飞檐,为州人之登临胜地,立亭中西望芝兰湖(今流花湖即芝兰湖故址的一部分),碧波一片;象岗山下,是渔船的避风港,帆影片片,相衬蓝天,景色甚美。南汉时在此建郊坛。后均湮没不存。以上这些古迹都没有成为景点的名称,象岗山反是以"樵歌"著名。

明代时,今盘福路为广州城墙,城门大北门位于今解放北路与盘福路相交处。此小山岗便位于大北门外西北侧,当时又称席帽山,为扼广

---

① [清]仇巨川:《羊城古钞·卷二·四·山川·菊湖》。

象岗山顶余莫亭

州北路交通之咽喉要地。山上林木茂密葱茏，为近郊之采樵区。当年州人常出城上此山岗割草打柴，并放声高歌。即为"象山樵歌"之景。

此景并非仅指一座孤岗，而是包括山岗四周的景象：象岗山立于当年兰湖的东岸，站岗上朝西望，空旷辽阔，夕阳西下，彩霞满天，倒影湖中，湖滨一带林木森森，渔樵唱晚，别是一番风光。而以"歌"名景，在今古羊城八景中都是独一无二的。

明代后，兰湖成了沼泽，随着城区扩大，人口增多，象山林木渐少，此景没了名气。清代中期，在象岗上建拱极炮台护卫州城，后废圮。"象山樵歌"景致亦随之消失。

现在象岗大部分已被夷平，象岗山路、象岗新街一带便是当年象岗山所在。在近岗顶处有一新建的"榕苑"，就是把路旁的一棵老榕树围起来，设一张石台几张石凳。岗顶处（南越王博物馆背后）建一小小庭院，供人休憩；庭院口之路旁有一大石，上镌刻"象岗山"三字。仅可供今人发思古之幽情而已。

另一说，认为此景之"象山"非指今天的象岗，而是指越秀山后起伏的山岗，约今象岗东侧、越秀公园内五羊石像一带的山丘，即今木壳冈。明代时此地山林密布，乃采樵好去处，每闻樵者歌声震动山间，别有一番情趣。故名。

在史志中，"象山"有两说，一指今南越王墓所在山冈，一指木壳冈。故上两说亦难定对错。也可能初定此"象山樵歌"景名的人就是泛指这一带的山岗。

## 粤秀松涛

粤秀松涛是明代羊城八景之一。

粤秀，指越秀山。松涛，山风刮过松林的响声。越秀山是广州城区的主山，与白云山联成广州城北边的屏障，为历代著名风景区。

越秀山并不高，海拔仅 70 余米，但岗峦起伏，林木苍翠，自然风貌甚佳。远在元代时就有诗人以丰富的想象这样描写它："际天迷苍莽，拔地起崔巍……势吞蒲涧远，气压海珠摧。"① 今天从镇海楼北背至公园北端之鲤鱼冈，大片地区原为荒芜的林壑，直到 20 世纪 50 年代以后才经营起来的。今天中山纪念碑到五层楼山岗地，明代时已广植马尾松。站在高处看连绵的岗峦上是连绵的松林，山风过处，如涛声阵阵，构成此景。今天越秀公园为广州城区中最主要的园林，令人赏心悦目，而此景却不复得见矣。

## 粤秀连峰

粤秀连峰是清代羊城八景之一。此景指越秀山峰峦的景色。

越秀山在元代已开发。有"粤台秋月"一景。到明代则有两景："粤秀松涛"和"象山樵歌"。清代时成片开发，翠峦连绵耸拔，东西三里多，有木壳岗（五羊石像所在）、鲤鱼头、翻龙岗、蟠龙岗（四方炮台遗址所在）等山岗，起伏不断。遥望这些丘陵，气势磅礴，有成山之势；林木密茂，苍郁蓊翳。"下俯半山亭，都人岁时登临借憩于

---

① 〔元〕许有壬：《登越王台》，见杨资元、黎元江主编：《英雄花照越王台·甲编诗词·元明诗词》，广州出版社 1996 年版。

粤秀连峰,采自清嘉庆《羊城古钞》

此。"① 秀色宜人,得成此景。清嘉庆《羊城古钞》卷首有木刻"粤秀连峰"图,画得群峰高耸,云雾在山腰飘荡;而那北城墙如建于山腰,未免有失夸张。

越秀山之北面有一条通谷与白云山分开,即今环市中路所通过之谷地。今天越秀公园是广州市人最主要的优闲游览地之一,时时人群相望;若逢节假日,更是摩肩接踵,再加上园中遍布人造景点,便构成了另一种风光,20世纪60年代称"越秀远眺",20世纪80年代称"越秀层楼"。而原来那连峰林茂、苍郁蓊翳的自然之美反而是大大地削弱了。

## 第二节 小谷围八景

小谷围现在建成了广州大学城。在建大学城之前,是一个少为人知的岛屿,岛上竟然没有一个旅馆,是一处非常纯朴的农耕区,宁静得简直有点像世外桃源。

广州自南宋始有羊城八景,以后历代相续,见载于地方史志,遐迩闻名。小谷围也有八景名胜,名气固然远不及羊城八景,在史志中亦不见记载,却是小谷围岛上秀美风光的精华,民间文化的一种沉淀。其定名约始于清代初期,至今也流传了数百年,今天老一辈乡民谈起来仍津

---

① 〔清〕仇巨川:《羊城古钞·卷首·一舆图·羊城八景》。

津乐道，青年一辈对此则已相当淡漠。随着大学城的兴建，这些美景绝大部分已不复存在了。

**昌华八景**

小谷围在南汉时代是南汉王的御苑区。南汉王朝在小谷围经营了数十年，修御园昌华南苑，建行宫昌华宫，最后灰飞烟灭，只留下了"昌华"这一地名。

南汉王刘岩对"昌华"二字似乎情有独钟，当年他在广州城西六里建昌华苑，范围即今西关之荔枝湾、泮塘一带。今恩宁路有昌华大街，便是昌华苑故址所在。

当年广州城外之昌华苑在北，小谷围之御园在南，故称昌华南苑，遗址在今小谷围北亭一带。南汉亡后，在这皇家园林的基础上，发展成后来的"昌华八景"（今有资料称昌华八景是南汉时的遗迹，那是不对的，因为昌华八景的景点，都是南汉以后才有的）。

昌华八景并不见载于史志文献，主要是小谷围岛上乡民的世代相传。因而何时定名，何人定名，都无可考据；只是以"水云古寺"一景来推断，昌华八景大概当最后定名于清代雍正、乾隆年间。更由于各家所传不一，故八景名称也是不统一的。大致有如下三种说法：

第一种说法：荔子红云；盘龙晓月；梅园香雪；马埗归帆；渭桥烟雨；水云古寺；蟹泉煮茗；松岗夕照。

第二种说法：盘龙晓月；松岗夕照；松园香雪；蟹泉煮茗；荔子红云；马埗归帆；水云古寺；渭桥烟雨。

第三种说法：马埗归帆；埗上水云；渭桥烟雨；石基埗月；荔子红云；阴阳怪石；蟹泉煮茗；东山晚望。

其中第一、二种说法除"松园香雪"与"梅园香雪"有异，再加次序不同外，基本相同。第三种说法中的"埗上水云"即"水云古寺"，"东山晚望"即"松岗夕照"，至于"石基埗月"与"阴阳怪石"（又名"阴阳古石"）二景，今已无法得知其详。

**荔子红云**　荔子即荔枝。红云乃指荔枝熟时，如红云一片。此景在官山，该地旧有荔枝湾，沿河涌两岸载种荔枝成片。荔熟时，两岸地如红云一片。是为此景。南宋《舆地纪胜》载："荔支洲在南海东四十五里，周回五十里，刘氏创昌华苑于其上。"① 当指此地。还有一说，认为此景乃指广州城西之荔枝湾，刘岩在此建昌华苑，多种桃、梅、荇、莲和荔枝，荔枝熟时，"十里红云，八桥画舫"。不过这显然不是说小谷围的美景了。

**盘龙晓月**　景在北亭东面的盘龙岗。天色微亮，拂晓之时，一轮残月悬在西方半空、盘龙岗上。此时晓风轻拂，万籁俱寂。人观此景，身心陶醉。还有一说，认为此景在今广州河南的晓港公园，过去那里有蟠龙里，后误为"盘龙"。晨曦之时，美景天然。不过这显然已非小谷围之景了。

**梅园香雪**　此景在亭梅山，即后来乡人所称之亭山。今北亭梁氏宗祠门联有"考卜亭山绵世胄"句，重修渭水桥碑文有"北溪公发迹亭山"句，所指"亭山"，即今北亭云梯、阜丰、博陵一带之山丘。据传此山丘过去曾盛植梅花，至成梅林，梅花开时，远眺白茫茫一片；梅花飘落，如雪花飞絮，是为此景。这与羊城八景中的"萝岗香雪"相当。

亭梅山上曾建有一座石柱方亭，刻有碑文。冬春时节，阴雨霏霏之时，远看梅林幽静，方亭伫立，景色清冷而如闻梅香四溢，"亭有梅方雅，山无云不灵"。是为北亭八景之一"亭梅冷雨"。可惜亭子在1958年"大跃进"时被拆毁，碑刻亦失佚，无人再记得碑文。后梅林尽毁，"香雪""冷雨"二景均不存。

至于"松园香雪"景，有资料称是在广州河南的万松园，这未免牵强，与北亭无关；而且所谓"香雪"，只能喻指梅花，松树松籽均无法相类。

---

① 〔南宋〕王象之：《舆地纪胜》，文海出版社1971年影印清咸丰五年刻本。

**马埗归帆** 地点在北亭村北,旧昌华市圩之东北角,今北亭码头以南,昌华市场北端。相传过去这里建有两座牌坊,一朝北,对着旧时的水道(现在是水泥路);一朝西,对着现在的后航道与官洲水道。朝西的那座牌坊遗址现在是巷口,直出便是江岸,乃乡民观看扒龙舟"北亭景"的地方。额书"马埗通津",两柱一联:"海客云来诸舶集,市声风送隔江闻。"附近有门楼,镌"昌华市"三字;每到春节,贴春联:"南汉为踪古,东皇气象新。"又有"马埗通津"门楼,春联为:"晨光来马埗,春色接羊城。"

牌坊下是一条水道,北接珠江,可通舟楫。南汉时,此水道是守护王陵部队的饮马之处,故称"马埗通津"。过去此地很多人从事渔业,而捕鱼得随潮涨潮落,有时夜幕降临,村中炊烟四起,不少人仍站立此处,盼望亲人归来,游人亦在此"马埗看归帆"。待帆船从官洲水道湾进此河,到牌坊下停泊,一时十分繁忙。当其时也,舟楫相接,帆影片片,渔灯闪烁,相衬牌坊伫立河岸,构成此景。可惜后来牌坊与门楼均被拆毁,现早已了无痕迹。当年的水道亦成了水泥路了。

**渭桥烟雨** 渭桥在北亭崔地,俗称高桥。高约4米,长约17米,桥面用三块石板并排构成,桥下河道宽约6米。两岸建有乔门大街门楼与渭水大街门楼。《渭水桥重修碑记》镶嵌于"桥门坊"墙壁内,叙渭水桥之由来、建毁历史及修桥捐款人名及数目。碑文大意说:崔族的远祖亮,在北朝时为雍州刺史,曾建渭桥以便民,迨至南宋时,崔族"北溪公发迹亭山,设斯桥于宅右"①。为了纪念先祖,北溪公仍以"渭水"做桥名。桥历南宋、元、明三代,至清初已经有些倾颓,崔族人遂于乾隆十四年(1749)立秋重修,至乾隆十五年二月竣工。"敬奉桥神而祀焉。"保存至今,已逾250余年。

这一带是南汉御园遗址所在,可谓年代久远。一条质朴的石桥,横跨弯曲的水道之上,旧红砂岩石砌筑的河堤,两岸古老的门楼、民居,

---

① 佚名:《渭水桥重修碑记》(清乾隆十五年)。碑今存。

间杂三几座古老的祠堂,草木繁茂,树影婆娑,微雨霏霏之时,如烟如雾,人置其间,如在画中。那种宁静安详、古朴闲逸的氛围,几令人有出世之感。是为此景。

此景在昌华八景中是保存得最为完整的,可惜在修建大学城前已有几座新洋房在老民居后面高耸了出来,景观也就多少打了折扣。修建大学城后又在河两岸新砌了石堤,好看是好看了,但旧时的那种古朴的景观却消失殆尽。

**水云古寺**　遗址在今青云里口"路接青云"门楼以南100多米处,山云头岗的半山腰上。建寺者乃北亭梁族长房十八代传人梁文俊,相传他在清雍正年间为官失意,回乡结庐于此,题镌红石门额"水云"二字(并无"寺"字),下有序文:"此资福传灯,鼎湖别苑,文俊公逃禅之所也。"门前一副对联:"水流心不竞,云在意俱迟。"(或传下联是"云在意驱驰")表达了主人在此修真养生,安度晚年的意念。

这建筑本来并非真正的寺庙,只因主人自称"资福(寺)传灯",更内供佛像,早晚诵经,故乡人以寺称之。全寺坐东向西,当年山麓并无房屋,环境清静幽雅,站在寺前远眺,脚下山坡草木繁盛,郁郁葱葱;珠江横陈眼前,一望无际,视野开阔,荡涤胸襟。是为此景。每到清晨,寺钟响起,回荡于乡间,乡人亦晨出劳作,是为当年北亭八景之一"水云晨钟"。

梁文俊仙逝后,此遗庐亦曾吸引不少游僧借此驻锡,据说建国前尚有一僧,走后再无来者,寺亦随后废塌,任由杂草丛生,无人打理。现遗址处已建了一栋三层当代楼房,门牌是北亭大街一巷10号。楼房左侧有大片竹丛,也是当年水云寺的范围。西面小山坡上亦全建了民宅,环境大变,已非当年清幽之境。珠江江岸更向西退到数百米之外,站在楼房前也已看不到了,当年美景已不复得见。

原寺内有一井,名显泉,乃北亭名泉之一,因枯竭已被填塞。寺南边庭园内原有三棵乌榄树,经两百多年雨露滋育,长得异常高大,且形态奇特,三树等距离地一字形排列,中间一棵树茎特别粗壮,约2米高处，对称地分出3个分枝，一字排开，像在香炉插上3枝神香的样子。旁边两棵稍小，树身笔直，上有均匀的树冠，宛如一对正燃点着的蜡烛，站在远处遥望，尤为酷似，堪称一绝。可惜近年已枯死，殊为可叹。

又有传水云寺乃南汉后主所建，明嘉靖时曾重修。乃误传。

**蟹泉煮茗** 蟹泉是北亭名泉，在村东南之松岗脚下，乃一古井，故称蟹泉井，乡人简称为"蟹井"，相传原是建于南朝的小谷围名寺资福寺之香厨所用，也就是说，此井在小谷围可能是年代最为久远的。

过去此井之水清澈甘冽；井外四周竹丛连片，草木繁茂，环境极为清幽，在此处品茶下棋，谈古论今，抬头望松岗翠绿，丘陵蜿蜒；远眺田畴连片，珠水横陈，如融入大自然中，实为一大乐事。此景表达的正是人生那种暇闲意境。

直到1958年前，尚有住颖川的陈族乡民，不嫌路远，前来汲此井水饮用，可见其水质之佳。可惜后来用者渐少，古井亦渐荒废。1989年时，原有井栏已毁，井口改用水泥批荡，井底水枯，满是沙石泥土。1993年时，清除了井底之泥，并复筑井栏，水已较深，可惜清理后仍无人来汲用，故水混浊。2003年，古井四周砌有水泥井台，但无盖，井水甚脏，已成废井久矣。井周一片空地特意批荡了水泥，但在此煮茗者大概是没有了。故井虽存，意境已逝。又有传，此景在松岗下山沟，此沟水甘和，沟里有石，石形似蟹，故名蟹泉。这当是误传。

蟹泉附近尚有一古迹，乃百花桥，虽狭小，却是南北交通要道。相传亦是资福寺香厨所属，如此说来已有千多年的历史。原为灰砂桥，厚而长，自资福寺废圮后，桥断，逐改换长石条做桥面，即成石板桥。1958年"大跃进"时，北亭全村开辟了村前路和村后路，此桥便显得狭窄，于是加固基础扩阔桥面，使可行货车。1976年2月12日又重修竣工，改建为水泥桥，与松岗前之水泥路相接。今桥下为一条宽约2米的水沟。每当下雨时，山洪暴发，此沟即上接东山、江抱围、将军朗一带之水，绕凤竹、颖川、乔门、渭水等民居地，最后经璜溪而出珠江，实是一条重要的泄洪水道。

当年古桥周围繁花盛放,故得百花之名。醉经愚有《北亭怀古》诗咏之:"故苑昌华杨柳姜,百花桥畔杜鹃啼。刘皇事业今何在,荔子湾头日已西。"① 2003 年时,唯见竹丛草木,不见繁花,杜鹃亦已去,景色颇为清幽。

**松岗夕照** 松岗又称东山,在北亭村东南,东连盘龙岗。其西边岗麓上过去曾建有东山庙(又称东山寺,始建年代无考),有石级可登,距蟹泉约百余米。庙坐东向西,而庙门却向北。此庙一连三座,中座供奉观音菩萨,故附近乡民多称之为观音庙,而少称东山庙。三座前修筑了一条露天长廊,地下为白石砌成,傍建有白石栏杆,可凭栏远望。

东山不高,但风景怡人,十分清幽雅静。几百年前,庙西山麓并无围田,山脚下不远已是海畔。庙中菩萨,犹如"望海观音"。浪涛拍岸之声可闻。庙之四周,遍植松树,海风吹过,又闻松涛之音。黄昏时,夕阳西下,倚寺前栏杆远望,视野开阔,珠水滔滔,壮阔浩淼,映衬晚霞满天,是为"松岗夕照"美景。

近东山之丘陵,皆比东山为低,每当旭日初升,又别是一种风景。在山下看东山庙,东方天空霞光万道,成了东山之背衬;绿叶竹丛,显得格外艳丽;霞光反照于大江,如泛彩流金,璀璨缤纷,这便是北亭八景之一"东山旭日"。

岗上老松在 1958 年"大跃进"期间遭了砍伐,东山庙亦于是年被拆毁,石构件被用于砌江堤修水利,木材被用于烧炭炼钢铁,数百年古庙自此不存。2003 年时,遗址处仅余一巨石,在山坡之脚、竹丛之中。北亭乡民梁伟耀老先生对笔者说,石前大片竹丛之地均为东山庙遗址。据此度之,全庙当有两三百平方米之规模。

以上昌华八景,除蟹泉井与渭水桥尚存外,其他均已基本无存。兴建大学城后,蟹泉井亦成了历史。

---

① 梁佐时编:《北亭史鉴》,写于 1996—1998 年,手抄本。

## 北亭八景

北亭八景不见于史志记载，亦无公认的确定说法。一般说的是以下八景：海曲夜渡；马埗归帆；孖墩蒲鱼；水云晨钟；亭梅冷雨；东山旭日；荔子浴日；渭桥烟雨。

**海曲夜渡**　景在北亭村北海曲河。古代海曲河是北亭村与官山村的交界河，流经北亭、官山、大朗、南埗、贝岗五村，河形弯曲似弓形，河水由南往北流入珠江，而珠江水道犹如一弦，故得"海曲"之名。此景是夜晚时分乘船往来北亭与官山所看到的景色，只见空中一轮明月，倒映江中又一轮明月，波光闪烁，映衬四周丘陵蜿蜒，万籁俱寂中和着桨声、波浪声、鸦鹊声，好一幅夜渡之景。

当年这段海曲河今已成公路，此景已湮没。

**马埗归帆**　见昌华八景。

**孖墩蒲鱼**　原景在北亭村西珠江边，即诚斋梁公祠（梁族人多称诚斋祖祠）以西约200米处。那里有一个露出江面的山岩，色红，面积约400平方米。长期枕于寒流，远眺如海上之珠。

这岩墩形似鱼，虽不高，但故老相传，不管珠水如何上涨，从不见能淹没其顶，它总能"浮"于水面，似"蒲鱼"。故乡民称之为"孖墩蒲鱼"（"蒲"是粤语，浮的意思）。这个传说，有如广州城南的海珠石，"虽巨水稽天不能没"；这个景色，如清代羊城八景中的"东海鱼珠"：滔滔珠水中，"浮"出一巨岩，因江水长期冲擦，石圆如珠，在阳光下烁烁发光，随潮水涨落而载沉载浮。是为此景。

此景今已不存。随岁月流逝，江岸西进，孖墩周围江滩渐成水田，只留一涌，其后水田更变成围田，原是江中之"珠"的岩墩便成了田中之小丘，后乡人更锄平其顶，再用水泥批荡，成了晒谷场。蒲鱼之景，永成历史。

**水云晨钟**　见昌华八景之"水云古寺"。

**亭梅冷雨**　见昌华八景之"梅园香雪"。

**东山旭日**　见昌华八景之"松岗夕照"。

**荔子浴日**　又称"荔湾浴日"。荔子指荔子湾头，景在北亭村西珠江边大滘口一带。大滘口是自然水道，渔船作业归来，沿此水道至博陵、乔门，北亭陈族东南之围田收割时运载稻谷，亦靠此水路。滘口与珠江相汇处，水域宽阔。傍晚，夕阳沉西，映照空中万道金光，却似朝霞。江中倒映一个太阳，血红如火，浩荡珠水波光荡漾，闪耀缤纷五彩；稍待，暮色渐见苍黄，璀璨无际，蔚为大观。是为此景。此景跟宋代羊城八景之一"扶胥浴日"相当，不过后者说的是旭日东升之时，而本景说的是夕阳西下之际。

大滘口于1958年建成水闸，并把滘口收窄，但此景犹在。而景名之得，乃取自醉经愚《北亭怀古》诗中名句"荔子湾头日已西"①。

**渭桥烟雨**　见昌华八景。

以上昌华八景与北亭八景，景点均在北亭，故多有重叠，不少乡民根本就合二为一，说昌华八景亦即北亭八景，反之亦然。这本来就没个确定的说法，故也不必分辨对错。只说这些景点的选取，真可谓面面俱到，东南西北中，均有景点入选。天景、地景、水景、江景、山景、晨景、晚景、夜景、雨景，无所不包。景名创制之佳，几可媲美羊城八景。这数百年前的作品，实在是一笔值得珍视的文化遗产。

## 穗石八景

穗石八景与昌华八景、北亭八景一样，不见于公开出版物的记载，只是在穗石乡民中代代相传。在相传的过程中也多有差异，并非一致。大约在清代中期，有一位居住在村中北约的文士把前辈人所传的八景记述下来，并特意写了引言，又给每景赋诗一首，名《穗石八景诗》。此诗文流传下来，被置于《林氏族谱》中，作者之名反而不传。今天村中林氏大宗祠的管理者、老乡民林铭康先生保存有此诗文。据他说，这

---

① 梁佐时编：《北亭史鉴》，写于1996—1998年，手抄本。

是其祖父传下来的，他家以前曾有人做过族长。幸得他慷慨相赠，笔者得以一睹这份珍贵的手稿，乃右起竖写，无标点，小楷毛笔字，抄于古式纸上。有些字已漫漶难辨，而且并非原稿，只是复印件。

穗石八景的由来有这样一个传说：清代，小谷围岛南面江对岸的南村镇圆岗村有一古寺，名金钩寺，其住持与穗石村的一户农家是十分要好的朋友，平时常来探访。一天，农家陪这和尚在岛上边聊边逛，说起广州府城有羊城八景，住持说，不难，我也可以为穗石村定个八景出来，于是随意发挥，得成八景。

这和尚是何法号，俗家姓甚名谁，都已失传；但若说他随意发挥，那就言之过轻了。这八景可说是当年穗石村景色的精华，住持肯定是经过一番考察并深思熟虑；而景名的确定，从其立意与文采之佳，绝对是下了一番功夫的。《穗石八景诗》的作者更是一位饱读诗书的文士，其诗前的"引"就是一篇文采斐然的作品：

良辰美景，自昔缨情；乐事赏心，至今如昨。惟会心不远，斯矢成文。吾乡上接白云，下连黄木。佳山佳水，虽逊胜于羊城；一壑一丘，实发源于穗石。约以八景，前人久有定评；缀之斯言，今日何妨继志。惟望有怀必吐，毋令风月啸人。生面独开，庶便林泉；得我格法，不拘长短。机杼难同，体裁无论。古今花样各别。雅章纶汇，如集腋以成裘；俚句为倡，聊抛砖而引玉。一时纪盛，异日风闻。谨引。

（标点为笔者所加。文中"白云"，指广州城北之白云山，意为白云山余脉直延伸到小谷围岛穗石村。"黄木"，指今黄埔庙头村南海神庙附近的古海湾黄木湾）

作者对穗石八景的赞美溢于言表，不过岁月沧桑，人事变迁，尤其是近几十年环境大变，今天的穗石八景已大多残缺，不复旧观。当年的美景基本上都已成追忆了。

**烟烽水月**　此景在穗石东约珠江边。那里原本建有一座六角亭，村民常在此乘凉。20 世纪五六十年代时，常有乡民在六角亭对出的堤岸边钓鱼，或跃入江中游泳。此亭于 20 世纪 60 年代毁圮。

在亭不远处原来建有水月宫，祀观音菩萨，可惜在 20 世纪三四十年代已毁圮，亭与宫均痕迹无存，只余遗址。现在景点所在的堤岸是 20 世纪 60 年代时用红砂岩筑砌的，岸边上尚有一条大红砂岩石柱，半放倒状。此处本来是个码头，至少在清代中期起就有了。民国时期，大约在下午四点半钟有客船在此靠岸上客，然后再驶向香港。当年码头十分繁忙，甚于新造，不过现在废置已久。当年乡人称此地为新庙埗头，因而此景就被记为"在东约新庙埗头水月宫处"。堤岸对出是宽阔的沥滘水道，对岸是新造镇。此景指晚上时，在此赏月，只见江水浩渺，南北直入天际；海鸥飞翔，浪涛拍岸；一轮圆月，倒映江中。所谓"烟烽水月"的"水月"，既指岸上水月宫，更指江中明月。前人诗曰：

> 烟消碧落晚峰晴，百里关河一望平。
> 秋色入江随水阔，潮声涌月拍天清。
> 沙明隔浦鸥无影，路落长空鹤有声。
> 渺渺美人何处所，夜深徒寄溯洄情。①

**星冈牧笛**　此景在穗石南约星冈。星冈是一个山岗名。此景写的是黄昏时牧人放牛归来，边赶着牛群下山冈，边吹着笛子时的情景。"夕阳牛背无人卧，带得寒鸦两两归。"② 当其时也，四周万籁俱寂，只有笛声悠悠，在空中飘荡，映衬着晚霞满天，一派宁静悠闲的乡间景象。

---

①　"前人诗曰"是《穗石八景诗》的作者所引录。这位"前人"姓甚名谁，已无从考究。又或是作者自谦，自己作的诗却借用"前人"之名，也未可知——依笔者愚见，这个可能性更大。以下同，不再加注。

②　〔宋〕张舜民：《村居》。

前人咏此景诗曰：

> 碧峰高峙海云东，牧笛凄清逼太空。
> 折柳在闻清夜里，落梅如雪画楼中。
> 梨花院落闲吹啸，金菊园亭静咽风。
> 何似一腔牛背上，余音缥缈思无穷。

过去星冈遍种榄树，成一片榄园。今榄树已无，岗上仅余青草萋萋，再加三两孤树，亦无人放牧。黄昏之时，夕阳西下，远看一派岁月苍凉之感。

**马毡松风** 此景在穗石北约直街坊后。马毡是一个山岗名，在清末《番禺县志·新造》图上标为"马展岗"。当年山岗上栽种有大片老松林，有的松树的树干大得一个人抱不过来。大风过处，响起阵阵松涛之声，乃成此景。这与广州新羊城八景的"白云松涛"相同。前人赋此景诗曰：

> 村居南北与山通，乔木森森挹晚风。
> 白昼已消残暑尽，清宵还洗暮烟空。
> 翠连草色侵窗里，响咽涛声到梦中。
> 欲向明月凉露下，谱时元韵入丝桐。

今马展岗上仍是遍栽松树，不过已非当年老松，风过处涛声依旧，亦难做今昔之比。岗麓处建有天后宫一座，乃光绪庚子（1900）季秋重修。宫内供一列神像，自右至左依次为：观音、金花娘娘、天后、豆母、灶头大王，体现出小谷围岛乡民传统的泛神崇拜。

**罟埗渔歌** 此景在穗石南约穗石门楼外江边。当年穗石南约建有门楼，门楼外是码头，水道东连珠江。很多渔民出海打鱼，黄昏时陆续归航，小舟泊于江边，排列成行；各舟挂起渔网，远望连接一片，渔民的歌声同时在江面上悠扬；入夜后，渔灯闪烁，与倒映江中明月交相辉映，"扁舟灯重冷渔蓑，两岸人家浸小河"①。一派渔乡景象。此景与明代羊城八景的"渔歌唱晚"相类。前人赋诗曰：

> 晴川日落易黄昏，古渡渔歌向晚喧。
> 一曲清商归海岛，数翻流响下江门。
> 芦花明月悠悠夜，野水寒烟淡淡村。
> 此去顿令尘念息，却疑人在武陵源。

现在此景已不存。在乡民的传说中，此景亦名"罾埗渔歌"。"罟"是网的通称，"罾"是一种用木棍或竹竿做支架的方形鱼网，都讲得通。武陵源，指晋·陶潜所撰《桃花源记》中所描写的那个世外仙境桃花源，并非今人所称湖南湘西的风景旅游区武陵源。

**石台竞渡**　此景在穗石南约大园猪兜庙。猪兜庙即天后庙，据说用天后庙的香灰喂猪，猪长大得快，故乡民又俗称之为猪兜庙。旧时南约大园猪兜庙前有石台，石台对出是宽阔的水道，五月端午在此赛龙舟，人声喧哗，十分热闹。近看龙舟竞渡，波光荡漾；远望山峦起伏，岚翠如眉。前人咏此景曰：

> 临江台耸石重重，竞渡佳辰不易逢。
> 兰麝随风迷蛱蝶，玉颜映水乱芙蓉。
> 波光似镜吞残日，岚翠如眉出远峰。
> 烟浦雨余金鼓寂，潮流轻漾落花秾。

现在此景已不存。

**社学论文·大社论文**　此景在穗石北约沙边埗头，距第八景的"虎

---

① 〔宋〕斯植：《茗溪舟次》。

石垂纶"不远。"粤中文会极盛,乡村俱有社学。"① 这个社学就是乡村学校。不过此景名只是借用,当年埗头岸上并无社学,而是建有亭宇,亭宇对出是宽阔的珠江沥滘水道。黄昏之时,霞光万道,满目青山,江水浩淼,波光粼粼,乡间一派宁静悠闲。此其时也,有文士乡耆到此处来把酒论文,吟诗作赋,直到红日西下,玉兔东升,方尽兴而归。前人咏此景曰:

  载酒寻欢兴未休,同来胜地足淹留。
  梁园谁占放生席,莲社还招靖节游。
  花笔欲挥频洗砚,羽觞轻举笑藏钩。
  谈余日暮才分手,月满前村满径秋。

  此景湮没已久,《穗石八景诗》载此景"旧有亭宇",可见当时亭宇已毁圮。现在更是风流云散,没有哪位文人骚客会到此处来把酒赋诗了。
  有关此景的地点亦传说不一。《穗石八景诗》的作者就用了"闻老辈者云"的不确定语气。今有乡民认为此景是在北约马展岗以北大概数百米的田畴处,那里种有几株老龙眼树,显得勃勃生机,但离村庄颇远,要到那里相聚论文,甚不方便,可能是误传了。
  又有乡民说此景名"大社论文",地点在今穗石村的市场口。
  所谓"大社"是指一个大山坟(又或说是供奉土地神的地方),此坟安置后土的地方有一株老榕树。相传当年村民在农闲之时,晚饭之后,便相聚于这老榕下面谈天说地,这就是所谓"论文"。今该坟已无,成了一片水泥地,而老榕犹在,不过并不大,奇在主干与左右两条垂根同样粗细,成三干支撑的形状。现附近起了楼房,地方不广,村民亦已不多在此相聚了。

---

① 《番禺县志·卷六·舆地略四·风俗》(清同治)。

**松冈赛社** 此景在穗石西约陆家松柏冈,当年此小山岗上遍栽松树,且建有凉亭。旧时酬神称为"赛"。所谓"赛社",是指一年农事做完了,乡民就摆酒宴来酬谢田神,敲锣打鼓,饮酒作乐。这是周代十二月腊祭的遗俗,上溯已有近三千年的历史了。当年松冈赛社更有迎神的仪式,前人咏之曰:

> 迎神村鼓响咚咚,此日春秋五戊逢。
> 自昔生成归后土,至今祈报享勾龙。
> 松阴布席樽罍列,山影临崖俎豆供。
> 宰肉尚谈陈孺子,当年曾见觅侯封。

不过此景湮没已久。松岗上的亭子在作者写《穗石八景诗》时就已毁圮。赛社习俗在民国时已式微。今天岗上是连松林也没有了,仅余一座小土丘,上建有三两间临时棚屋,可见狗鸡闲逛。

**虎石垂纶** 此景在穗石北约沙边埗头处,今埗头已废,对出是宽阔的沥滘水道。江岸对出有一块大石"浮"出水面,其形状如虎之背。前人赋诗曰:

> 巨石临流倚太虚,茫茫身世竟何如。
> 一竿独寄是非外,孤笠闲披烟雨余。
> 敢托江湖怀魏阙,且将天地作吾庐。
> 观星却笑羊裘叟,夜静频劳太史书。

另有一说,谓近岸此巨石形状如虎,下垂于水面,如垂钓之状,故得此景名。这实在太过夸张,因为无论从哪个角度看再加如何想象,此石也难得这种形状。现在"虎石"犹在,此景尚存,但时世变迁,有如此闲情逸致而在此垂钓者大概没有几人了。

归纳来说,穗石八景,在北约、南约者各三,在东约、西约者各一,中约无景。以上八景景名依据《穗石八景诗》所载。在乡民的传说中,景名却多有差异,除上面已提到的以外,还有"烟烽水月"又传为"烟墩水月";"星冈牧笛"又传为"星冈归牧",星冈又名星岗;"罟埗渔歌"又传为"高埗渔歌"。这可能是音讹,亦可能是各家相传不一。

《穗石八景诗》的作者,现手抄本记为"作者失名"(失为佚之误),但本子中每当讲到北约之景时,就记为"在本约",可知这位文人当年是居住在北约的。至于姓甚名谁,有这样一个传说,说这人叫林婉君,是为穗石八景定名的南村金钩寺住持的徒弟。他不知道师傅暗里竟藏了个女人(或说是老婆),有一次,无意中看到了住持的苟且之事。他本来没打算声张,但住持却害怕他说出去对己不利,于是找个机会请他喝茶,在茶里下了药,把他毒哑了。林婉君说不出,但写得,于是就创作了咏穗石八景的诗句,并流传下来。

但这个传说经不起推敲。因为在《穗石八景诗》的"引文"中,作者说:"约以八景,前人久有定评。"又在记述"社学论文"一景时说:"闻老辈者云,此景系本约沙边埗头处。"可见作者在写作《穗石八景诗》时,穗石八景的定名至少是其上两代人的事了,而绝非作者的同时代人所定,更遑论是其师傅。不过这种数百年前的传说,真伪本也无从考究。

## 第三节 瑶溪二十四景

在河南岛西部,有一条长 5.83 公里的小河,名马涌。1986 年起称海珠涌。横贯东西,东西出口分别与珠江前后航道相连。过去,马涌没有受到污染,河水清澈,可数游鱼;沿岸花木,掩映扶疏,风光旖旎。

马涌在云桂桥(在今晓港公园东部)下流过,往西不远为瑶溪。瑶溪既是水道名,也是村名。清代时,瑶溪地遍栽桃、梅、水松等,林木繁茂，溪水清澈，被誉为"颇擅溪山园林之胜"①。清道光庚子（1840）岁，生于斯长于斯的名士刘彤"区别名目，得二十四景。每景撰一小序，缀一小诗，遂成《瑶溪二十四景诗》一卷"。②

瑶溪二十四景故址在瑶溪沿岸及其附近地域，即今昌岗中路、昌岗东路北侧一带。现在这一带是车水马龙的繁华商业区，当年却是自然风光山青水秀，田园景貌素妆雅朴。遗址至今仅存三处：石马岗、待月桥与合流津，其他均已湮没不存。

瑶溪二十四景为当年文人逸士探梅赏桃、怀古寻幽的胜地，清光绪文士潘飞声记为："水松夹岸十余里。松尽得村，曰'瑶溪'。溪又多桃花，时红霞照天，与松翠荡为云彩，上下异色，最称烟波胜赏。"③光绪诗人杨永衍《添茅小屋诗草》载："瑶溪遥望松冈，山翠如黛。棹转溪曲，烟水更幽。忽睹红霞抹天，下映碧水，则桃花新放也。"④

除刘彤著《瑶溪二十四景诗》（一卷）外，清增城人吴瑞辑有《瑶溪事文纪略》（二卷。清道光六年刊本），清番禺人杨永衍著有《瑶溪二十四景杂咏》（二卷。清光绪三年刊本），民国黄锡凌编有《瑶溪二十四景寻踪录》（1938年刊），都是对此地风光的记述和吟咏。至民国中期，瑶溪一带尚为乡村之地，并未归属城区。

以下记述瑶溪二十四景及其变迁。

**十丈红棉道** 瑶溪十丈红棉道是羊城古木棉八景点之一（其他七景点是：越王故台、南海神庙、光孝寺、净慧寺、五仙观、玉岩书院、神岗木棉村），在瑶溪东北今隔山、南昌大街一带，是古时北游村外诸山

---

① 黄锡凌编：《瑶溪二十四景寻踪录·序》，民国二十七年（1938）刊。
② 〔清〕刘彤：《瑶溪二十四景诗·自序》，光绪三年刊。
③ 〔清〕潘飞声：《说剑文稿·桃花溪例集图序》，见黄任恒：《番禺河南小志·卷一·乡村》，海珠区人民政府1989年编印。
④ 〔清〕潘飞声：《说剑文稿·桃花溪例集图序》，见黄任恒：《番禺河南小志·卷一·乡村》，海珠区人民政府1989年编印。

的必经之路。道长约33米，其中有一株矫挺独立的木棉树，开花时就像开出一片红云，时常可闻鹧鸪声声。僧宝筏诗咏："春雨初霁后，一声啼鹧鸪。惊看绿云里，十丈红珊瑚。"① 此景在民国时已不存。变成街巷了。

十丈红棉道图

**劳农亭** 由十丈红棉道向北拐，田间小路弯折环绕，有小阜田心突起，上有神庙一间，门外一小亭四敞。故址在瑶溪东北今隔山大街、南昌大街一带。农事忙时，乡民常在这里用饭休息，相互慰问劳苦，故名劳农亭。

刘彤有《劳农亭》诗记当年的情景："台笠喜相望，田歌喧处处。午盍饭闻香，团坐亭边树。"② 杨永衍《瑶溪二十四景杂咏·劳农亭喜雨》诗："团团午值尚闻香，喜听春禽布谷忙。树杪百重泉落后，偶逢林叟话斜阳。"亭于民国时已毁圮不存。这一带已为民宅街巷。

**石马冈** 也称走马岗、上马岗、下马岗，在劳农亭的北面，今晓港公园内。是处岗峦起伏，清代时有蜿蜒之势，相传南汉（917—971）帝王常同一群宫女在此骑马习射，寻欢作乐，故名。当年的景色是"迎眼一峰如沐，螺翠群松簪之"③。今天出版的广州地图上尚标有石马岗（冈）名。岗上遍布各种古木，红棉飞絮，苍松参天。岗稍东，土名刘

---

① 〔清〕刘彤：《瑶溪二十四景诗·十丈红棉道》。

② 〔清〕刘彤：《瑶溪二十四景诗·劳农亭》。

③ 〔清〕刘彤：《瑶溪二十四景诗·石马冈》。

石马冈

王殿（现在晓港公园少年林一带地），相传是南汉故址。清代陆芳培诗咏："石马有冈存，刘王无土据。落日空山中，红棉乱飞絮。"① 夕阳西下之时登石马冈远眺，只见大江横陈，风帆如织。远处白云诸山，映照晚霞。坐下小憩，四周一片翠薇，令人悠然意旷。现在高楼如林，大江横陈与白云诸山是再看不到了。

**石冈**　瑶溪村主要山岗。孤耸侧削，"冈石如秀陀"。在今昌岗路与江南大道相交处一带。清代时，环冈麓为村人市集，售卖鱼虾蔬菜。冈上平坦，有两株榕树婆娑翠绿，蟠根岗巅。游人拄杖拖屐攀登游览，享受远眺天水、近听鸣禽之乐。清代杨永衍《石岗春望》诗咏："群屐招邀兴不孤，榕根石骨扫青芜。花洲东尽浮双塔，烟水迷蒙认得无。"② 石岗在1970年前后开辟马路时被推平，从此不存。

**茶市**　清代河南有三十三村，乡人多种茶。茶市在今昌岗路与江南大道相交处一带的石岗西麓，凌晨茶农推筐到此卖"茶生"，即未加工的鲜茶叶。卖茶者多是妇女，"荆钗布裙、筼笼箬笘咸集于此"。太阳高挂时就散市。杨文杓和刘彤《茶市》诗咏："日高茶市散，归籴始晨炊。"③ 石岗于1970年前后开辟马路时被推平，茶市亦消失。

---

①　〔清〕刘彤：《瑶溪二十四景诗·石马冈》引。

②　〔清〕杨永衍：《瑶溪二十四景杂咏·石岗春望》。

③　〔清〕刘彤：《瑶溪二十四景诗·茶市》引。

**茶田** 瑶头以南,一大片都是茶田。茶树虽然小丛生长,但因根下有泉水而无需灌溉。春日清晨,采茶姑娘冒着雾漫露湿,采茶唱歌,便成此景。陆芳培和刘彤《茶田》诗咏:"河南好种茶,春日茶田晓。一抹绿烟微,茶歌出林表。"① 潘飞声《茶田采春》诗:"寻春春在碧溪边,箬笠筠笼带晓烟。最爱河南风景好,茶田行尽又花田。"② 茶田现已尽为民居商铺。

**待月桥·利济桥** 清道光刘彤《瑶溪二十四景诗》记利济桥的位置是:"出听秋居,遵吟虬径,沿溪北行半道,溪乃东折,桥以北渡。"③ 清同治《番禺县志》则称:"利济桥在南村、隔山间。"④ 确切位置是在今江南大道中之西侧约 100 米,江南西路东段之南侧约 53 米处。东距今晓港公园内的云桂桥约 1480 米。桥南北向跨于海珠涌上。花岗石砌成,宽约 2.4 米(由 7 条石板所嵌),长 22.6 米,水中两桥

待月桥

---

① 〔清〕刘彤:《瑶溪二十四景诗·茶田》引。
② 〔清〕杨永衍:《瑶溪二十四景杂咏》引。
③ 〔清〕刘彤:《瑶溪二十四景诗·待月桥》。
④ 〔清〕《番禺县志·卷十八·建置略五·津梁·利济桥》(同治十年)。

墩，底部呈船形。桥顶中央两侧各雕楷体"利济"二字。桥两端为石阶。清代时，本桥是连通隔山村与南村的要津。桥之南岸一带即为瑶溪二十四景中的一景"吟虹径"。

利济桥本名待月桥。原为木构，桥两岸一带植水松。"独东面水田空阔，直接鸭墩。"① 鸭墩水即今海珠涌东段，当年自利济桥以东之水道两岸俱是禾田，至民国前期时仍基本如此（见 1932 年《广州市马路路线图》）。清道光时，当地文士刘彤曾与乡民们在此桥上品茗、抚琴，以待月出，故把此桥称作"待月桥"。

当年此地是一派乡野景色，明月当空，溪水反照，松影满地。刘彤《瑶溪二十四景诗·待月桥》诗咏："待月月东升，溪光浩无极。烟村人静时，万物雪霜色。"僧宝筏和诗："石桥偶幽行，水月两虚静。野鹤时归来，满地乱松影。"②

清道光庚子岁（1840），刘彤定瑶溪二十四景，其中一景便是待月桥。辛丑（1841）兵燹后，刘彤离开故乡，远游不返。后来乡人把木桥改建为石桥，始称利济桥。③ 清咸丰四年（1854）五月，洪兵起事，与官军多次交战。是年十二月初，官军曾驻利济桥，并于五日进攻洪兵。④ 这可能是历史上在此桥发生过的最轰动的事件。

抗日战争时，利济桥桥面两侧的石护栏被毁，石板桥面仍存。20世纪 80 年代辟建江南西路，20 世纪 80 年代末整治马涌，在涌两岸砌了石护堤，堤面用水泥构件铺成平坦宽阔的行人道，道旁广植槐树、柳树和大药花树。20 世纪 90 年代初，依原状修复了利济桥石护栏。栏高 0.63 米，砌有 14 条栏柱，柱顶刻成竖哑铃状。

---

① 〔清〕刘彤：《瑶溪二十四景诗·待月桥》。
② 〔清〕刘彤：《瑶溪二十四景诗·待月桥》引。
③ 见〔清〕刘彤：《瑶溪二十四景诗》。
④ 〔清〕郑梦玉、梁绍献：《南海县志·杂录》，《广东历代方志集成》，岭南美术出版社 2007 年版。

利济桥现在已完全失去交通要道的功能，成了观赏桥。21世纪初尚存。

**吟虬径** 在瑶溪南岸，与待月桥衔接，径长一二里，沿溪岸石路纡曲，遍栽水松，枝叶繁茂，就像有百万条翠绿的虬（小龙），又像两排卫兵立在两岸守候。风吹松响，像涛声，若虬吟；村人间有放鹤之举，白鹤盘空，鹤唳虬吟，故称"吟虬径"。刘彤《瑶溪二十四景诗·吟虬径》诗咏："径树种何年，年久生鳞甲。天外啸云声，一路遥相答。"罗信芳和之："一径入寒碧，何来太古音。还疑石桥下，风雨起龙吟。"民国时此景已不存。

**蒸霞岸** 在待月桥南面。此处溪岸围田，栽种桃花数以万计，春日远眺如片片红云，香风阵阵，粉云袅袅，英落水面，红霞泻影。刘彤取唐代大文豪韩愈（昌黎）"川原远近蒸红霞"之句意，命此景为蒸霞岸。杨文桂《蒸霞岸闻钟》诗咏："夹岸罨红烟，平芜似火然（燃）。钟来花外寺，溪午一声圆。"① 此景在民国时已不存。

**鉴空处** 在今江南新村靠马涌一带。瑶溪两岸多种水松，隔涌支流向北望却是水田无际、独无一树。天清云静，遥山落翠，近浪归帆，空阔视野。涨潮之时，水如明镜（镜即鉴），鸥浪帆影，倒影水中。此景以空阔胜，故名"鉴空处"。杨其光诗咏："上下天光一水分，太清奇想著微云。夕阳西下东升月，烘得鱼鳞散锦纹。"② 此景在民国时尚有残存。直到20世纪70年代末，此处还是菜田。后开辟江南西路，建江南新村，楼房筑起，此景遂亡。

**人外山房** 在瑶溪北岸，自来鸥闸沿马涌北岸南行到今怀德大街对面涌流附近，原是普荫道院的闲斋，即"人外山房"。山房外有小涌环绕，远离尘嚣，刘彤喜其负幽面野，故名之"人外"。他曾亲种两株桃树于山房之外，并赋诗："人外得静理，闭门若深山。安得静酬夜，长

---

① 〔清〕杨永衍：《瑶溪二十四景杂咏》引。
② 〔清〕杨永衍：《瑶溪二十四景杂咏》引。

如栖鹤闲。"① 此斋大概在民国时已不存。

**枕涛屋** 是一间用松树皮和茅草做顶搭成的小茶寮，在瑶溪的西面，约在今马涌南岸汇源大街附近。屋外遍栽水松，溪水在窗前潺潺流过，翠绿水松环绕四处。"风时高卧，谡谡动听。"以唐人诗句"一枕波涛松树风"之意境命名。范会芳有诗咏："松涛泻茅屋，琴书相映绿。午梦忽自豪，钟镛杂丝竹。"②

**独榕厦** 在今马涌以东，隔山新街、怀德大街一带。此地有一处土坪，土坪上有棵古榕，枝叶茂盛，覆盖数亩，有如屋盖；撑根垂地，有如屋柱；须根纵横，有如窗楼，整棵古榕酷似一间大屋。"一木独支持，遽遽竟成厦"③，人称"独榕厦"。村民常在榕下乘凉，耕牛亦多系于此。陆芳培诗咏："中田安用庐，榕阴如衡宇。相与枕牛眠，梦凉赤日午。"④ 古榕今已不存。

**樟坪** 瑶溪东北沿溪不足百步有一坪，在今隔山新街、怀德大街一带。坪上有古樟一株，苍劲挺拔，树龄不知凡几。坪之左右皆为农田，坪之所以没有被辟为农田，就是由于长有这株老樟树。盛夏也炎热不侵，幽静当中鸟雀相互追逐。周行光诗咏："古樟如菩提，百劫身不坏。始知苦热中，也有清凉界。"⑤ 陆芳培诗咏："炎曧不到处，夏凉生古阴。幽禽乐人静，绿雾穿沉沉。"⑥ 古樟今已不存。

**听秋居** 在今马涌以东，隔山新街、怀德大街一带。在"独榕厦"

---

① 〔清〕刘彤：《瑶溪二十四景诗·人外山房》。
② 〔清〕刘彤：《瑶溪二十四景诗·枕涛屋》引。
③ 〔清〕僧宝筏、刘彤：《独榕厦》，见刘彤：《瑶溪二十四景诗·独榕厦》。
④ 〔清〕陆芳培、刘彤：《独榕厦》，见刘彤：《瑶溪二十四景诗·独榕厦》。
⑤ 〔清〕周行光、刘彤：《樟坪》，见刘彤：《瑶溪二十四景诗·樟坪》。
⑥ 〔清〕陆芳培、刘彤：《樟坪》，见刘彤：《瑶溪二十四景诗·樟坪》。

东面不远，是一间在水松下面用松树皮和葵叶编造的茶馆小屋，人称听秋居茶馆，杂树长萝绕屋，前对清澈的溪流，阴凉舒爽，虽在酷暑，亦有秋意。刘彤《听秋居》诗咏："筑室古松下，茅檐俯溪流。茶香客对坐，耳边无限秋。"① 杨文构《听秋居敲棋》诗："松皮编屋傍桥头，才有棋声便带秋。清簟疏帘凉雨后，收奁欹枕昕溪流。"② 此屋民国时已不存。

**谑翠堤** 在石桥大街、田心大街、西市大街附近一带，是瑶溪一支小支流的堤岸小径，通藤花坐，只有到景融轩（舟屋）去才走此堤，因而是冷僻径。杂树浓密，满目皆翠，行人常被枝叶揭帽钩衣。草木浓荫，这就是"翠"；鸟鸣其间，鱼游溪中，所谓"鱼鸟混相谑"，这就是"谑"。此为堤名的由来。陈绍荣诗咏："径僻草生芳，遥风递水香。春晴花弄影，一任蝶蜂狂。"③ 后随着人口增加，房屋渐多，此景消失。

**藤花坐** 在石桥大街、田心大街、西市大街附近一带。坐：土堤。藤花坐是在舟屋坞上的土堤，长满牵牛花之蔓藤，故名。两岸树木浓密。北岸有农屋数间，爬满了蔓藤。花开时倒映溪水中，在春寒薄暮，微雨疏烟时看花，尤其美丽。潘飞声《藤花坐拾翠》诗咏："村口香风历乱吹，花光到水一痕稀。踏青我与闺人约，紫玉丛中捉蝶归。"④

**景融轩·舟屋** 此景与藤花坐景均约在今石桥大街、田心大街和西市大街一带。景融轩又称舟屋，在谑翠堤旁边一个小沙岛上，是一间用杉皮建造的船形小屋，故名"舟屋"。古榕、杂树盘郁其间，为文士黄仲鸾之别馆。黄仲鸾常在古榕树林旁与客喝酒吟诗，人景相融，故称"景融轩"。僧宝筏《景融轩流觞》诗咏："杉子编排屋似舟，不知人海

---

① 〔清〕刘彤：《瑶溪二十四景诗·听秋居》。
② 〔清〕杨永衍：《瑶溪二十四景杂咏》引。
③ 〔清〕陈绍荣、刘彤：《谑翠堤》，见刘彤：《瑶溪二十四景诗·谑翠堤》。
④ 〔清〕杨永衍：《瑶溪二十四景杂咏》引。

有沈浮。萦洄恰好流觞处，象鼻新荷取次抽。"① 岛上布满林木，北岸土堤的农舍被牵牛花的蔓藤攀墙覆瓦，开花时倩影映溪，十分美丽。后来随着小溪淤积，池塘成陆，房屋渐多，此景不存。

**来鸥闸** 位于利济桥稍南，今广州市第七十六中学门前公路桥附近。当年村落由马涌支流所围抱，居巢、居廉的"十香园"就在其间。清代盐务当局在这马涌支流的入口处设闸，以杜贩卖私盐。昔日此处溪水清澈，鱼虾孳衍，引来一群群沙鸥（一种常在河滩活动的小鸟）在此觅食。清代萧馥常《来鸥闸垂钓》诗有"杉屋烟篷落照迟，沙鸥几点乱涟漪"句。② 冯世谦有诗咏："东去鸭墩遥，西望凤冈秀。群鸥日日来，亲我如故旧。"③ 今岸边已成民居，因涌水污染严重，鱼虾绝迹，群鸥更不复得见。

**涤砚池** 在瑶溪之南，去石冈数百步。故址在今礼岗路一带。池岸地平坦，乡人在此建双洲书院。池宽不足三亩，池水绿如凝玉，一泓净碧。四面冈峦连绵起伏，树木成林，市声不侵。所谓"足以畅文思、澄俗虑"④。池于民国时已湮没。

**泉中泉** 涤砚池内，有清泉喷出，状如浮钵，外池水凝碧而内泉水澄澈，界线分明。"池与井水，高下常不相谋。"⑤ 可谓奇观，故称"泉中泉"。粤地滨海，井水多咸，而此泉泉水甘洌。陆芳培诗咏："石蕴玉逾贵，水涵泉乃甘。中泠穴江底，有美常中含。"⑥ 后来涤砚池湮没，泉遂不存。

---

① 〔清〕杨永衍：《瑶溪二十四景杂咏》引。
② 〔清〕杨永衍：《瑶溪二十四景杂咏》引。
③ 〔清〕冯世谦、刘彤：《来鸥闸》，见刘彤：《瑶溪二十四景诗·来鸥闸》。
④ 〔清〕刘彤：《瑶溪二十四景诗·涤砚池》。
⑤ 〔清〕刘彤：《瑶溪二十四景诗·泉中泉》。
⑥ 〔清〕陆芳培、刘彤：《泉中泉》，见刘彤：《瑶溪二十四景诗·泉中泉》。

**双洲书院**　建在涤砚池池岸的平坦之地。详上文《学院园林·双洲书院》。

**云林画意坡**　在今礼岗路一带。清代时是在涤砚池南面的山坡上,细草厚苔,苍翠欲滴,还有古树成林,疏密有致,衬蓝天白云,美得像幅图画,故称"云林画意坡"。释宝筏诗咏:"平远见寒林,斜阳淡苍翠,此即天然图,水墨觉多事。"① 说的便是此景。随着城区扩展,此景不存。

**合流津**　在今宝岗大道马涌直街南端。沿溪而行,东距利济桥约1450米。过去珠江潮涨时,潮水分别东由鸭墩关、西由凤凰岗口同时入马涌,到此处两潮汇合,可谓奇景,故名合流津。一桥南北向跨于其上,北起马涌直街,南接西华北直街,因"合流津"奇景而名"汇津桥",俗称马涌桥。"马涌桥在瑶溪海口,栏石旁刻曰汇津桥。"② 清代苏道芳《合流津》诗咏:"鸭墩凤岗潮,东西流自合,怪底名汇津,桥跨双虹夹。"③ 相传此桥明朝已有,原是木桥,清同治年间改建为石桥,后经多次重修,至今外貌尚保存完好。

清代,此地为竹木集市,直到民国中期(1930)仍有许多竹木货栈、长生(棺材)店。官府一直严加管制以保河道畅通。清光绪二十九年(1903)六月,在合流津畔立《禁占官涌碑记》,青石镌刻。碑文大意是,近来有的杉店在岸边竖桩,停泊杉排和寿板,非法占用官涌官地,影响来往交通和居民生活,现立碑查禁。官府告诫河涌两旁竹木杉店要保持河道畅通,不准用竖木在河床、河堤打桩,不准将杂物抛弃于河涌内,杉栈(排)随到随起,不准停留过久;寿柩(棺材)、木材不

---

① 〔清〕释宝筏、刘彤:《云林画意坡》,见刘彤:《瑶溪二十四景诗·云林画意坡》。

② 黄任恒:《番禺河南小志·卷二·古迹·建置·津梁》,海珠区人民政府1989年编印。

③ 〔清〕刘彤:《瑶溪二十四景诗》引。

准紧靠河岸堆放,否则"当众责罚不贷",并作无主货物处理;如有阻止执行者,即禀官查究。云云。可见汇津桥附近一带,商业较为发达,是杉木及其制品的集散地。杉排由珠江后航道可直接航运至汇津桥。当年马涌涌面宽、水流深。该桥中间桥孔的净跨达5.7米,可通80吨以下货船。

瑶溪二十四景为观光胜地,沿河遍栽木松、椰树,达官贵人多来此游玩,故从汇津桥南岸至瑶头慎德里,沿涌岸用花岗条石砌筑官道,据称曾长达三里。现存数百米。清宣统二年(1910),在合流津畔立《续重修会津石路碑》,碑文记录了当年整修官道事宜。碑今存。

另有"桥神"碑,与桥基础连成一体,无年款,今存。不知确立于何时。

今存汇津桥为三孔石梁桥,花岗石砌筑,结构形式与云桂桥基本相同。长27.64米,宽3.08米(平铺以7条阔0.44米的石板)。长形桥墩,两侧砌分水尖。两端桥头共30级台阶,两边有石桥栏,栏高0.6米,栏中有8根石望柱。柱顶呈鼓形,雕云状花纹。上下桥级阶的中间,今用水泥铺斜坡,以便自行车通过。两边桥顶石板的中央均刻有"汇津"两个楷书大字。不过人们一般都称马涌桥,现在出版的地图亦标作马涌桥。

汇津桥历来是沟通北岸宝岗、龙田与南岸沙园、瑶头之间的通衢要道,至今行人、自行车仍络绎不绝。现桥面磨损比较严重,石阶上有3厘米深凹坑。2002年9月,公布为广州市登记保护文物单位。

旧日合流津一带堤边栽种一排排的水松(此地今仍称松树基),一簇簇的芦苇,招来一群群的水鸟。渔舟唱晚,晓月垂梢,风景独具韵味。清代冯筠《泛棹马涌桥鼓琴》诗咏:"曲曲溪桥两桨轻,露蒙烟重海云情。芦花十里溪边月,又听渔歌欸乃声。"① 吴绍东《日暮过马涌

---

① [清]冯玉坚:《冯氏家集诗》(卷四),清咸丰十年番禺光裕堂刊本。为番禺黄埔乡冯氏族人诗集。

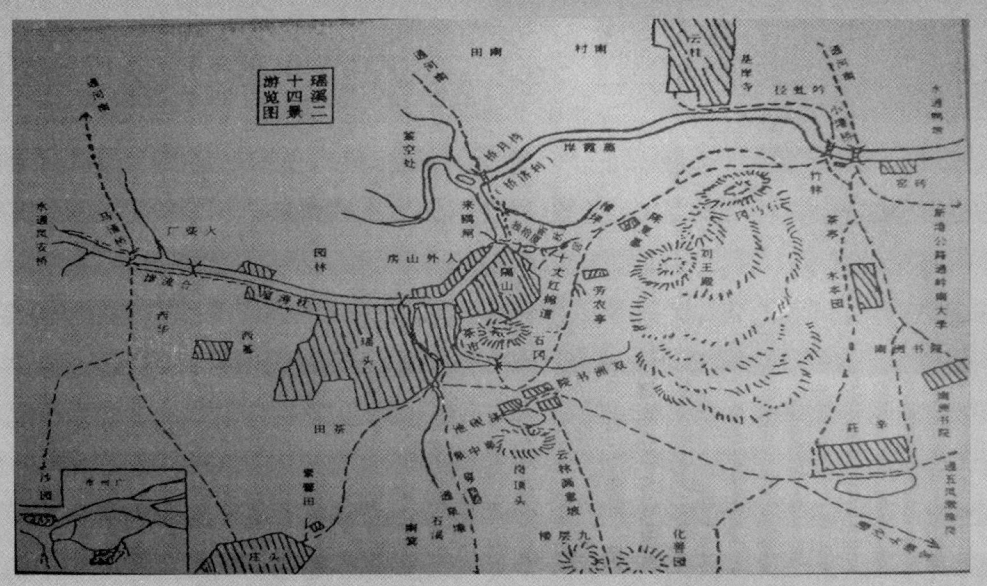

瑶溪二十四景游览图，采自1937年黄锡凌《瑶溪二十四景寻踪录》

桥》诗："田禾正稔熟，十里黄云垂。何处荷花风，送香吹复吹。天际鸟三两，时有归云随。晚松凉欲滴，爽气沁诗脾。"①

这是清代汇津桥畔绮丽风光的真实写照。

自20世纪60年代以来，河水污染严重，昔日秀丽风光逐渐消亡。自1986年开始，政府耗巨资整治马涌。经10年努力，清理河床污泥，铺砌河堤护石，沿堤栽种柳树、槐树、大叶榕等，环境大为改观。桥边新建的双体六角亭和石凳是休闲乘凉的好地方。

古瑶溪二十四景遗址，现在仅存三处：石马冈、待月桥（利济桥）、合流津。今有资料称，瑶溪二十四景以东之利济桥、西之汇津桥两座古石桥为首尾二景。此说不确，因为石马冈一景是在利济桥以东、今晓港公园内。故石马冈才是瑶溪二十四景的首景。

此外，在瑶头村前，瑶溪北岸，还有松冈一景。晚清光绪杨永衍《添茅小屋诗草》载："瑶溪遥望松冈，山翠如黛。棹转溪曲，烟水更

---

① 《味庄骚斋吟稿》，见黄任恒：《番禺河南小志·卷二·古迹·建置·津梁》，海珠区人民政府1989年编印。

幽。忽睹红霞抹天，下映碧水，则桃花新放也。"① 杨永衍《添茅小屋诗草·辛酉二月邀同刘廉泉等泛舟瑶溪》诗咏："酒甑茶具预招邀，选胜松冈驻画桡。我是武陵旧渔者，惯从花里过溪桥。"② 可见景色甚美，今亦不存。

---

① 文载黄任恒：《番禺河南小志·卷一·乡村》。
② 诗载黄任恒：《番禺河南小志·卷一·乡村》。

# 跋

  本书记述了自秦汉至清代广州古园林 160 余处，既记其当年景象，亦简述其变迁。

  各类史志对广州园林的记载多是零星散见，基本不成系统。本书是对这些资料的综合整理与记述。囿于学识，亦限于篇幅，再加怎样才算园林，并无标准，故本书记述的广州古园林，难免疏漏，并非全面详尽。

  这些园林散布在广州各处，历经时代淘洗，绝大部分已湮没不存，成了民居街巷，成了高楼大厦，或做了别的用场。今人已很少会想到，该地曾经是一处园林，曾有过一片人工或自然的美景。本书是对这一处处已消逝的园林美景的追忆。